数据科学与统计系列规划教材

U0267760

MySQL
Database Practical Tutorial

MySQL
数据库实用教程

谢萍 苏林萍◎编著

附微课

人民邮电出版社

北 京

图书在版编目（CIP）数据

MySQL数据库实用教程：附微课 / 谢萍，苏林萍编著. -- 北京：人民邮电出版社，2023.5
数据科学与统计系列规划教材
ISBN 978-7-115-61171-0

Ⅰ. ①M… Ⅱ. ①谢… ②苏… Ⅲ. ①SQL语言—数据库管理系统—高等学校—教材 Ⅳ. ①TP311.132.3

中国国家版本馆CIP数据核字(2023)第029461号

内 容 提 要

本书共 10 章，全面介绍 MySQL 数据库的基本概念及应用，内容包括数据库基础知识和 MySQL 的安装与配置、数据库设计、数据定义、数据操作、数据查询、视图、索引、数据库编程技术、事务、数据安全等。全书以学生成绩管理数据库为主线，结合数据库理论知识设计教学案例，并提供丰富的微课视频和习题，便于读者运用网络学习，更好地掌握数据库知识。全书以图书馆借还书管理数据库为辅线，结合第 2 章～第 10 章的知识点设计项目实训的具体内容，帮助读者巩固对这些章中知识点的理解。

本书配有 PPT 课件、教学大纲、电子教案、案例数据库、实训数据、课后习题答案等教学资源，用书老师可在人邮教育社区免费下载使用。

本书可以作为高等院校"数据库应用"课程的教材，也可以作为全国计算机等级考试二级"MySQL 数据库程序设计"的应试参考书，还可作为数据库应用和管理人员的参考书和广大计算机爱好者的自学书。

◆ 编　著　谢　萍　苏林萍
责任编辑　王　迎
责任印制　李　东　胡　南

◆ 人民邮电出版社出版发行　北京市丰台区成寿寺路 11 号
邮编　100164　电子邮件　315@ptpress.com.cn
网址　https://www.ptpress.com.cn
三河市君旺印务有限公司印刷

◆ 开本：787×1092　1/16
印张：12.75　　　　　　　2023 年 5 月第 1 版
字数：378 千字　　　　　　2025 年 2 月河北第 5 次印刷

定价：49.80 元

读者服务热线：(010)81055256　印装质量热线：(010)81055316
反盗版热线：(010)81055315

党的二十大报告指出：坚持创新在我国现代化建设全局中的核心地位，加快实现高水平科技自立自强，加快建设科技强国。随着新一轮科技革命和产业变革的深入发展，互联网、大数据、云计算、人工智能、区块链等数字技术创新活跃，数据作为关键生产要素的价值日益凸显，深入渗透到经济社会各领域、全过程，数字化产业正在成为全球经济新的驱动引擎。

作为各行业数据存储、计算、流通的基础软件，数据库管理系统经过六十余年发展，理论技术不断创新、产品形态日益丰富、产业生态加速变革、产业热度持续升温。

根据中国通信标准化协会发布的《数据库发展研究报告（2023 年）》，2022 年全球数据库市场规模为 833 亿美元，中国数据库市场规模为 59.7 亿美元（约合 403.6 亿元人民币），占全球 7.2%。随着数字化转型深入推进和数据量的爆炸式增长，我国已经迈入数据库产业第一梯队。

数据库是数字化转型的重要技术之一，也是创新的重要工具和手段，培养具备数据库知识的人才是教育者的任务和使命。MySQL 是一种开源的关系数据库管理系统，具有开放、功能完善、易于安装、便于使用等优点，非常适合用于数据库相关课程的教学。

本书以 MySQL 数据库为中心，注重理论与实践的密切结合，围绕学生成绩管理数据库案例进行讲解，将数据库理论知识与 MySQL 结合，使读者更容易理解。本书内容包括数据库基础知识和 MySQL 的安装与配置、数据库设计、数据定义、数据操作、数据查询、视图、索引、数据库编程技术、事务、数据安全等。本书基于微课的教学方式进行组织和编写，每章的重点和难点都配有相应的微课视频。每个微课视频都有明确的教学目标，集中讲解一个问题，是对课堂教学的有益补充，读者只需扫描书中提供的微课二维码即可观看，轻松掌握相关知识。

本书提供了大量的教学实例供教师和学生使用。每章有丰富的习题供学生练习，可以帮助学生巩固和加深对所学知识的掌握和理解。针对每章的知识点，本书还安排了项目实训，包括明确的实训目的和具体的实训内容，从安装 MySQL 开始，一步一步构建完整的图书馆借还书管理数据库，便于学生加强对数据库知识的应用能力。

本书内容涵盖全国计算机等级考试二级"MySQL 数据库程序设计"考试大纲（2022 年版）的内容，书中的习题和实训符合考试大纲的要求。

本书的参考学时为 64 学时，建议采用理论和实训并行的教学模式。各章的教学学时和实训学时分配见下表。

章	教学学时	实训学时
第 1 章　数据库基础知识和 MySQL 的安装与配置	4	2
第 2 章　数据库设计	4	2
第 3 章　数据定义	4	4
第 4 章　数据操作	4	2
第 5 章　数据查询	6	4
第 6 章　视图	2	2
第 7 章　索引	2	2
第 8 章　数据库编程技术	6	6
第 9 章　事务	2	2
第 10 章　数据安全	2	2
学时总计	36	28

本书由华北电力大学的谢萍和苏林萍编写，谢萍统稿。谢萍编写了第 1 章、第 2 章、第 3 章、第 4 章、第 5 章、第 8 章、第 9 章和第 10 章，苏林萍编写了第 6 章和第 7 章。

本书提供 PPT 课件、教学大纲、电子教案、案例数据库、实训数据、课后习题答案等教学资源，用书老师可在人邮教育社区（https://www.ryjiaoyu.com）免费下载使用。

由于编者水平有限，书中难免存在不妥之处，恳请广大读者批评指正。

编　者

目录

第 **1** 章　数据库基础知识和 MySQL 的安装与配置

日常生活和工作中的很多业务活动都离不开数据库，如学校的教务管理、银行业务、证券市场业务、飞机票/火车票的订票业务、超市业务和电子商务等。本章主要介绍数据库基础知识和 MySQL 的安装与配置。

【学习目标】

- 掌握数据库的基本概念。
- 了解数据库的发展历程和数据模型。
- 掌握关系数据库的基础知识。
- 掌握 MySQL 的安装与配置方法。
- 掌握登录与退出 MySQL 的方法。

1.1　数据库概述

数据库可以理解为存放数据的仓库，但是数据库中的数据并不是随意存放的，必须满足一定的规则，否则会影响查询效率。研究数据库的根本任务是研究如何科学地组织和管理数据，以提供可共享的、安全可靠的数据。

1.1.1　数据库的基本概念

1．数据

数据是对客观事物的符号表示。数据的表现形式不仅包括数字和文字，还包括声音、图形和图像等。数据是数据库中存储的基本对象。

1-1　数据库的基本概念

2．数据库

数据库（DataBase，DB）是指长期存储在计算机内的、有组织的、可共享的数据集合。数据库中的数据通常按照一定的数据模型进行组织、描述和存储，能够被多个用户共享。

3．数据库管理系统

数据库管理系统（DataBase Management System，DBMS）是一个负责存取数据、维护和管理数据库的系统软件，为用户提供操作数据库的界面。数据库管理系统的基本功能如下。

（1）数据定义：数据库管理系统提供了数据定义语言（Data Description Language，DDL）供用户定义数据库的结构、数据之间的联系等。

（2）数据操作：数据库管理系统提供了数据操作语言（Data Manipulation Language，DML）来描述用户对数据库提出的各种要求，以实现在数据库中插入、修改、删除和查询数据等基本操作。

（3）数据库运行控制：数据库管理系统提供了数据控制语言（Data Control Language，DCL）来

1

实现对数据库的并发控制、安全性检查和数据完整性约束等功能。

（4）数据库维护：数据库管理系统提供了一些可用于对已经建立好的数据库进行维护的实用程序，这些程序的功能包括数据库的备份与恢复、数据库的重组与重构、数据库性能监视与分析等。

（5）数据库通信：数据库管理系统提供了与数据库通信有关的实用程序，以实现网络环境下的数据库通信功能。

4. 数据库系统

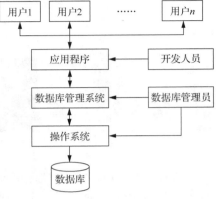

数据库系统（DataBase System，DBS）是指引入数据库后的计算机系统。

（1）数据库系统的组成

数据库系统实际上是一个集合体，除了计算机硬件系统和操作系统外，还包括数据库、数据库管理系统、应用程序和相关人员等，如图 1-1 所示。

应用程序是指利用各种开发工具开发的、用以满足特定应用环境要求的程序。不管使用什么数据库管理系统和开发工具，应用程序的运行模式都主要分为两种：客户机/服务器（Client/Server，C/S）模式和浏览器/服务器（Browser/Server，B/S）模式。

图 1-1 数据库系统的组成

腾讯 QQ 软件的运行模式就属于 C/S 模式。用户需要在客户机上安装专门的应用程序，才能获取或发送 QQ 信息，因此需要开发客户机端应用程序。

互联网上的购物网站的运行模式就属于 B/S 模式。用户只需要在客户机上安装浏览器（如 Windows 10 中的 Microsoft Edge），即可通过浏览器访问购物网站，因此需要开发服务器端 Web 应用程序。

相关人员主要有数据库管理员、开发人员和最终用户 3 类。

① 数据库管理员（DataBase Administrator，DBA）：负责确定数据库的存储结构和存取策略，定义数据库的安全性要求和数据完整性约束条件，监控数据库的使用和运行。

② 开发人员：负责应用程序的需求分析、数据库设计，编写访问数据库的应用程序等方面的工作。

③ 最终用户：通过应用程序的接口或数据库查询语言访问数据库。

（2）数据库系统的内部体系结构

数据库系统的内部体系结构是三级模式和二级映射结构，如图 1-2 所示。三级模式分别是外模式、概念模式和内模式，二级映射分别是外模式到概念模式的映射和概念模式到内模式的映射。

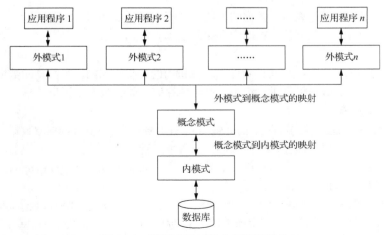

图 1-2 数据库系统的内部体系结构

① 外模式。外模式也称为子模式或用户模式。它是对数据库用户（包括开发人员和最终用户）能够看见和使用的局部数据逻辑结构的描述，是与某一应用程序相关的数据的逻辑表示。

② 概念模式。概念模式也称为逻辑模式。它是对数据库中全局数据逻辑结构的描述，是所有用户（或应用程序）的公共数据视图。它不涉及具体的硬件环境与平台，也与具体的软件环境无关。针对不同的用户需求，一个概念模式可以有若干个外模式。

③ 内模式。内模式也称为存储模式或物理模式。它是对数据库物理结构和存储方法的描述，是数据在存储介质上的保存方式。内模式对一般用户是透明的，一般用户通常不需要关心内模式的具体实现细节，但内模式的设计会直接影响到数据库的性能。

数据库系统的三级模式反映了 3 个不同的环境及要求。其中，内模式处于最底层，它反映了数据在计算机中的实际存储形式；概念模式处于中间层，它反映了设计人员对数据库中全部数据整体逻辑结构的描述；外模式处于最高层，它反映了用户对数据的要求。一个数据库只能有一个内模式，但可以有多个外模式。

④ 外模式到概念模式的映射是指外模式与概念模式之间的对应关系。外模式是用户的局部模式，而概念模式是全局模式。当概念模式发生改变时，数据库管理员负责改变相应的映射关系，使外模式保持不变，这样也就没有必要修改应用程序，从而保证了数据的逻辑独立性。

⑤ 概念模式到内模式的映射是指数据的全局逻辑结构与物理存储结构之间的对应关系。当数据库的存储结构发生改变时，数据库管理员负责改变相应的映射关系，使概念模式保持不变，从而保证了数据的物理独立性。

1.1.2　数据库的发展历程

1. 人工管理阶段

在 20 世纪 50 年代中期以前，由于受到计算机软硬件技术的限制，计算机主要用于科学计算。硬件方面，外部存储设备只有磁带、卡片和纸带；软件方面，计算机既没有操作系统，也没有可进行数据管理的软件。在这个阶段，程序员将程序和数据编写在一起，每个程序都有属于自己的一组数据，程序之间不能共享数据，即便几个程序处理同一批数据，也必须重复存储数据，数据冗余度很大。人工管理阶段应用程序与数据的关系如图 1-3 所示。

例如，要求分别编写程序求出 10 个整数中的最大值和最小值。采用人工管理方式，可以用 C 语言编写程序，如图 1-4 所示。

1-2　数据库的发展历程

图 1-3　人工管理阶段应用程序与数据的关系

```
/*程序1：求10个整数中的最大值*/
#include<stdio.h>
int main( )
{
    int i, max;
    int a[10]={23,45,79,12,31,98,38,56,81,92};
    max=a[0];
    for(i=1; i<10; i++)
        if(max<a[i])  max=a[i];
    printf("最大值为%d", max);
}
```

```
/*程序2：求10个整数中的最小值*/
#include<stdio.h>
int main( )
{
    int i, min;
    int a[10]={23, 45, 79, 12, 31, 98, 38, 56, 81, 92};
    min=a[0];
    for(i=1; i<10; i++)
        if(min>a[i])  min=a[i];
    printf("最小值为%d", min);
}
```

图 1-4　人工管理阶段应用程序与数据处理程序示例

从这个例子可以看出，在人工管理阶段，程序和数据是不可分割的整体。每个程序都有自己的数据，而且数据不独立，完全依赖于程序，根本无法实现数据共享，数据冗余严重。

2．文件系统阶段

到了 20 世纪 60 年代中期，计算机不仅用于科学计算，还大量用于信息处理。硬件方面，已经有了可直接存取的存储设备（如磁盘）；软件方面，操作系统出现了。在这个阶段，数据能够以文件的形式存储在外部存储设备上，由操作系统中的文件系统统一管理，按名存取。这就使得程序与数据可以分离，程序与数据有了一定的独立性。不同应用程序可以共享一组数据，实现了数据以文件为单位的共享。文件系统阶段应用程序与数据的关系如图 1-5 所示。

例如，同样要求分别编写程序求出 10 个整数中的最大值和最小值。采用文件系统管理方式，可以将这 10 个整数存放在一个文本文件（如 data.txt）中，用 Windows 系统中的附件程序"记事本"就可以编辑文本文件，如图 1-6 所示。然后，让应用程序从该文件中获取数据，实现数据共享。具体的 C 语言程序如图 1-7 所示。此外，如果想继续求出另外 10 个整数中的最大值和最小值，不需要改变程序，只需修改文本文件中的数据，这说明程序与数据具有一定的独立性。

从这个例子可以看出，在文件系统阶段，数据可以长期保存，由文件系统统一管理。但由于文件中只保存了数据，并未存储数据的结构信息，因此读取文件数据的操作必须在程序中实现，这说明程序与数据的独立性仍有局限性，数据不能完全脱离程序。

图 1-5　文件系统阶段应用程序与数据的关系

图 1-6　用"记事本"编辑文本文件

```
/*程序 3：求文件中 10 个整数中的最大值*/
#include<stdio.h>
#include<limits.h>
int main( )
{
    int i, x, max=INT_MIN;
    FILE *fp;
    fp=fopen("e:\data.txt", "r");       /*打开文件*/
    for(i=0;i<10;i++)
    {
        fscanf(fp, "%d", &x);           /*从文件读入数据*/
        if(max<x)   max=x;
    }
    printf("最大值为%d", max);
    fclose(fp);                         /*关闭文件*/
}
```

```
/*程序 4：求文件中 10 个整数中的最小值*/
#include<stdio.h>
#include<limits.h>
int main( )
{
    int i, x, min=INT_MAX;
    FILE *fp;
    fp=fopen("e:\data.txt", "r");       /*打开文件*/
    for(i=0;i<10;i++)
    {
        fscanf(fp, "%d", &x);           /*从文件读入数据*/
        if(min>x)   min=x;
    }
    printf("最小值为%d", min);
    fclose(fp);                         /*关闭文件*/
}
```

图 1-7　文件系统阶段应用程序与数据处理程序示例

3．数据库系统阶段

到了 20 世纪 60 年代后期，随着计算机的应用日益广泛，数据管理的规模越来越大。为了解决数据的独立性问题，实现数据的统一管理，达到数据共享的目的，数据库应运而生。这使数据管理进入数据库系统阶段。在数据库系统阶段，应用程序通过数据库管理系统获取数据，实现数据共享。在数据库系统阶段，应用程序与数据的关系如图 1-8 所示。数据库系统提供了对数据更高级、更有效的管理方式，使数据不再面向特定的某个或多个应用程序，而是面向整个应用系统。

例如，求 10 个整数中的最大值和最小值。采用数据库系统管理方式，可以将这 10 个整数存放在 MySQL 数据库的一个 data 表（见图 1-9）中，然后通过 MySQL 提供的结构化查询语言（Structured Query Language，SQL），编写相应的查询语句就能够得到结果。

图 1-8　数据库系统管理阶段应用程序与数据的关系

图 1-9　data 表中的数据

求最大值的 SQL 查询语句为：SELECT MAX(num) FROM data。

求最小值的 SQL 查询语句为：SELECT MIN(num) FROM data。

其中，SELECT 是查询命令，MAX 是求最大值的函数，MIN 是求最小值的函数，data 是存放数据的表名称，num 是表中具体存放数据的列（字段）名称。

从这个例子可以看出，在数据库系统阶段，数据库中不仅保存了数据，还保存了数据表的结构信息（如 num 列名称），应用程序可以不考虑数据的存取问题，具体的工作由数据库管理系统完成。到了数据库系统阶段，才真正实现了数据独立和数据共享。

1.1.3　数据模型

数据模型是指数据库中数据的存储结构，是反映客观事物及其联系的数据描述形式。数据模型是数据库系统的核心，数据库的类型是根据数据模型划分的。

数据模型按应用层次可分为 3 类：概念模型、逻辑模型和物理模型。

概念模型是对现实世界的第一层抽象，又称为信息模型。它利用各种概念来描述现实世界的事物以及事物之间的联系，主要用于数据库设计。

逻辑模型是概念模型的数据化，是事物和事物之间联系的数据描述。它提供了表示和组织数据的方法，主要的逻辑模型有层次模型、网状模型和关系模型等。

物理模型是对数据最底层的抽象。它描述了数据在计算机系统内部的表示方式和存取方法。物理模型是面向计算机系统的，由数据库管理系统实现。

从概念模型到逻辑模型的转换由数据库设计人员完成，从逻辑模型到物理模型的转换主要由数据库管理系统完成。

1. 概念模型

概念模型是数据库设计人员和用户进行交流的工具，仅考虑某领域内的实体、属性和联系，要求有较强的语义表达功能，且简单清晰、易于理解。这里主要介绍概念模型中的几个基本概念，包括实体、属性、实体集、实体之间的联系以及 E-R 图等。

（1）实体。客观存在并可相互区别的事物称为实体。实体可以是具体的人、事、物，也可以是抽象的概念。例如，一个学生、一名教师、一门课程、一本书等。

（2）属性。描述实体的特性称为属性。一个实体可以有若干个属性，如"学生"实体有"学号""姓名""性别""出生日期""班级"等属性。属性的具体取值称为属性值。例如，某一个男学生实体的"性别"属性的属性值是"男"。

（3）实体集。同类型实体的集合称为实体集。例如，对于"学生"实体来说，全体学生就是一个实体集；对于"课程"实体来说，学校开设的所有课程也是一个实体集。

（4）实体之间的联系。实体之间的联系是指两个不同实体集之间的联系。实体集 A 与实体集 B 之间的联系可分为一对一（$1:1$）、一对多（$1:n$）和多对多（$m:n$）3 种类型。

实体集 A 中的一个实体最多与实体集 B 中的一个实体相对应；实体集 B 中的一个实体最多与

实体集 A 中的一个实体相对应，则称实体集 A 与实体集 B 之间是一对一联系。例如，一个班级只有一个班长，而一个班长也只能管理一个班级，所以班级和班长两个实体集是一对一联系。

对于实体集 A 中的一个实体，实体集 B 中有多个实体与之对应；对于实体集 B 中的每一个实体，实体集 A 中最多只有一个实体与之对应，则称实体集 A 与实体集 B 之间是一对多联系。例如，一个班级有多个学生，而一个学生只能属于一个班级，所以班级和学生两个实体集是一对多联系。

对于实体集 A 中的每一个实体，实体集 B 中有多个实体与之对应；对于实体集 B 中的每一个实体，实体集 A 中也有多个实体与之对应，则称实体集 A 与实体集 B 之间是多对多联系。例如，一个学生可以选修多门课程，而一门课程也可以被多个学生选修，所以学生和课程两个实体集是多对多联系。

（5）E-R 图。实体联系（Entity-Relationship，E-R）方法是使用最广泛的概念模型表示方法，该方法使用 E-R 图来描述现实世界中实体集及实体集之间的联系。

E-R 图使用 3 种图形来分别描述实体集、属性和联系。实体集用矩形表示，矩形内写明实体集的名称。属性用椭圆表示，椭圆内写明属性名，并用线条将其与对应的实体集连接起来。联系用菱形表示，菱形内写明联系名，并分别用线条将其与有关的实体集连接起来，同时标注联系的类型。

图 1-10 中的 E-R 图示例从左到右分别显示了学生实体集及其属性、班级与班长两个实体集之间的一对一联系、班级与学生两个实体集之间的一对多联系、学生与课程两个实体集之间的多对多联系。

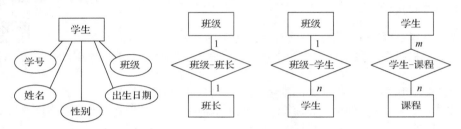

图 1-10　E-R 图示例

2. 逻辑模型

逻辑模型是面向数据库的逻辑结构。数据库系统中常用的逻辑模型有 3 种——层次模型、网状模型和关系模型，其中关系模型应用最为广泛。

（1）层次模型

层次模型是按照层次结构组织数据的数据模型，用树形结构表示实体集之间的联系。层次模型有且仅有一个根结点（没有父结点的结点），除根结点之外的其他结点有且只有一个父结点。

图 1-11 所示为院系数据库的层次结构，树根为院系，每个院系都有自己的学生、开设的课程以及教师。

图 1-11　层次模型示例

层次模型只能反映实体集之间的一对多联系，具有层次清晰、构造简单、处理方便等优点，但不能表示含有多对多联系的复杂结构。

（2）网状模型

网状模型是按照网状结构组织数据的数据模型，易于表现实体集之间的多对多联系。网状模型不仅允许一个以上的结点没有父结点，而且允许一个结点有多个父结点。

图 1-12 所示为学生、教师和课程 3 个实体集之间的联系。由于学生要学习课程，教师要讲授课程，所以学生和教师都与课程有联系。

图 1-12　网状模型示例

网状模型能更好地描述现实世界，但结构复杂，不容易掌握。

（3）关系模型

关系模型是用二维表格来表示实体集以及实体集之间的联系的模型。

例如，图 1-10 中学生和课程两个实体集以及它们之间的多对多联系可以分别用 3 张二维表格表示，用关系模式表示如下。

学生实体集：学生表（学号、姓名、性别、出生日期、班级）。

课程实体集：课程表（课程编号、课程名称、学时、学分）。

学生实体集与课程实体集之间的联系：选修成绩表（学号、课程编号、成绩）。

表 1-1 所示为课程实体集中的部分课程信息，表中一行表示一门课程，一列表示一个属性。其他实体集以及实体集之间的联系的详细信息将在后续章节中详细介绍。

表 1-1　　　　　　　　　　　　　　　　　课程表

课程编号	课程名称	学时	学分
10101400	学术英语	64	4
10101410	通用英语	48	3
10400350	模拟电子技术基础	56	3.5
10500131	证券投资学	32	2
10600200	高级语言程序设计	56	3.5
10600611	数据库应用	56	3.5
10700053	大学物理	56	3.5
10700140	高等数学	64	4
10700462	线性代数	48	3

目前，世界上许多计算机软件开发商都基于关系模型开发了各自的关系数据库管理系统，如美国甲骨文公司的 Oracle 和 MySQL、美国微软公司的 SQL Server 等。

1.1.4　关系数据库

基于关系模型建立的数据库称为关系数据库。关系数据库是由若干张二维表格组成的集合，它借助集合代数等概念和方法来处理数据库中的数据。

1-4　关系数据库
中的基本术语

1．关系数据库中的基本术语

这里主要介绍关系数据库中的几个基本术语，包括关系、属性（字段）、元组（记录）、分量、域、主关键字及外部关键字等。

（1）关系。关系是满足关系模型基本性质的二维表格，一个关系就是一张二维表格。对关系的描述称为关系模式，一个关系模式对应一个关系的结构，关系模式的一般格式如下。

关系名（属性名 1，属性名 2，…，属性名 n）

例如，表 1-1 课程表的关系模式为：课程表（课程编号，课程名称，学时，学分）。

（2）属性（字段）。二维表格中的一列称为一个属性，每一列都有一个属性名。在关系数据库中，一列称为一个字段，每个字段都有字段名称。例如，表 1-1 课程表中有 4 列，即有 4 个字段，字段名称分别为"课程编号""课程名称""学时""学分"。

（3）元组（记录）。二维表格中的一行称为一个元组，在关系数据库中称为一条记录。例如，表 1-1 课程表中有 9 行，即有 9 条记录，其中的一行（例如，10600611，数据库应用，56，3.5）为一条记录。

（4）分量。记录中的一个字段值称为一个分量。关系数据库要求每一个分量都必须是不可分的数据项，即不允许表中还有表。例如，表 1-2 就不满足关系数据库的要求，因为"成绩"列包含了 3 个子列。要想满足关系数据库的要求，去掉"成绩"项，将"通用英语""高等数学"和"数据库应用"直接作为基本字段即可，如表 1-3 所示。

表 1-2　　　　　　　　不满足关系数据库要求的二维表格

学号	姓名	成绩		
		通用英语	高等数学	数据库应用
120211030110	王琦	76	95	89
120211041102	李华	98	70	90
120211041129	侯明斌	87	82	88
120211050101	张函	70	92	95

表 1-3　　　　　　　　满足关系数据库要求的二维表格

学号	姓名	通用英语	高等数学	数据库应用
120211030110	王琦	76	95	89
120211041102	李华	98	70	90
120211041129	侯明斌	87	82	88
120211050101	张函	70	92	95

（5）域。字段的取值范围称为域。例如，选修成绩表中"成绩"字段只能输入整数值，而且取值范围为[0，100]。

（6）主关键字。关系中能够唯一标识一条记录的字段集（一个字段或几个字段的组合）称为主关键字，也称为主键或主码。例如，在学生表中，学号可以唯一确定一个学生，因此"学号"字段就可以设置为主关键字。在课程表中，课程编号可以唯一确定一门课程，因此"课程编号"字段就可以设置为主关键字。在选修成绩表中，一个学生可以选修多门课程，就有可能出现多条学号相同、课程编号不同的记录，但是学号和课程编号可以唯一确定一个学生某门课程的成绩，因此可以将它们组合在一起作为主关键字。

（7）外部关键字。如果一个字段集不是所在关系的主关键字，而是另一个关系的主关键字，则该字段集称为外部关键字，也称为外键或外码。例如，在选修成绩表中，"学号"字段单独使用时不是主键，但它是学生表的主键，因此，选修成绩表中的"学号"字段是一个外部关键字。同理，选修成绩表中的"课程编号"字段也是一个外部关键字。

2. 关系的基本性质

一个关系就是一张二维表格，但并不是所有的二维表格都是关系，关系应具有以下 7 个基本性质。

（1）元组（记录）个数有限；

（2）元组（记录）均各不相同；

（3）元组（记录）次序可以交换；

（4）元组（记录）的分量是不可分的基本数据项；

（5）属性（字段）名各不相同；

（6）属性（字段）次序可以交换；

（7）属性（字段）分量具有与该属性相同的值域。

由关系的基本性质可知，二维表格的每一行都是唯一的，而且每一列的数据类型都是相同的。

3. 关系运算

关系运算有两类：一类是传统的集合运算（并、交、差、广义笛卡儿积运算等），另一类是专门的关系运算（选择运算、投影运算、连接运算、除运算等）。关系运算的结果也是一个关系。

1-5　传统的集合运算

（1）传统的集合运算。传统的集合运算包括并、交、差和广义笛卡儿积运算。参与并、交、差运算的两个关系必须具有相同的结构。

例如，"喜欢唱歌的学生 R"和"喜欢跳舞的学生 S"是两个结构相同的关系，分别如表 1-4 和表 1-5 所示，下面基于这两个关系介绍集合的并、交、差运算。

表 1-4　　喜欢唱歌的学生 R

学号	姓名	班级
120211010103	宋洪博	英语 2101
120211010105	刘向志	英语 2101
120211050102	唐明卿	财务 2101
120211041102	李华	电气 2111
120211030110	王琦	机械 2101

表 1-5　　喜欢跳舞的学生 S

学号	姓名	班级
120211010103	宋洪博	英语 2101
120211010230	李媛媛	英语 2102
120211050101	张函	财务 2101
120211050102	唐明卿	财务 2101
120211041102	李华	电气 2111

R 和 S 两个关系的并运算可以记作 R∪S，表示将两个关系的所有元组组成一个新的关系。若有相同的元组，则只保留一个。R∪S 可以得到喜欢唱歌或喜欢跳舞的学生，如表 1-6 所示。

表 1-6　　　　　　　　喜欢唱歌或喜欢跳舞的学生（R∪S）

学号	姓名	班级
120211010103	宋洪博	英语 2101
120211010105	刘向志	英语 2101
120211050102	唐明卿	财务 2101
120211041102	李华	电气 2111
120211030110	王琦	机械 2101
120211010230	李媛媛	英语 2102
120211050101	张函	财务 2101

R 和 S 两个关系的交运算可以记作 R∩S，表示将两个关系中的公共元组组成一个新的关系。R∩S 可以得到既喜欢唱歌又喜欢跳舞的学生，如表 1-7 所示。

R 和 S 两个关系的差运算可以记作 R−S，表示将属于 R 但不属于 S 的元组组成一个新的关系。R−S 可以得到喜欢唱歌但不喜欢跳舞的学生，如表 1-8 所示。

表 1-7　既喜欢唱歌又喜欢跳舞的学生（R∩S）

学号	姓名	班级
120211010103	宋洪博	英语 2101
120211050102	唐明卿	财务 2101
120211041102	李华	电气 2111

表 1-8　喜欢唱歌但不喜欢跳舞的学生（R−S）

学号	姓名	班级
120211010105	刘向志	英语 2101
120211030110	王琦	机械 2101

假设 R 和 S 是两个结构不同的关系，R 有 m 个属性、i 个元组，S 有 n 个属性、j 个元组，则两个关系的广义笛卡儿积可以记作 R×S，运算结果是一个具有 $m+n$ 个属性、$i×j$ 个元组的关系。例如，

两个结构不同的关系学生 R 和课程 S 分别如表 1-9 和表 1-10 所示，则 R×S 可以得到学生选修课程的所有信息，如表 1-11 所示。

表 1-9　　学生 R

学号	姓名	班级
120211010103	宋洪博	英语 2101
120211010105	刘向志	英语 2101
120211050102	唐明卿	财务 2101

表 1-10　　课程 S

课程编号	课程名称	学时	学分
10600611	数据库应用	56	3.5
10700140	高等数学	64	4
10101410	通用英语	48	3

表 1-11　　学生选修课程（R×S）

学号	姓名	班级	课程编号	课程名称	学时	学分
120211010103	宋洪博	英语 2101	10600611	数据库应用	56	3.5
120211010103	宋洪博	英语 2101	10700140	高等数学	64	4
120211010103	宋洪博	英语 2101	10101410	通用英语	48	3
120211010105	刘向志	英语 2101	10600611	数据库应用	56	3.5
120211010105	刘向志	英语 2101	10700140	高等数学	64	4
120211010105	刘向志	英语 2101	10101410	通用英语	48	3
120211050102	唐明卿	财务 2101	10600611	数据库应用	56	3.5
120211050102	唐明卿	财务 2101	10700140	高等数学	64	4
120211050102	唐明卿	财务 2101	10101410	通用英语	48	3

（2）专门的关系运算。在关系代数中，有 4 种专门的关系运算：选择运算、投影运算、连接运算和除运算。

选择运算是指从指定关系中选出满足给定条件的元组组成一个新的关系。选择运算是一元运算，通常记作 $\sigma_{条件表达式}(R)$。其中，σ 是选择运算符，R 是关系名。例如，在表 1-4 所示的"喜欢唱歌的学生 R"关系中，选出"英语 2101"班级的学生，可以写为 $\sigma_{班级="英语\ 2101"}$（喜欢唱歌的学生 R），运算结果是"英语 2101"班级喜欢唱歌的学生，如表 1-12 所示。

1-6　专门的关系运算

表 1-12　　"英语 2101"班级喜欢唱歌的学生（σ运算）

学号	姓名	班级
120211010103	宋洪博	英语 2101
120211010105	刘向志	英语 2101

投影运算是指从指定关系中选出某些属性组成一个新的关系。投影运算是一元运算，通常记作 $\prod_A(R)$。其中，$\prod$ 是投影运算符，A 是投影的属性或属性组，R 是关系名。例如，在表 1-4 所示的"喜欢唱歌的学生 R"关系中，投影出所有学生的学号和姓名，可以写为 $\prod_{学号,\ 姓名}$（喜欢唱歌的学生 R），运算结果是喜欢唱歌的学生的学号和姓名，如表 1-13 所示。

表 1-13　　喜欢唱歌的学生的学号和姓名（∏运算）

学号	姓名
120211010103	宋洪博
120211010105	刘向志
120211050102	唐明卿
120211041102	李华
120211030110	王琦

连接运算是关系的横向结合，它把两个关系中满足连接条件的元组组成一个新的关系。连接运算是二元运算，通常记作 R⋈S。其中，⋈是连接运算符，R 和 S 是关系名。

连接分为内连接和外连接。内连接的运算结果仅包含满足连接条件的元组，内连接有 3 种：等值连接、非等值连接和自然连接。外连接的运算结果不仅包含满足连接条件的元组，还包含不满足连接条件的元组，外连接也有 3 种：左外连接、右外连接和全外连接。

等值连接是从关系 R 和关系 S 的广义笛卡儿积中选取满足等值条件的元组组成一个新的关系。这个运算要求将两个关系的连接条件设置为属性值相等，运算结果包含两个关系的所有属性，也包括重复的属性。例如，将表 1-14 所示的学生 R 与表 1-15 所示的选修成绩 S 两个关系进行等值连接运算，等值条件设置为"学号"属性值相等，则在关系 R 和关系 S 的广义笛卡儿积中只保留"学号"属性值相等的元组，运算结果是学生选修成绩单，如表 1-16 所示。

表 1-14　　　学生 R

学号	姓名	班级
120211040101	王晓红	电气 2101
120211040108	李明	电气 2101
120211060104	王刚	计算 2101

表 1-15　　　　　　选修成绩 S

学号	课程编号	课程名称	成绩
120211040101	10600611	数据库应用	98
120211060104	10700140	高等数学	95
120211070106	10101410	通用英语	91

表 1-16　　　　　　学生选修成绩单（R.学号=S.学号）

R.学号	姓名	班级	S.学号	课程编号	课程名称	成绩
120211040101	王晓红	电气 2101	120211040101	10600611	数据库应用	98
120211060104	王刚	计算 2101	120211060104	10700140	高等数学	95

非等值连接是从关系 R 和关系 S 的广义笛卡儿积中选出满足非等值条件的元组组成一个新的关系。这个运算要求将两个关系的连接条件设置为除等号运算符"="外的其他比较运算符（">"">=""<=""<""<>"）比较两个连接属性的属性值，同样，运算结果包含两个关系的所有属性，也包括重复的属性。例如，将表 1-14 所示的学生 R 与表 1-15 所示的选修成绩 S 两个关系进行非等值连接运算，非等值条件设置为关系 R 中的"学号"属性值大于关系 S 中的"学号"属性值，则在关系 R 和关系 S 的广义笛卡儿积中只保留满足条件"R.学号>S.学号"的元组，运算结果是一个错误的学生选修成绩单（成绩不符合实际情况），如表 1-17 所示。

表 1-17　　　　　　错误的学生选修成绩单（R.学号>S.学号）

R.学号	姓名	班级	S.学号	课程编号	课程名称	成绩
120211040108	李明	电气 2101	120211040101	10600611	数据库应用	98
120211060104	王刚	计算 2101	120211040101	10600611	数据库应用	98

自然连接是按照公共属性值相等的条件进行连接，要求两个关系中必须有相同的属性，运算结果是从关系 R 和关系 S 的广义笛卡儿积中选出公共属性满足等值条件的元组，并在结果中消除重复的属性。自然连接可以理解为特殊的等值连接。例如，将表 1-14 所示的学生 R 与表 1-15 所示的选修成绩 S 两个关系进行自然连接运算，运算结果得到的学生选修成绩单如表 1-18 所示。可以发现，结果中只有一个学号属性，自然连接实际上是在等值连接的基础上去掉重复的属性。

表 1-18　　　　　　学生选修成绩单（自然连接）

学号	姓名	班级	课程编号	课程名称	成绩
120211040101	王晓红	电气 2101	10600611	数据库应用	98
120211060104	王刚	计算 2101	10700140	高等数学	95

左外连接是在等值连接的基础上，保留左边关系 R 中要舍弃的元组，同时将右边关系 S 对应的属性值用 NULL 代替。例如，将表 1-14 所示的学生 R 与表 1-15 所示的选修成绩 S 两个关系进行左外连接运算，运算结果如表 1-19 所示。左外连接能够保证包含左边关系 R 中的所有元组。

表 1-19　　　　　　　　　　　　学生选修成绩单（左外连接）

R.学号	姓名	班级	S.学号	课程编号	课程名称	成绩
120211040101	王晓红	电气 2101	120211040101	10600611	数据库应用	98
120211040108	李明	电气 2101	NULL	NULL	NULL	NULL
120211060104	王刚	计算 2101	120211060104	10700140	高等数学	95

右外连接是在等值连接的基础上，保留右边关系 S 中要舍弃的元组，同时将左边关系 R 对应的属性值用 NULL 代替。例如，将表 1-14 所示的学生 R 与表 1-15 所示的选修成绩 S 两个关系进行右外连接运算，运算结果如表 1-20 所示。右外连接能够保证包含右边关系 S 中的所有元组。

表 1-20　　　　　　　　　　　　学生选修成绩单（右外连接）

R.学号	姓名	班级	S.学号	课程编号	课程名称	成绩
120211040101	王晓红	电气 2101	120211040101	10600611	数据库应用	98
120211060104	王刚	计算 2101	120211060104	10700140	高等数学	95
NULL	NULL	NULL	120211070106	10101410	通用英语	91

全外连接是在等值连接的基础上，同时保留关系 R 和关系 S 中要舍弃的元组，但将其他属性值用 NULL 代替。例如，将表 1-14 所示的学生 R 与表 1-15 所示的选修成绩 S 两个关系进行全外连接运算，运算结果如表 1-21 所示。全外连接能够保证包含关系 R 和关系 S 中的所有元组。

表 1-21　　　　　　　　　　　　学生选修成绩单（全外连接）

R.学号	姓名	班级	S.学号	课程编号	课程名称	成绩
120211040101	王晓红	电气 2101	120211040101	10600611	数据库应用	98
120211040108	李明	电气 2101	NULL	NULL	NULL	NULL
120211060104	王刚	计算 2101	120211060104	10700140	高等数学	95
NULL	NULL	NULL	120211070106	10101410	通用英语	91

关系 R 和关系 S 的除运算要求关系 S 的属性全部包含在关系 R 中，且关系 R 中存在关系 S 中没有的属性。关系 R 和关系 S 的除运算表示为 R÷S。除运算的结果也是一个关系，该关系的属性由 R 中除去 S 中的属性之外的属性组成，元组由 R 与 S 中在所有相同属性上有相等值的那些元组组成。例如，将表 1-22 所示的学生选课表 R 与表 1-23 所示的所有课程 S 进行除运算，目的是找出选修了所有课程的学生，运算结果如表 1-24 所示。

表 1-22　　　　　　　　　　　　学生选课表 R

学号	姓名	班级	课程编号	课程名称
120211040101	王晓红	电气 2101	10600611	数据库应用
120211040101	王晓红	电气 2101	10700140	高等数学
120211040101	王晓红	电气 2101	10101410	通用英语
120211060104	王刚	计算 2101	10600611	数据库应用
120211060104	王刚	计算 2101	10101410	通用英语
120211050102	唐明卿	财务 2101	10700140	高等数学

表 1-23	所有课程 S
课程编号	课程名称
10600611	数据库应用
10700140	高等数学
10101410	通用英语

表 1-24	选修所有课程的学生（R÷S）	
学号	姓名	班级
120211040101	王晓红	电气 2101

1.2　MySQL 的安装与配置

MySQL 是一种开源的关系数据库管理系统。MySQL 支持多种平台。不同平台中，MySQL 的安装和配置过程不相同。本节重点讲解 Windows 平台中 MySQL 的安装与配置过程。

1.2.1　下载 MySQL 安装包

MySQL 针对个人用户和商业用户提供不同版本的产品，社区版（Community）是供个人用户免费使用的 MySQL 开源安装版本。个人用户可以直接进入 MySQL 官方网站下载相应的安装包，这里以下载 Windows 32 位操作系统下的 MySQL Sever 8.0.30 版本为例，具体下载步骤如下。

① 访问 MySQL 官网，进入 MySQL Downloads 页面，向下滚动页面，找到并单击 "MySQL Community(GPL)Downloads" 超链接，如图 1-13 所示。

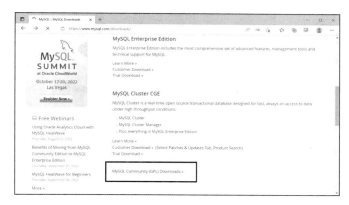

图 1-13　MySQL Downloads 页面

② 进入 MySQL Community Downloads 页面后，单击 "MySQL Installer for Windows" 超链接，如图 1-14 所示。

图 1-14　MySQL Community Downloads 页面

③ 跳转到页面中的 MySQL Installer 8.0.30 下载位置后，单击"Windows (x86, 32-bit), MSI Installer 8.0.30 448.3M"右侧的 Download 按钮，如图 1-15 所示。

图 1-15　MySQL Installer 8.0.30 下载位置

④ 跳转到页面中的 Login Now or Sign Up for a free account 位置后，单击"No thanks, just start my download."超链接开始下载，如图 1-16 所示。

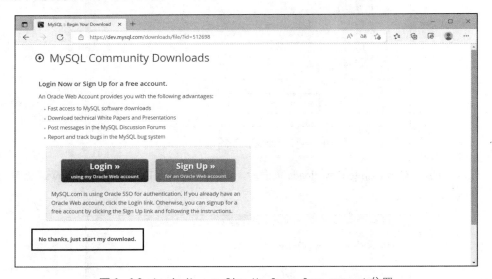

图 1-16　Login Now or Sign Up for a free account 位置

⑤ 下载成功后即可得到安装文件：mysql-installer-community-8.0.30.0.msi。

1.2.2　安装与配置 MySQL

双击下载好的安装文件即可进行 MySQL 的安装与配置，具体的安装与配置步骤如下。

① 双击 mysql-installer-community-8.0.30.0.msi 文件，打开 Choosing a Setup Type 界面，进行安装类型的选择。共有 5 种安装类型，这里选择 Sever only，单击 Next 按钮，如图 1-17 所示。

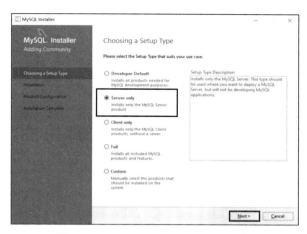

图 1-17　Choosing a Setup Type 界面

② 打开 Installation 界面，单击 Execute 按钮，如图 1-18 所示。

图 1-18　Installation 界面

③ 开始安装并显示安装进度，安装完成后的界面如图 1-19 所示，单击 Next 按钮。

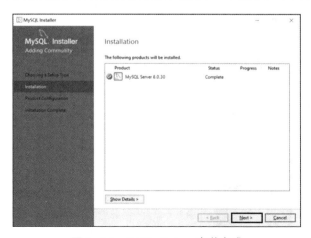

图 1-19　MySQL Server 安装完成

④ 打开 Product Configuration 界面，开始进行 MySQL 的配置，单击 Next 按钮，如图 1-20 所示。

图 1-20　Product Configuration 界面

⑤ 打开 Type and Networking 界面，进行产品类型和网络的配置，默认是 Development Computer 类型，TCP/IP 端口为 3306。单击 Next 按钮，如图 1-21 所示。

图 1-21　Type and Networking 界面

⑥ 打开 Authentication Method 界面，进行身份验证方式的配置，如图 1-22 所示，保持默认配置即可，单击 Next 按钮。

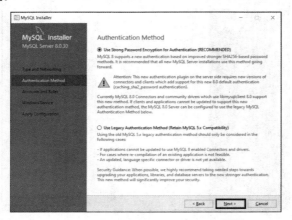

图 1-22　Authentication Method 界面

⑦ 打开 Accounts and Roles 界面，进行账号和角色的配置。这里设置 root 用户的登录密码为"123456"，其他采用默认值，单击 Next 按钮，如图 1-23 所示。

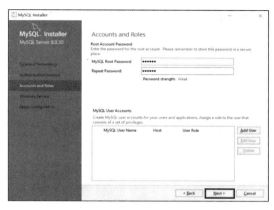

图 1-23　Accounts and Roles 界面

⑧ 打开 Windows Service 界面，进行 Windows 服务的配置，这里采用默认的服务配置，服务名称默认为"MySQL80"，单击 Next 按钮，如图 1-24 所示。

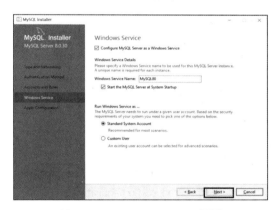

图 1-24　Windows Service 界面

⑨ 打开 Apply Configuration 界面，进行应用的配置，单击 Execute 按钮，如图 1-25 所示。

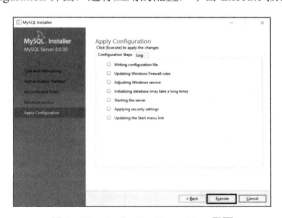

图 1-25　Apply Configuration 界面

⑩ 开始配置应用，配置完成后的界面如图 1-26 所示，单击 Finish 按钮。

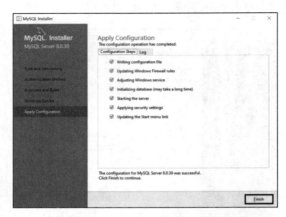

图 1-26　应用配置完成

⑪ 打开 Product Configuration 界面，单击 Next 按钮，如图 1-27 所示。

图 1-27　Product Configuration 界面

⑫ 打开 Installation Complete 界面，如图 1-28 所示，单击 Finish 按钮。MySQL 的安装和配置工作全部完成。

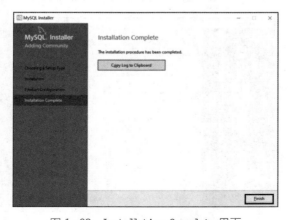

图 1-28　Installation Complete 界面

1.2.3　登录与退出 MySQL

MySQL 的安装和配置完成之后，必须启动 MySQL，才能进行登录（连接）。

1. 启动、停止 MySQL

在 MySQL 的安装和配置过程中，采用了默认的 Windows 服务"MySQL80"，启动 MySQL 实际上就是启动 MySQL80 服务。

默认情况下，MySQL 的安装和配置全部完成后会自动启动 MySQL80 服务，用户也可以手动启动。选择"开始"菜单"Windows 管理工具"下的"服务"命令，打开"服务"窗口，在服务列表中选中 MySQL80，单击鼠标右键后，在快捷菜单中可以选择相应的操作（如"启动""停止""暂停"等），如图 1-29 所示。

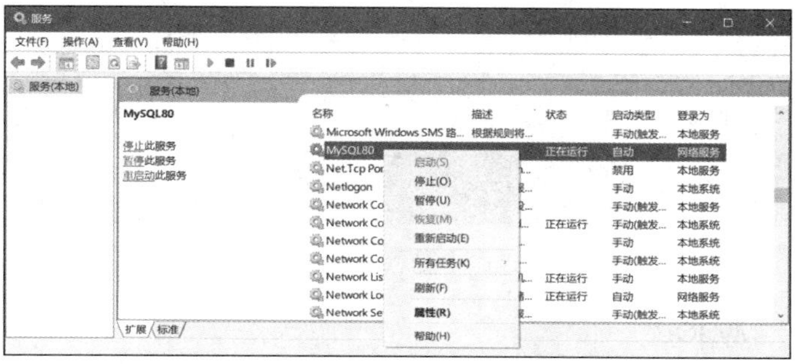

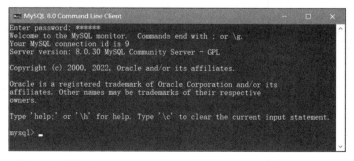

图 1-29　启动或停止 MySQL

2. 使用超级管理员 root 身份登录（连接）MySQL

在 Windows 操作系统中，用户可以通过 MySQL 8.0 Command Line Client 或命令提示符窗口登录 MySQL。

（1）通过 MySQL 8.0 Command Line Client 登录 MySQL

在安装 MySQL 时，MySQL 8.0 Command Line Client 会被自动配置到计算机上，方便用户登录和管理 MySQL 数据库。

选择"开始"菜单"MySQL"下的"MySQL 8.0 Command Line Client"命令，打开相应窗口，然后输入 root 用户的密码"123456"并按回车键，登录成功后显示"mysql>"提示符，如图 1-30 所示。

图 1-30　通过 MySQL 8.0 Command Line Client 成功登录 MySQL

（2）通过命令提示符窗口登录 MySQL

在 Windows 命令提示符窗口中，可以使用 mysql 命令登录 MySQL，其语法格式如下。

```
mysql -u 用户名 -p
```

打开命令提示符窗口后，首先需要使用"cd"命令切换到 MySQL 安装目录下的 bin 文件夹中，默认是"C:\Program Files\MySQL\MySQL Server 8.0\bin"，然后才能使用命令"mysql -u root -p"以用户 root 的身份登录 MySQL，按提示输入密码"123456"，登录成功后显示"mysql>"提示符，如图 1-31 所示。

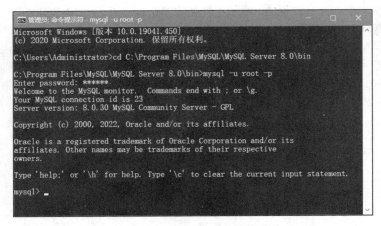

图 1-31　通过命令提示符窗口成功登录 MySQL

3. 退出（断开）MySQL

成功登录 MySQL 后，在"mysql>"提示符下输入"QUIT"或"EXIT"命令可以退出（断开）MySQL，如图 1-32 所示。

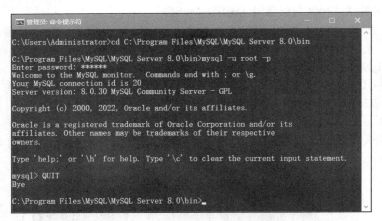

图 1-32　成功退出 MySQL

 　默认情况下，本书涉及的所有命令都不区分大小写。为了便于区分不同的运行环境，本书统一将"mysql>"提示符下执行的命令以大写形式书写，将 Windows 命令提示符下执行的命令以小写形式书写。

【习题】

一、单项选择题

1. 数据库的根本目标是解决数据的（　　）问题。
　　A. 存储　　　　　　B. 共享　　　　　　C. 安全　　　　　　D. 保护

2. 在数据库系统的内部体系结构中，用户所见的数据模式为（　　　）。

    A. 概念模式　　　　　B. 外模式　　　　　C. 内模式　　　　　D. 物理模式

3. 数据库（DB）、数据库系统（DBS）、数据库管理系统（DBMS）之间的关系是（　　　）。

    A. DB 包含 DBS 和 DBMS　　　　　　　　B. DBMS 包含 DB 和 DBS

    C. DBS 包含 DB 和 DBMS　　　　　　　　D. 没有任何关系

4. 用二维表格来表示实体集以及实体集之间的联系的数据模型是（　　　）。

    A. 关系模型　　　　B. 层次模型　　　　C. 网状模型　　　　D. E-R 模型

5. 在 E-R 图中，用来表示实体集之间的联系的图形是（　　　）。

    A. 椭圆形　　　　　B. 矩形　　　　　C. 菱形　　　　　D. 平行四边形

6. 在关系数据库中，一个关系对应一个（　　　）。

    A. 二维表格　　　　B. 字段　　　　　C. 记录　　　　　D. 域

7. 一间宿舍对应多个学生，宿舍和学生之间的联系是（　　　）。

    A. 一对一　　　　　B. 一对多　　　　　C. 多对一　　　　　D. 多对多

8. 有如下 3 个关系 R、S 和 T，其中关系 T 由关系 R 和关系 S 通过某种运算得到，则该运算为（　　　）。

R

A	B
m	1
n	2

S

B	C
1	3
3	5

T

A	B	C
m	1	3

    A. 投影　　　　　B. 选择　　　　　C. 除　　　　　D. 自然连接

9. 在下列运算中，不改变关系中的属性个数但能减少元组个数的是（　　　）。

    A. 笛卡儿积　　　　B. 交　　　　　C. 等值连接　　　　D. 并

10. 设关系 R 和关系 S 的属性个数分别是 3 和 4，关系 T 是关系 R 和关系 S 的笛卡儿积，则关系 T 的属性个数是（　　　）。

    A. 7　　　　　B. 9　　　　　C. 12　　　　　D. 16

二、填空题

1. 数据独立性分为逻辑独立性与物理独立性。当数据的存储结构改变时，其逻辑结构可以不变，因此，基于逻辑结构的应用程序不必修改，这种独立性是_____。

2. 一个数据库有_____个内模式和_____个外模式。

3. 关系中的行称为_____、列称为_____。

4. 若关系 R 有 4 个元组、关系 S 有 5 个元组，则 R×S 有_____个元组。

5. MySQL 安装成功后，系统中会默认建立一个名为_____的超级管理员用户。

【项目实训】使用 MySQL

一、实训目的

（1）掌握在 Windows 平台中安装与配置 MySQL 的方法。

（2）掌握启动和登录 MySQL 的方法。

二、实训内容

（1）从 MySQL 官网下载用于 Windows 平台的 MySQL 安装文件。

（2）在自己的计算机上安装与配置 MySQL。

（3）打开 Windows 操作系统的"服务"窗口，手动启动或停止 MySQL。

（4）以超级管理员 root 身份登录 MySQL。

第 **2** 章　**数据库设计**

　　数据库设计是指对于一个给定的应用环境，构造并建立数据库，使之能够有效地存储数据，满足各种用户的应用需求。

【学习目标】

- 了解数据库设计步骤。
- 掌握 E-R 图的绘制方法。
- 掌握关系模式的设计方法。
- 了解关系模式规范化的相关范式。

2-1　数据库设计
步骤

2.1　数据库设计步骤

　　设计一个满足用户需求、性能良好的数据库是数据库系统的核心问题之一。目前数据库设计大多采用生命周期法，将整个数据库设计分解为 6 个阶段，分别为需求分析、概念结构设计、逻辑结构设计、物理结构设计、数据库实施以及数据库运行和维护，如图 2-1 所示。

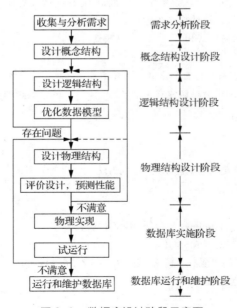

图 2-1　数据库设计阶段示意图

22

1．需求分析

需求分析是根据用户的需求收集并分析数据。通过调查和分析用户的业务活动和数据使用情况，分析所用数据的种类、范围、数量以及它们在业务活动中的应用情况，确定用户对数据库系统的使用要求和各种约束条件等。

2．概念结构设计

概念结构设计是整个数据库设计的关键，它通过对需求分析阶段收集的数据进行综合、归纳与抽象，形成一个不依赖于任何数据库管理系统的概念模型。概念结构设计最常用的方法是实体联系法（E-R 图）。

3．逻辑结构设计

逻辑结构设计的任务是把概念模型转换为某个数据库管理系统支持的逻辑数据模型，即将用 E-R 图表示的实体集以及实体集之间的联系转换为所选择的数据库管理系统支持的数据模式，然后对其进行优化。

4．物理结构设计

物理结构设计的主要目标是为所设计的逻辑数据模型选择合适的存储结构和存取方法，以提高数据库的访问速度和有效地利用存储空间。目前，关系数据库中已大量屏蔽了数据库内部的存储结构，因此留给设计人员参与物理结构设计的任务很少。

5．数据库实施

在数据库实施阶段，设计人员运用数据库管理系统提供的数据库语言及工具，根据逻辑结构设计和物理结构设计的结果建立数据库，编写与调试应用程序，组织数据入库，并进行试运行。

6．数据库运行和维护

数据库正式投入运行后，就进入数据库运行和维护阶段。在数据库运行过程中，必须不断地对其进行评价、调整、修改以及备份。

由于设计人员参与物理结构设计的任务很少，因此本章主要介绍前 3 个阶段，即需求分析、概念结构设计和逻辑结构设计。

设计一个完善的数据库不可能一蹴而就，往往需要上述 6 个阶段的多次反复。

2.2　需求分析

需求分析是整个数据库设计的基础。需求分析的充分和准确程度，决定了在其上构建数据库的速度与质量。

2.2.1　需求分析的任务和重点

需求分析的任务是详细调查现实世界中要处理的对象（如组织、部门、企业等），充分了解该对象当前数据管理系统（手工系统或计算机系统）的工作概况，尽可能多地收集数据，明确用户的各种需求，然后在此基础上确定新系统的功能。

需求分析的重点是调查、收集与分析用户在数据管理中的信息要求、处理要求、安全性与数据完整性要求。信息要求是指用户需要从数据库中获得的信息的内容与性质。由用户的信息要求可以推导出数据要求，即在数据库中需要存储哪些数据。处理要求是指用户需要什么处理功能，对处理的执行频度和响应时间有什么要求，处理方式是批处理还是联机处理等。安全性与数据完整性要求是指系统所存数据是否容易被窃取，数据对各级用户的访问权限有什么要求，以及数据之间的关联和取值范围等。

在收集数据的过程中，设计人员通过对用户进行详尽调查，在充分理解用户在数据管理中的信息要求的基础上，要确保收集到数据库需要存储的全部数据。用户也必须确保已经考虑了业务的所有需求。

确定用户的最终需求其实是一件很困难的事。一方面，用户缺少计算机知识，开始时无法确定计算机究竟能为自己做什么，因此无法准确表达自己的需求；另一方面，设计人员缺少用户特定的专业领域知识，不易理解用户的真正需求，有时甚至会误解用户的需求。此外，新的硬件、软件技术的出现也会使用户需求发生变化。因此设计人员必须与用户不断深入交流，这样才能确定用户的实际需求。

2.2.2　需求分析的方法

需求分析的方法是先调查用户的实际需求，然后分析和表达用户的这些需求，最后得到用户的认可。

1．调查用户的实际需求

调查用户实际需求的具体步骤如下。

① 调查组织机构情况，包括了解该组织的部门组成情况，以及各个部门的职能等。

② 调查各个部门的业务活动情况，包括了解各个部门输入和使用什么数据、如何处理这些数据、输出什么格式的数据、输出到什么部门。

③ 协助用户明确对新系统的各种要求，包括信息要求、处理要求、安全性与数据完整性要求。

④ 确定新系统的边界，确定哪些功能由计算机完成或将来准备让计算机完成、哪些功能由人工完成。

2．分析和表达用户需求

在需求分析中，结构化分析方法是最简单、最实用的分析和表达用户需求的方法。结构化分析方法采用自顶向下、逐层分解的方式分析系统，建立系统的处理流程。图 2-2 所示为自顶向下、逐层分解的需求分析示意图。这种方法的优点是简单、清晰，用户容易接受和理解。

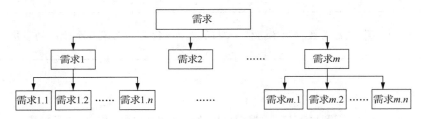

图 2-2　自顶向下、逐层分解的需求分析示意图

3．得到用户的认可

对用户需求进行分析与表达后，必须将结果提交给用户，得到用户的认可。用户认可后，数据库中需要存储的具体数据和新系统的功能就确定了。

2.3　概念结构设计

概念结构设计的任务是将需求分析阶段得到的用户需求抽象为概念模型。概念结构设计是整个数据库设计的关键，它的最终结果为整个系统的 E-R 图。按照图 2-2 所示的自顶向下、逐层分解的需求分析示意图，概念结构设计可以采用自底向上、逐层设计与合并的方法，先设计底层的局部概念结构（局部 E-R 图），然后将它们逐层合并起来，最终形成完整的全局概念结构（全局 E-R 图）。

2.3.1　局部 E–R 图设计

在需求分析阶段，已经收集了每个局部需求所涉及的数据。局部 E-R 图设计是将这些数据抽象为实体集、属性以及实体集之间的联系。

1．标识实体集

在现实世界中，一组具有某些共同特性和行为的人、事或物可以抽象为一个实体集。例如在学校环境中，可以把宋洪博、刘向志、李媛媛等学生抽象为学生实体集，把高等数学、大学物理、数据库应用等课程抽象为课程实体集。

2．标识实体集的属性及主键

属性即实体集的特征，主键是能够唯一标识实体集中某个实体的属性集。例如学号、姓名、性别、班级等可以抽象为学生实体集的属性，其中学号是主键。

3．标识实体集之间的联系

根据需求分析，要考虑实体集之间是否存在联系，如果存在联系，就要确定联系的类型是一对一、一对多还是多对多。

【例 2-1】设有如下 4 个实体集及其属性，其中带下划线的属性为主键。
学生（<u>学号</u>、姓名、性别、班级、院系、绩点）
课程（<u>课程编号</u>、课程名称、学时、学分、开课院系）
教师（<u>教师工号</u>、姓名、性别、职称、所属部门）
院系（<u>院系代码</u>、院系名称、负责人）

2-2　例 2-1

　　绩点是指成绩平均绩点（Grade Point Average，GPA），是大多数高等教育院校采用的一种评估学生学习成绩的指标。

这 4 个实体集存在如下联系。
（1）一个学生可以选修多门课程，一门课程也可以被多个学生选修，是多对多联系。
（2）一个教师可以讲授多门课程，一门课程也可以由多个教师讲授，是多对多联系。
（3）一个院系可以拥有多个学生，但一个学生只能属于一个院系，是一对多联系。
（4）一个院系或部门可以拥有多个教师，但一个教师只能属于一个院系或部门，是一对多联系。
（5）一个院系可以开设多门课程，但一门课程只能属于一个院系，是一对多联系。

因此，可以得到院系学生选课的局部 E-R 图（见图 2-3）和院系教师讲授课程的局部 E-R 图（见图 2-4）。

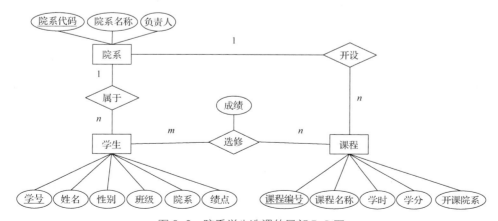

图 2-3　院系学生选课的局部 E-R 图

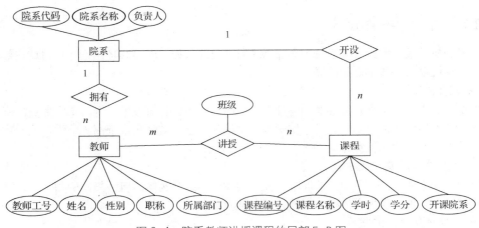

图 2-4　院系教师讲授课程的局部 E-R 图

2.3.2　全局 E-R 图设计

各个局部 E-R 图建立好后，需要将它们合并，形成一个整体的概念模型，即全局 E-R 图。全局 E-R 图设计主要分为合并和优化两个步骤。

1. 合并

合并是将所有的局部 E-R 图综合成一个整体。合并并不是简单地将各个局部 E-R 图拼接在一起，而是消除各个局部 E-R 图之间的冲突，使合并后的全局 E-R 图不仅能够支持所有的局部 E-R 图，而且是一个能被全系统中所有用户共同理解和接受的统一的概念模型。

E-R 图中的冲突主要有 3 种：属性冲突、命名冲突和结构冲突。

（1）属性冲突。属性冲突分为属性值域冲突和属性的取值单位冲突。例如，学生的学号，有的定义为数值型，有的定义为字符串型，这属于属性值域冲突；而质量的单位，有的是千克，有的是公斤，有的是克，这属于属性的取值单位冲突。

（2）命名冲突。命名冲突可能发生在实体集名、属性名或联系名之间，一般表现为同名异义或异名同义。例如，"单位"既可以表示某个人的工作单位，也可以表示物品的质量、长度等属性。

（3）结构冲突。结构冲突主要有 3 种情况：第 1 种是同一个对象在不同的局部 E-R 图中有不同的抽象，一个抽象为实体集，另一个抽象为属性；第 2 种是同一个实体集的属性组成不同，其中一个实体集的属性个数多于另一个；第 3 种是实体集之间的联系类型不同，一个是一对一，另一个是多对多。

以消除图 2-3 和图 2-4 合并过程中的冲突为例。这两个局部 E-R 图中存在命名冲突，"学生"实体集中的"院系"、"课程"实体集中的"开课院系"以及"教师"实体集中的"所属部门"实际上是同样的含义，即异名同义。这两个局部 E-R 图中还存在结构冲突，"学生"实体集中的"院系"是属性，但同时存在"院系"实体集。

为了解决这两个冲突，将"学生"实体集中的"院系"、"课程"实体集中的"开课院系"以及"教师"实体集中的"所属部门"统一修改为"院系名称"。

2. 优化

优化的目的是消除不必要的冗余。在全局 E-R 图中，可能存在冗余的属性或冗余的实体集之间的联系。冗余的属性是指可由基本属性推导或计算得到的属性，冗余的实体集之间的联系是指可由其他联系推导出的联系。当然，不是所有的冗余属性和冗余联系都必须消除，有些情况下为了提高系统的效率，不得不以冗余信息为代价。在优化过程中，需要根据实际情况和整体需求来确定可消除的冗余信息。

在图 2-3 和图 2-4 中，"学生"实体集的"院系"可以通过"属于"联系所关联的"院系名称"推导出来，学生的"绩点"可以由"选修"联系中的成绩计算出来；"课程"实体集的"学分"可以通过学时计算得到（例如 1 学分对应 16 学时），"开课院系"可以通过"开设"联系所关联的"院系名称"推导出来；"教师"实体集的"所属部门"可以通过"拥有"联系所关联的"院系名称"推导出来。综上，"学生"实体集中的"院系"和"绩点"、"课程"实体集中的"开课院系"和"学分"、"教师"实体集中的"所属部门"均属于冗余属性。

另外，"课程"与"院系"之间的"开设"联系可以由"教师"和"课程"之间的"讲授"联系推导出来，所以"开设"属于冗余联系。

虽然"讲授"联系中的"班级"属性可以从"选修"联系所关联的"学生"推导出来，但是由于一个教师可以给不同班级讲授同一门课程，因此这里保留了"讲授"联系中的"班级"属性。

合并与优化后得到的全局 E-R 图如图 2-5 所示。

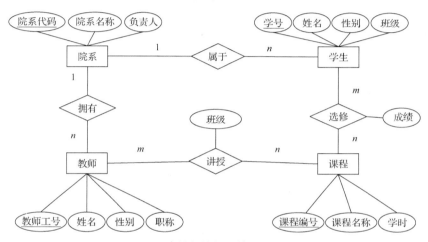

图 2-5　合并与优化后的全局 E-R 图

2.4　逻辑结构设计

逻辑结构设计的任务是将概念模型转换为选用的数据库管理系统所支持的逻辑模型。由于 MySQL 是一种关系数据库管理系统，采用的逻辑模型是关系模型，所以逻辑结构设计就是将 E-R 图中的各个实体集以及实体集之间的联系转换为一组关系模式。

2.4.1　关系模式设计

将 E-R 图中各个实体集以及实体集之间的联系转换为一组关系模式时，需要遵循以下原则。

1．实体集的转换原则

一个实体集转换为一个独立的关系模式。实体集的属性就是关系的属性，实体集的主键就是关系的主键。

2．实体集之间的联系的转换原则

根据不同的联系类型做不同的处理，有以下 5 种情况。

（1）一对一联系。一个一对一联系可以转换为一个独立的关系模式，也可以与任意一端所对应的关系模式合并。

如果转换为一个独立的关系模式，则必须在关系模式的属性中加入与该联系相连的各个实体集的主键以及该联系本身的属性，该关系模式的主键是与该联系相连的各个实体集的主键的组合。

如果与任意一端所对应的关系模式合并，则必须在合并端实体集的关系模式的属性中加入该联系本身的属性以及另一个实体集的关系模式的主键。

（2）一对多联系。一个一对多联系可以转换为一个独立的关系模式，也可以与 n 端所对应的关系模式合并。

如果转换为一个独立的关系模式，则与该联系相连的各个实体集的主键以及该联系本身的属性都会转换为关系模式的属性，且该联系的主键是 n 端实体集的主键。

如果与 n 端所对应的关系模式合并，则必须在该关系模式的属性中加入该联系本身的属性以及一端实体集的主键。

（3）多对多联系。一个多对多联系转换为一个独立的关系模式。

与该联系相连的各个实体集的主键以及该联系本身的属性都会转换为关系模式的属性，且该联系的主键是各个实体集的主键的组合。

（4）3 个或 3 个以上实体集之间的多元联系。一个多元联系转换为一个独立的关系模式。

与该联系相连的各个实体集的主键以及该联系本身的属性都会转换为关系模式的属性，且该联系的主键是各个实体集的主键的组合。

（5）具有相同主键的关系模式可以合并。合并方法是将其中一个关系模式的全部属性加入另一个关系模式中，然后去掉其中的同义属性。

【例 2-2】将图 2-5 所示的合并与优化后得到的全局 E-R 图中各个实体集以及实体集之间的联系转换为一组关系模式。

2-4　例 2-2

根据转换原则，可以实施如下转换。

（1）将 4 个实体集"院系""学生""课程"和"教师"分别转换成 4 个独立的关系模式。

（2）"拥有"和"属于"都是一对多联系，既可以分别转换为一个独立的关系模式，也可以合并到 n 端对应的关系模式中。

（3）"选修"和"讲授"都是多对多联系，分别转换为独立的关系模式。

方案 1：将"拥有"和"属于"一对多联系分别转换为一个独立的关系模式，则在"属于"关系模式中需要增加"学号"和"院系代码"两个属性，在"拥有"关系模式中需要增加"教师工号"和"院系代码"两个属性，转换结果如下，其中带下划线的属性为主键。

院系（<u>院系代码</u>、院系名称、负责人）

学生（<u>学号</u>、姓名、性别、班级）

课程（<u>课程编号</u>、课程名称、学时）

教师（<u>教师工号</u>、姓名、性别、职称）

属于（<u>学号</u>、院系代码）

拥有（<u>教师工号</u>、院系代码）

选修成绩（<u>学号</u>、<u>课程编号</u>、成绩）

讲授安排（<u>班级</u>、<u>教师工号</u>、<u>课程编号</u>）

在"讲授安排"关系模式中把"班级"也作为主键，主要是因为一个教师可以给不同班级讲授同一门课程。

方案 2：将"拥有"和"属于"一对多联系分别合并到 n 端对应的关系模式中，则在"学生"和"教师"关系模式中需要分别增加"院系代码"属性，转换结果如下。

院系（<u>院系代码</u>、院系名称、负责人）

学生（<u>学号</u>、姓名、性别、班级、院系代码）

课程（<u>课程编号</u>、课程名称、学时）

教师（<u>教师工号</u>、姓名、性别、职称，院系代码）

选修成绩（<u>学号</u>、<u>课程编号</u>、成绩）

讲授安排（<u>班级</u>、<u>教师工号</u>、<u>课程编号</u>）

方案 1 的转换结果为 8 个关系模式，而方案 2 的转换结果只有 6 个关系模式，建议选用关系模式较少的方案 2。

2.4.2　关系模式的规范化

2-5　关系模式的
规范化

关系模式设计的结果不是唯一的，为了提高数据库的性能，还应该根据应用的实际要求适当进行调整，即对关系模式进行优化。

关系模式的优化通常以关系数据库范式理论为指导。关系数据库范式理论是在数据库设计过程中需要遵守的准则，数据库结构必须满足这些准则，才能保证数据的准确性和可靠性。这些准则称为规范化形式，即范式。

按照规范化的级别，可以将范式分为 5 种，即第一范式（1NF）、第二范式（2NF）、第三范式（3NF）、第四范式（4NF）和第五范式（5NF）。在实际的数据库设计中，通常只需要用到前 3 种范式，下面分别对它们进行介绍。

1. 第一范式（1NF）

1NF 要求关系（数据表）中的每一个属性值都是不可再分割的数据项，即一个属性不能有多个值。

例如，表 2-1 是不符合 1NF 的学生表，因为"家庭地址"中包含了"地址"和"邮编"两个属性值。表 2-2 是符合 1NF 的学生表，它将"家庭地址"拆分成了"地址"和"邮编"。

表 2-1　　　　　　　　　　　　　　不符合 1NF 的学生表

学号	姓名	班级	家庭地址
120211010103	宋洪博	英语 2101	北京市海淀区信息路 48 号，邮编 100085
120211050101	张函	财务 2101	北京市昌平区北农路 6 号，邮编 102206

表 2-2　　　　　　　　　　　　　　符合 1NF 的学生表

学号	姓名	班级	地址	邮编
120211010103	宋洪博	英语 2101	北京市海淀区信息路 48 号	100085
120211050101	张函	财务 2101	北京市昌平区北农路 6 号	102206

2. 第二范式（2NF）

2NF 是在 1NF 的基础上建立的，即要想满足 2NF，必须先满足 1NF。2NF 要求数据表中的每条数据都是唯一的，而且每个属性完全依赖主键。完全依赖主键是指不能仅依赖主键中的一部分属性。如果存在不完全依赖主键的属性，就应该分离出来形成一个新的数据表，新数据表与原数据表之间是一对多联系。

例如，表 2-3 是不符合 2NF 的学生选课信息表，该表以"学号"和"课程名称"为主键，每条数据对应一个学生某一门课程的成绩。可以发现，表中的"成绩"完全依赖主键，而"姓名"和"班级"仅依赖"学号"，"学分"仅依赖"课程名称"。

表 2-3　　　　　　　　　　　　　　不符合 2NF 的学生选课信息表

学号	姓名	班级	课程名称	成绩	学分
120211010103	宋洪博	英语 2101	数据库应用	98	3.5
120211050101	张函	财务 2101	高等数学	80	4

这个学生选课信息表存在以下问题。

（1）数据冗余。若某个学生选修了 m 门课程，则姓名和班级都会重复（$m-1$）次。若某门课程有 n 个学生选修，则学分会重复（$n-1$）次。

（2）更新异常。若调整了某一门课程的学分，则数据表中与该门课程相关的所有学分的值都必须更新，否则会出现同一门课程学分不同的情况。

（3）插入异常。假设要开设一门新课程，暂时还没人选修，由于主键"学号"没有值，所以课程名称和学分都无法加入数据表中。

（4）删除异常。假设有一批学生毕业了，应该从数据表中删除他们的选课信息，这样有可能把某些课程的课程名称和学分也同时删除了，导致删除异常。

这里将表 2-3 拆分为 3 张表，如表 2-4、表 2-5 和表 2-6 所示，这样就符合 2NF，解决了数据冗余、更新异常、插入异常和删除异常问题。

表 2-4   学生表

学号	姓名	班级
120211010103	宋洪博	英语 2101
120211050101	张函	财务 2101

表 2-5   课程表

课程编号	课程名称	学分
10600611	数据库应用	3.5
10700140	高等数学	4

表 2-6   选修成绩表

学号	课程编号	成绩
120211010103	10600611	98
120211050101	10700140	80

3. 第三范式（3NF）

3NF 是在 2NF 的基础上建立的，即要想满足 3NF，必须先满足 2NF。3NF 要求数据表不存在非主属性对任意主属性的传递函数依赖。主属性是指能够唯一标识一条记录的所有属性。传递函数依赖是指如果存在主属性 A 决定非主属性 B，而非主属性 B 决定非主属性 C，则称非主属性 C 传递函数依赖主属性 A。

例如，表 2-7 是符合 2NF 但不符合 3NF 的教师表，该表的主键是"教师编号"，每条记录对应一个教师，所有属性都完全依赖主键。表中的"教师编号"是主属性，"教师编号"决定了非主属性"院系名称"，而"院系名称"又可以决定非主属性"院长"，存在传递函数依赖。所以存在数据冗余、更新异常、插入异常和删除异常问题。

（1）数据冗余。若某个院系有 n 个教师，则院系名称和院长会重复（$n-1$）次。

（2）更新异常。若调整了某个院系的院长，则数据表中与该院系相关的所有院长的值都必须更新，否则会出现同一院系院长不同的情况。

（3）插入异常。假设要增加一个新的院系，暂时还没有教师，由于主键"教师编号"没有值，所以院系名称和院长都无法加入数据表中。

（4）删除异常。如果删除某个院系的所有教师，则有可能把该院系名称和院长也同时删除。

表 2-7   符合 2NF 但不符合 3NF 的教师表

教师编号	姓名	职称	院系名称	院长
10610050	朱军	教授	计算机学院	李丁
10101561	赵晓丽	副教授	外国语学院	张艳红

这里将表 2-7 拆分为两张表，如表 2-8 和表 2-9 所示，这样就符合 3NF。

表 2-8 符合 3NF 的教师表

教师编号	姓名	职称	院系代码
10610050	朱军	教授	106
10101561	赵晓丽	副教授	101

表 2-9 院系代码表

院系代码	院系名称	院长
106	计算机学院	李丁
101	外国语学院	张艳红

另外，3NF 还要求不在数据库中存储可以通过简单计算得出的数据。这样不但可以节省存储空间，而且在拥有函数依赖的一方发生变化时，可以避免成倍修改数据的麻烦，以及修改过程中可能造成的人为错误。例如，表 2-10 是符合 2NF 但不符合 3NF 的课程表，该表的主键为"课程编号"。其中，"课程编号"决定了"学时"，而"学分"可以根据"学时"计算得到（例如 1 学分对应 16 学时）；也可以理解为"课程编号"决定了"学分"，而"学时"可以根据"学分"计算得到。所以只能保留"学时"和"学分"中的一个。

表 2-10 符合 2NF 但不符合 3NF 的课程表

课程编号	课程名称	学时	学分
10600611	数据库应用	56	3.5
10700140	高等数学	64	4

【例 2-3】检验【例 2-2】方案 1 和方案 2 中的关系模式是否满足规范化要求。

从 1NF 开始，逐步进行规范化检验。

（1）判断是否满足 1NF。由于每个关系模式中的所有属性值都是不可再分割的数据项，因此满足 1NF。

（2）判断是否满足 2NF。以"学生"关系模式为例，"学号"为主键，其余的所有属性都完全依赖学号。其他关系模式都如此，因此满足 2NF。

（3）判断是否满足 3NF。由于所有模式都不存在非主属性对主属性的传递函数依赖，因此满足 3NF。

综上，【例 2-2】方案 1 和方案 2 中的关系模式满足规范化要求。

2.5 课堂案例：设计学生成绩管理数据库

设计学生成绩管理数据库的主要任务是完成需求分析（收集数据）、概念结构设计（绘制 E-R 图）和逻辑结构设计（关系模式设计）等工作。

1. 需求分析（收集数据）

通过与学生和教务管理人员进行交流，得到以下需求。

（1）数据库要存储每个学生的基本信息、各院系的基本信息、任课教师的基本信息、开设课程的基本信息。

（2）能够输出学生的成绩单。

（3）可以按要求查询相关数据，如查询某院系的学生信息、学生某门课程的成绩等。

（4）可以实现各种数据统计，如学生人数、学生平均成绩、已修学分、绩点等。

2. 概念结构设计（绘制 E-R 图）

对需求分析得到的信息进行抽象，得出系统包含的实体集及其属性如下。

学生（<u>学号</u>、姓名、性别、出生日期、政治面貌、班级、院系名称、入学总分、绩点、奖惩情况）
课程（<u>课程编号</u>、课程名称、学时、学分、开课院系、任课教师）
教师（<u>教师工号</u>、姓名、性别、职称、院系名称）
院系（<u>院系代码</u>、院系名称、负责人）

其中，一个学生可以选修多门课程，一门课程也可以被多个学生选修，是多对多联系；一个教师可以讲授多门课程，一门课程也可以由多个教师讲授，是多对多联系；一个院系可以拥有多个学生，但一个学生只能属于一个院系，是一对多联系；一个院系可以拥有多个教师，但一个教师只能属于一个院系，是一对多联系。

（1）绘制局部 E-R 图

学生选修课程的局部 E-R 图如图 2-6 所示，教师讲授课程的局部 E-R 图如图 2-7 所示。

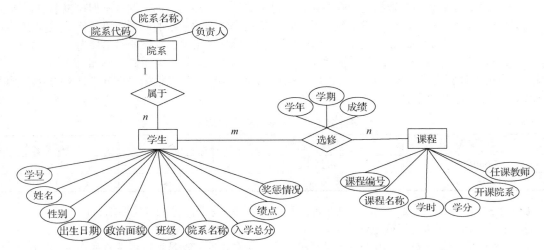

图 2-6　学生选修课程的局部 E-R 图

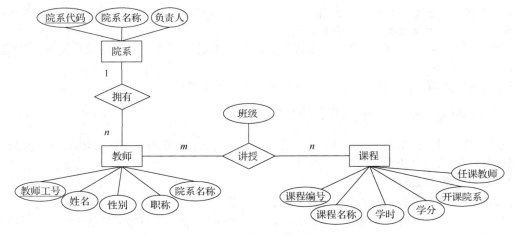

图 2-7　教师讲授课程的局部 E-R 图

（2）合并和优化

这两个局部 E-R 图中存在命名冲突，"教师"实体集中的"姓名"和"课程"实体集中的"任课教师"实际上是同样的含义，即异名同义。

这两个局部 E-R 图中也存在冗余。"学生"实体集的"院系名称"可以通过"属于"联系所关联的"院系名称"推导出来，"绩点"可以由"选修"联系中的成绩计算出来。"课程"实体集中的"学分"可以通过学时计算得到，"开课院系"可以通过"讲授"联系所关联的"院系名称"推导出来，"任课教师"可以通过"讲授"联系所关联的教师"姓名"推导出来。"教师"实体集的"院系名称"可以通过"拥有"联系所关联的"院系名称"推导出来。综上，"学生"实体集中的"院系名称"和"绩点"、"课程"实体集中的"学分""开课院系"和"任课教师"，以及"教师"实体集中的"院系名称"均属于冗余属性。

　　经过合并和优化后，最终得到学生成绩管理数据库的全局 E-R 图，如图 2-8 所示。

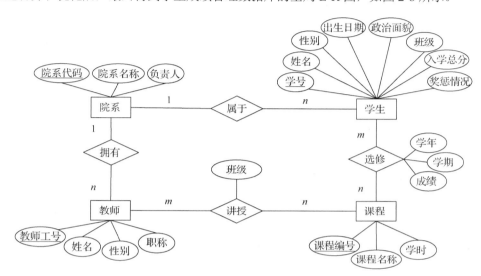

图 2-8　学生成绩管理数据库的全局 E-R 图

3. 逻辑结构设计（关系模式设计）

　　根据图 2-8 所示的全局 E-R 图，将各个实体集以及实体集之间的联系转换为关系模式时，可以实施如下转换。

　　（1）将 4 个实体集"院系""学生""课程"和"教师"分别转换成 4 个独立的关系模式。

　　（2）"拥有"和"属于"都是一对多联系，分别合并到 n 端对应的关系模式中。

　　（3）"选修"和"讲授"都是多对多联系，分别转换为独立的关系模式。

　　转换结果如下。

　　院系（<u>院系代码</u>、院系名称、负责人）

　　学生（<u>学号</u>、姓名、性别、出生日期、政治面貌、班级、院系代码、入学总分、奖惩情况）

　　课程（<u>课程编号</u>、课程名称、学时）

　　教师（<u>教师工号</u>、姓名、性别、职称、院系代码）

　　选修成绩（<u>学号</u>、<u>课程编号</u>、学年、学期、成绩）

　　讲授安排（<u>班级</u>、<u>教师工号</u>、<u>课程编号</u>）

　　在"讲授安排"关系模式中把"班级"也作为主键，主要是因为一个教师可以给不同班级讲授同一门课程。

　　从 1NF 开始，逐步进行规范化检验。由于每个关系模式中的所有属性都是不可再分割的数据项，因此满足 1NF。由于每个关系模式中的所有属性都完全依赖主键，因此满足 2NF。由于所有关系模式中都不存在任何非主属性对主属性的传递函数依赖，因此满足 3NF。综上，关系模式的转换结果满足规范化要求。

【习题】

一、单项选择题

1. 在数据库设计中，E-R 图是进行（　　）的一个主要工具。
   A. 需求分析　　　　　B. 概念结构设计　　　　C. 逻辑结构设计　　　　D. 物理结构设计

2. 在数据库设计中，设计关系模式是（　　）阶段的任务。
   A. 需求分析　　　　　B. 物理结构设计　　　　C. 逻辑结构设计　　　　D. 概念结构设计

3. 在数据库设计中，学生的学号在某局部应用中被定义为字符串，而在另一个局部应用中被定义为整数，这种冲突称为（　　）。
   A. 属性冲突　　　　　B. 命名冲突　　　　　　C. 联系冲突　　　　　　D. 结构冲突

4. 下面有关 E-R 图与关系模式的叙述中，不正确的是（　　）。
   A. 一个实体集转换为一个关系模式
   B. 一个一对一联系可以与任意一端所对应的关系模式合并
   C. 一个一对多联系可以与任意一端所对应的关系模式合并
   D. 一个多对多联系转换为一个关系模式

5. 满足 2NF 的关系模式（　　）。
   A. 必定满足 1NF　　　B. 不一定满足 1NF　　　C. 必定满足 3NF　　　D. 必定满足 4NF

二、填空题

1. 在数据库设计步骤中，_____阶段的任务是把概念模型转换为某个数据库管理系统支持的数据模型。

2. 在数据库设计步骤中，_____阶段的任务是收集数据。

3. E-R 图中的冲突主要有属性冲突、_____和_____3 种。

4. 冗余的属性是指_____。

5. 在关系模式的规范化中，_____范式要求不在数据库中存储可以通过简单计算得出的数据。

【项目实训】设计图书馆借还书管理数据库

一、实训目的

（1）熟悉数据库设计的步骤。

（2）掌握数据库设计的基本方法。

（3）独立设计一个小型关系数据库。

二、实训内容

1. 绘制图书馆借还书管理数据库的 E-R 图。

2. 设计图书馆借还书管理数据库的关系模式。

图书馆借还书管理系统是针对一个小型图书馆开发的数据库应用系统，基本功能需求如下。

（1）数据库要存储所有图书和读者信息，能够维护图书和读者信息。

（2）可以按照多种条件查询图书和读者信息。

（3）可以实现图书的借阅和归还、查询图书的借阅信息和到期未还图书信息等。

（4）可以实现各种数据统计，如统计读者借阅数量、图书库存等。

图书馆借还书管理数据库主要包含以下 3 个实体集。

读者类别（类别编号、类别名称、最大可借数量、最多可借天数）

读者（读者编号、读者姓名、性别、所属院系、联系电话）

图书（图书编号、书名、作者、出版社、出版日期、定价、库存数量、存放位置）

其中，一种读者类别下有多个读者，一个读者只能属于一种读者类别，是一对多联系；一个读者可以借阅多本图书，一本图书也可以被多个读者借阅，是多对多联系。此外，图书借阅需要记录借书日期和还书日期。读者类别主要有教师和学生，读者编号是教师工号或学生学号。

第 **3** 章 数据定义

数据定义的主要功能是对数据库及数据库中的各种对象进行创建、删除、修改等操作。数据库是存储数据对象的容器，其中的数据对象包括数据表、视图、索引、存储过程、存储函数和触发器等。必须先创建数据库，然后才能创建数据库中的各种数据对象。本章主要介绍数据库和数据表的创建与管理。

【学习目标】

- 掌握创建和管理数据库的相关语句。
- 掌握创建和管理数据表的相关语句。
- 了解数据完整性约束的功能和作用。
- 掌握建立数据完整性约束的方法。

3.1 创建和管理数据库

虽然安装 MySQL 时自动生成了系统使用的数据库，但是设计人员设计的数据库需要单独创建。

3.1.1 创建数据库

MySQL 中的数据库可以采用命令行或者通过图形化的数据库工具（如 Navicat for MySQL）来创建和管理。本书主要介绍使用命令行创建和管理数据库的方法。

1．创建数据库的语句

创建数据库使用 CREATE DATABASE 或者 CREATE SCHEMA 语句，其语法格式如下。

```
CREATE { DATABASE | SCHEMA } [ IF NOT EXISTS ] 数据库名
[ [ DEFAULT ] CHARACTER SET 字符集 ]
[ [ DEFAULT ] COLLATE 字符集的校对规则 ];
```

3-1 创建数据库

说明如下。

（1）"{ }"中的内容为必选项；"[ ]"中的内容为可选项；"|"用于分隔各个参数项，表示只能选择其中一项。

（2）IF NOT EXISTS：在创建数据库前进行判断，只有目前不存在该数据库才创建。

（3）DEFAULT：指定默认值。

（4）CHARACTER SET 子句：指定数据库的字符集。

（5）COLLATE 子句：指定字符集的校对规则。

（6）语句以英文分号 ";" 结束。

2．MySQL 数据库中的字符集和校对规则

字符集是一套符号和编码，校对规则是在字符集上用于比较字符大小的一套规则。例如英文字符集，可以使用 ASCII 码值来比较两个字符的大小，则校对规则就是遵循 ASCII 码值的大小。

实际上，除英文字符集之外，还存在很多字符集，如中文字符集、特殊符号字符集、标点符号字符集等。同样，校对规则也有很多种，如英文字母区分大小写或者不区分大小写等。

MySQL 数据库支持使用多种字符集来存储数据，而且每种字符集都有一个默认的校对规则。MySQL 数据库支持的字符集及其默认的校对规则如图 3-1 所示。例如，中文字符集 GB2312，默认的校对规则是 gb2312_chinese_ci，以 ci 结束的含义是不区分大小写。

Charset	Description	Default collation	Maxlen
armscii8	ARMSCII-8 Armenian	armscii8_general_ci	1
ascii	US ASCII	ascii_general_ci	1
big5	Big5 Traditional Chinese	big5_chinese_ci	2
binary	Binary pseudo charset	binary	1
cp1250	Windows Central European	cp1250_general_ci	1
cp1251	Windows Cyrillic	cp1251_general_ci	1
cp1256	Windows Arabic	cp1256_general_ci	1
cp1257	Windows Baltic	cp1257_general_ci	1
cp850	DOS West European	cp850_general_ci	1
cp852	DOS Central European	cp852_general_ci	1
cp866	DOS Russian	cp866_general_ci	1
cp932	SJIS for Windows Japanese	cp932_japanese_ci	2
dec8	DEC West European	dec8_swedish_ci	1
eucjpms	UJIS for Windows Japanese	eucjpms_japanese_ci	3
euckr	EUC-KR Korean	euckr_korean_ci	2
gb18030	China National Standard GB18030	gb18030_chinese_ci	4
gb2312	GB2312 Simplified Chinese	gb2312_chinese_ci	2
gbk	GBK Simplified Chinese	gbk_chinese_ci	2
geostd8	GEOSTD8 Georgian	geostd8_general_ci	1
greek	ISO 8859-7 Greek	greek_general_ci	1
hebrew	ISO 8859-8 Hebrew	hebrew_general_ci	1
hp8	HP West European	hp8_english_ci	1
keybcs2	DOS Kamenicky Czech-Slovak	keybcs2_general_ci	1
koi8r	KOI8-R Relcom Russian	koi8r_general_ci	1
koi8u	KOI8-U Ukrainian	koi8u_general_ci	1
latin1	cp1252 West European	latin1_swedish_ci	1
latin2	ISO 8859-2 Central European	latin2_general_ci	1
latin5	ISO 8859-9 Turkish	latin5_turkish_ci	1
latin7	ISO 8859-13 Baltic	latin7_general_ci	1
macce	Mac Central European	macce_general_ci	1
macroman	Mac West European	macroman_general_ci	1
sjis	Shift-JIS Japanese	sjis_japanese_ci	2
swe7	7bit Swedish	swe7_swedish_ci	1
tis620	TIS620 Thai	tis620_thai_ci	1
ucs2	UCS-2 Unicode	ucs2_general_ci	2
ujis	EUC-JP Japanese	ujis_japanese_ci	3
utf16	UTF-16 Unicode	utf16_general_ci	4
utf16le	UTF-16LE Unicode	utf16le_general_ci	4
utf32	UTF-32 Unicode	utf32_general_ci	4
utf8mb3	UTF-8 Unicode	utf8mb3_general_ci	3
utf8mb4	UTF-8 Unicode	utf8mb4_0900_ai_ci	4

图 3-1 MySQL 数据库支持的字符集及其默认的校对规则

 使用 SHOW CHARACTER SET 语句可以查看 MySQL 数据库支持的所有字符集及其默认的校对规则。

在图 3-1 中，Maxlen 列给出了 MySQL 8.0 支持的字符集的字符存储长度。可以看出，一个 ASCII 字符存储时只占 1 字节，但一个汉字存储时所占的字节数与具体的字符编码有关。如果采用 GBK 或 GB2312 编码，则需要占 2 字节；如果采用 UTF-8 编码，则 utf8mb3 字符集需要占 3 字节，utf8mb4 字符集需要占 4 字节；如果采用 UTF-16 编码，则需要占 4 字节。MySQL 8.0 默认使用的字符集是 utf8mb4。

【例 3-1】创建一个名为 scoredb 的学生成绩管理数据库，采用 MySQL 数据库默认的字符集和校对规则。该数据库是本书的重要数据库。

在 MySQL 命令行输入如下命令语句，执行结果如下。

```
mysql> CREATE DATABASE scoredb;
Query OK, 1 row affected (0.01 sec)
```

【例 3-2】创建一个名为 mytestdb 的数据库，采用字符集 GB2312 和校对规则 gb2312_chinese_ci。

在 MySQL 命令行输入如下命令语句，执行结果如下。

```
mysql> CREATE DATABASE mytestdb CHARACTER SET GB2312 COLLATE gb2312_chinese_ci;
Query OK, 1 row affected (0.01sec)
```

【例 3-3】如果不存在数据库 mytestdb，则创建该数据库。

在 MySQL 命令行输入如下命令语句直接创建，不判断数据库 mytestdb 是否存在，执行结果如下。

```
mysql> CREATE DATABASE mytestdb;
ERROR 1007 (HY000): Can't create database 'mytestdb'; database exists
```

由于前面已经创建了数据库 mytestdb，因此系统直接给出错误提示信息。

在 MySQL 命令行输入如下命令语句，先判断数据库 mytestdb 是否存在，若不存在，则创建，执行结果如下。

```
mysql> CREATE DATABASE IF NOT EXISTS mytestdb;
Query OK, 1 row affected, 1 warning (0.01 sec)
```

由于先进行了判断，所以不会出现错误提示信息，但是系统给出了一个警告（warning）。查看警告的详细信息使用 SHOW WARNINGS 语句，该警告的详细信息如下。

```
mysql> SHOW WARNINGS;
+-------+------+-----------------------------------------------------+
| Level | Code | Message                                             |
+-------+------+-----------------------------------------------------+
| Error | 1007 | Can't create database 'mytestdb'; database exists   |
+-------+------+-----------------------------------------------------+
1 row in set (0.00 sec)
```

3.1.2 管理数据库

管理数据库包括显示数据库、选择数据库、修改数据库和删除数据库。

1. 显示数据库

成功创建数据库后，可以使用 SHOW DATABASES 语句显示 MySQL 中的所有数据库，其语法格式如下。

```
SHOW DATABASES;
```

3-2 显示数据库

【例 3-4】使用 SHOW DATABASES 语句显示 MySQL 中的所有数据库。

在 MySQL 命令行输入如下命令语句。

```
mysql> SHOW DATABASES;
```

执行结果如下。

```
+--------------------+
| Database           |
+--------------------+
| information_schema |
| mysql              |
| mytestdb           |
| performance_schema |
| scoredb            |
| sys                |
+--------------------+
6 rows in set (0.03 sec)
```

从执行结果可以看出，MySQL 中现有 6 个数据库。其中 mytestdb 和 scoredb 是刚创建的数据库，information_schema、mysql、performance_schema 和 sys 是安装 MySQL 时自动生成的数据库。MySQL 把自身相关的管理信息都保存在这 4 个数据库中，缺少它们 MySQL 将无法正常工作。这 4 个数据库的作用分别如下。

（1）information_schema：主要保存 MySQL 的系统信息，如数据库的名称、数据表的名称、字段名称、存取权限、数据文件所在的文件夹和系统使用的文件夹等。

（2）mysql：主要存储 MySQL 的用户及其访问权限等信息。

（3）performance_schema：主要用于收集 MySQL 的性能数据，以便分析问题。

（4）sys：包含一系列的存储过程、存储函数和视图，主要作用是展示 MySQL 的各类性能指标，帮助系统管理员和应用程序开发人员快速了解数据库运行情况。

2．选择数据库

成功创建数据库之后，并不代表当前就可以使用该数据库，在使用数据库之前必须通过 USE 语句告诉 MySQL 要使用哪个数据库，使其成为当前默认的数据库，语法格式如下。

```
USE 数据库名;
```

【例 3-5】选择数据库 scoredb 作为当前数据库。

在 MySQL 命令行输入如下命令语句，执行结果如下。

```
mysql> USE scoredb;
Database changed
```

3．修改数据库

数据库创建成功后，如果需要修改数据库的参数，则可以使用 ALTER DATABASE 或者 ALTER SCHEMA 语句，其语法格式如下。

```
ALTER { DATABASE | SCHEMA } [ 数据库名 ]
[ [ DEFAULT ] CHARACTER SET 字符集 ]
[ [ DEFAULT ] COLLATE 字符集的校对规则 ];
```

3-3 修改数据库

说明如下。

（1）数据库名可以省略，省略时表示修改当前数据库。

（2）其他选项的含义与创建数据库语句相同。

【例 3-6】修改数据库 mytestdb 的字符集为 GBK，校对规则为 gbk_chinese_ci。

在 MySQL 命令行输入如下命令语句，执行结果如下。

```
mysql> ALTER DATABASE mytestdb CHARACTER SET GBK COLLATE gbk_chinese_ci;
Query OK, 1 row affected (0.01 sec)
```

4．删除数据库

如果需要删除已经创建好的数据库，则可以使用 DROP DATABASE 或者 DROP SCHEMA 语句，其语法格式如下。

```
DROP { DATABASE | SCHEMA } [ IF EXISTS ] 数据库名;
```

说明如下。

（1）使用 DROP 语句将删除指定的整个数据库，数据库中所有的数据表和数据将被永久删除，并且不会给出任何提示信息。因此，删除数据库要特别小心。

（2）IF EXISTS：使用该子句可以避免在删除不存在的数据库时出现错误提示信息。

【例 3-7】删除数据库 mytestdb。

在 MySQL 命令行输入如下命令语句，执行结果如下。

```
mysql> DROP DATABASE mytestdb;
Query OK, 0 row affected (0.02 sec)
```

3.2 创建和管理数据表

数据表是数据库中最重要和最基本的对象，是数据库中组织和存储数据的基本单位。建立数据库后，需要在数据库中创建数据表。

3.2.1 创建数据表

MySQL 数据库中存储的每一种数据都有其数据类型，因此在创建数据表之前，要了解 MySQL 支持的数据类型。

3-4 数据类型

1．MySQL 支持的数据类型

MySQL 支持的数据类型非常丰富，这里主要介绍常用的数值型、日期和时间型、字符串型等。

（1）数值型

MySQL 中的数值型数据可以分为整数和实数两类。整数主要有 TINYINT、SMALLINT、

MEDIUMINT、INT 和 BIGINT 这 5 种类型，如表 3-1 所示。其中，n 表示整数的显示位数，并不是实际存储的位数，也不是存储长度。在不指定"(n)"时，数据按照默认的显示位数显示。无论 n 设置为多少，其存储数据的取值范围都不会发生改变。

表 3-1　　　　　　　　　　　　　　　　　整数的类型

数据类型	存储长度	取值范围	说明
TINYINT(n)	1 字节	有符号：$-128\sim127$（$-2^7\sim2^7-1$）。 无符号：$0\sim255$（$0\sim2^8-1$）	默认的显示位数 n 为 4
SMALLINT(n)	2 字节	有符号：$-2^{15}\sim2^{15}-1$。 无符号：$0\sim2^{16}-1$	默认的显示位数 n 为 6
MEDIUMINT(n)	3 字节	有符号：$-2^{23}\sim2^{23}-1$。 无符号：$0\sim2^{24}-1$	默认的显示位数 n 为 9
INT(n)	4 字节	有符号：$-2^{31}\sim2^{31}-1$。 无符号：$0\sim2^{32}-1$	默认的显示位数 n 为 11
BIGINT(n)	8 字节	有符号：$-2^{63}\sim2^{63}-1$。 无符号：$0\sim2^{64}-1$	默认的显示位数 n 为 20

实数主要有单精度浮点数 FLOAT、双精度浮点数 DOUBLE 和定点数 DECIMAL 这 3 种类型，如表 3-2 所示。

表 3-2　　　　　　　　　　　　　　　　　实数的类型

数据类型	存储长度	取值范围	说明
FLOAT(m, d)	4 字节	$-3.4\times10^{38}\sim3.4\times10^{38}$	单精度浮点数
DOUBLE(m, d) 或 REAL(m, d)	8 字节	$-1.797\times10^{308}\sim1.797\times10^{308}$	双精度浮点数
DECIMAL(m, d) 或 NUMERIC(m, d)	(m+2)字节	由 m 和 d 决定	定点数

其中，m 表示显示位数，d 表示小数位数，并且"显示位数 m=整数位数+小数位数 d"。在不指定"(m,d)"时，数据默认按照实际的精度（由实际的计算机硬件和操作系统决定）显示。例如定义 FLOAT(7,4)，则该字段最多只能显示 7 位数据，其中整数位数为 3 位、小数位数为 4 位，因此可以显示的最大值为 999.9999。如果在该字段内插入 999.00009，则 MySQL 数据库在保存时会自动将其四舍五入为 999.0001。如果插入的整数部分的位数超出范围，则 MySQL 会报错并拒绝该操作。

定点数 DECIMAL 的取值范围由 m 和 d 决定。在不指定"(m,d)"时，默认是 DECIMAL(10,0)。例如定义 DECIMAL(5,2)，则该字段的取值范围是 $-999.99\sim999.99$。定点数的优点是取值范围相对小，而且不存在误差，适合对精度要求极高的场景。

（2）日期和时间型

日期和时间型用来存储具有特定格式的日期和时间数据。日期和时间型数据主要有 DATE、TIME、YEAR、DATETIME 和 TIMESTAMP 这 5 种类型，如表 3-3 所示。

表 3-3　　　　　　　　　　　　　　日期和时间型数据的类型

数据类型	存储长度	取值范围	说明
DATE	3 字节	1000-01-01～9999-12-31	只能存储日期，格式为 YYYY-MM-DD
TIME	3 字节	-838:59:59～838:59:59	只能存储时间，格式为 HH:MM:SS
YEAR	1 字节	1901～2155	存储年份，格式为 YYYY

续表

数据类型	存储长度	取值范围	说明
DATETIME	8 字节	1000-01-01 00:00:00～ 9999-12-31 23:59:59	存储日期和时间的组合，格式为 YYYY-MM-DD HH:MM:SS
TIMESTAMP	4 字节	世界标准时间（格林尼治时间） 1970-01-01 00:00:00～ 2038-01-19 03:14:07	存储日期和时间的组合，格式为 YYYY-MM-DD HH:MM:SS

不同类型表示的时间内容不同，取值范围也不同，而且占用的字节数也不一样。其中，TIME 类型中小时 HH 的取值范围超出了 0～23，因为它不仅可以用来表示一天之内的时间，也可以用来表示一个时间间隔，这个时间间隔可以超过一天。

TIMESTAMP 类型实际存储的是该时间与 1970-01-01 00:00:00 相差的毫秒值，其最大特点是能够根据时区来显示时间，即同一个 TIMESTAMP 时间在不同时区的显示结果不同。

（3）字符串型

字符串型主要用来存储文本数据。除此之外，还可以存储图片和声音的二进制数据。因此，MySQL 支持两种类型的字符串型数据，即文本字符串数据和二进制字符串数据。

文本字符串数据主要包括 CHAR、VARCHAR、TINYTEXT、TEXT、MEDIUMTEXT 和 LONGTEXT 这 6 种类型，如表 3-4 所示。

表 3-4　　　　　　　　　　　　文本字符串数据的类型

数据类型	字符串长度范围	说明
CHAR(n)	0～255 个字符	固定长度文本字符串
VARCHAR(n)	0～65535 个字符	可变长度文本字符串
TINYTEXT	0～255 个字符	系统自动按照文本实际长度存储。不需要指定长度
TEXT	0～65535（相当于 64KB）个字符	
MEDIUMTEXT	0～16777215（相当于 16MB）个字符	
LONGTEXT	0～4294967295（相当于 4GB）个字符	

其中，n 表示可存储字符的个数，并且不区分英文还是中文。例如，当 n 为 1 时，表示可存储一个字符，这个字符可以是一个英文字符也可以是一个汉字。

CHAR 是固定长度类型，在不指定"(n)"时，默认是 CHAR(1)。该类型的字段数据固定占用 n 个字符的存储空间。

VARCHAR 是可变长度类型，必须指定"(n)"。n 只是限制最多能存储的字符数，如果实际字符数小于 n，则按实际字符数存储，剩余的空间留给其他数据使用，因此 VARCHAR 类型不会浪费空间。

二进制字符串数据主要包括 BINARY、VARBINARY、TINYBLOB、BLOB、MEDIUMBLOB 和 LONGBLOB 这 6 种类型，如表 3-5 所示。

表 3-5　　　　　　　　　　　　二进制字符串数据的类型

数据类型	字符串存储长度范围	说明
BINARY(m)	0～255 字节	固定长度二进制字符串
VARBINARY(m)	0～65535 字节	可变长度二进制字符串
TINYBLOB	0～255 字节	主要存储图片、音频等信息
BLOB	0～65535（相当于 64KB）字节	
MEDIUMBLOB	0～16777215（相当于 16MB）字节	
LONGBLOB	0～4294967295（相当于 4GB）字节	

BINARY 和 VARBINARY 类似于 CHAR 和 VARCHAR，只是它们存储的是二进制字符串，其中，m 表示可存储的字节数。例如，当 m=1 时，表示只能存储 1 字节，则这个类型的字段只能存储

一个英文字符，无法存储一个汉字，因为汉字至少需要 2 字节。

BINARY 是固定长度类型，该类型的字段数据固定占用 m 字节的存储空间，在不指定"(m)"时，默认占用 1 字节。VARBINARY 是可变长度类型，其"(m)"必须指定。m 只是限制最多能存储的字节数，如果实际存储的字节数小于 m，则按实际字节数存储。

在实际应用中，往往不会在数据库中直接存储图片、音频和视频等大对象数据，通常会将图片、音频和视频等文件存储到数据库服务器的磁盘上，数据库中仅存储这些图片、音频和视频文件的访问路径。

2. 设计数据表

MySQL 数据库中的数据表与日常生活中使用的二维表格类似，由行和列组成。表 3-6 中列出了院系表 department 中的部分院系信息。

表 3-6 院系表 department 中的部分院系信息

院系代码	院系名称	负责人
101	外国语学院	李大国
103	能源动力与机械工程学院	王莱
104	电气与电子工程学院	马逊
105	经济与管理学院	周海明

从表 3-6 可以看出，数据库中的数据表由表头和多行数据组成。其中，列标题所在行称为表头，一行数据称为一条记录；每列称为一个字段，同一个字段中数据的类型相同。表头就是数据表的结构，院系表 department 的结构共包含 3 个字段，"院系代码"字段可以作为表的主键来唯一标识每条记录。

要创建数据表，必须先确定数据表的名称，然后设计数据表的结构，即确定数据表中各个字段的字段名称、数据类型、显示位数或字符串长度、小数位数、是否允许空值、默认值和主键等。

（1）数据表的命名规则

完整的数据表名称应该由数据库名和表名两部分组成，其格式如下。

数据库名.表名

其中，数据库名说明在哪个数据库上创建数据表，默认在当前数据库创建。表名应遵守 MySQL 对象的命名规则。

（2）设计数据表的结构

一张表对应一个关系模式。院系表 department 的关系模式为：院系（<u>院系代码</u>、院系名称、负责人）。根据院系表 department 的实际情况可以确定表中每一个字段的字段名称、数据类型、显示位数或字符串长度、是否允许空值、默认值和主键等。院系表 department 的结构如表 3-7 所示。

表 3-7 院系表 department 的结构

字段名称	数据类型	是否允许空值	键	默认值	说明
deptno	CHAR(3)	否	主键		院系代码
deptname	VARCHAR(50)	是	唯一		院系名称
director	VARCHAR(50)	是		院长	负责人

这里将院系名称设置为唯一，含义是院系名称不允许重复。院系名称和负责人的字符串长度都设置为 50，含义是最多 50 个字符，如果少于 50 个字符，则按照实际的字符数存储。

3. 创建数据表

数据表是数据库中的对象，在创建数据表之前应该先使用 USE 语句选择数据库。创建数据表的语句为 CREATE TABLE，其语法格式如下。

```
CREATE TABLE [ IF NOT EXISTS ] 表名( 字段名称 1 数据类型 [ 约束条件 ]
[ , 字段名称 2 数据类型 [ 约束条件 ] … ]);
```

3-5 创建数据表

说明如下。

约束条件包括是否允许空值、默认值、自增属性、主键、唯一约束等，具体参数如下。

```
[ NULL | NOT NULL ] [ DEFAULT 默认值 ] [ AUTO_INCREMENT ] [ PRIMARY KEY ] [ UNIQUE ]
```

（1）NULL | NOT NULL：指定该字段是否允许空值。如果不指定，默认允许空值。

（2）DEFAULT 子句：指定默认值，默认值必须是一个常量。如果不指定，默认值为 NULL。

（3）AUTO_INCREMENT：设置自增属性，只有整数类型才能设置此属性。设置后，每插入一条记录，该字段的值自动增加 1。

（4）PRIMARY KEY：设置该字段为主键。主键既不允许空值，也不允许重复。一张表只能定义一个主键。

（5）UNIQUE：设置该字段为唯一约束。唯一约束允许空值，但不允许重复。一张表可以定义多个唯一约束。

【例 3-8】在数据库 scoredb 中创建院系表 department，院系表是本书重要的数据表。

在 MySQL 命令行输入如下命令语句，执行结果如下。

```
mysql> USE scoredb;
Database changed

mysql> CREATE TABLE department
    -> (
    -> deptno CHAR(3) NOT NULL PRIMARY KEY ,
    -> deptname VARCHAR(50) UNIQUE,
    -> director VARCHAR(50) DEFAULT "院长"
    -> );
Query OK, 0 rows affected (0.01 sec)
```

【例 3-9】创建学生家庭情况表 familyinfo，学生家庭情况表 familyinfo 的结构如表 3-8 所示。

表 3-8　　　　　　　　　　　　学生家庭情况表 familyinfo 的结构

字段名称	数据类型	是否允许空值	键	默认值	说明
sno	CHAR(12)	否	主键		学号
address	VARCHAR(50)	是			家庭住址
telephone	CHAR(11)	是			联系电话
income	DECIMAL(10,2)	是			家庭年收入

在 MySQL 命令行输入如下命令语句，执行结果如下。

```
mysql> CREATE TABLE familyinfo
    -> (
    -> sno CHAR(12) NOT NULL PRIMARY KEY,
    -> address VARCHAR(50),
    -> telephone CHAR(11),
    -> income DECIMAL(10,2)
    -> );
Query OK, 0 rows affected (0.02 sec)
```

3.2.2　管理数据表

管理数据表包括查看数据表、修改数据表、复制数据表和删除数据表。

1．查看数据表

（1）查看数据表的名称

创建好数据表之后，可以使用 SHOW TABLES 语句查看已经创建好的数据表的名称，其语法格式如下。

3-6　查看数据表

```
SHOW TABLES [{ FROM | IN } 数据库名 ];
```

不指定数据库名时，默认显示当前数据库中数据表的名称。

【例 3-10】在数据库 scoredb 中查看已经创建好的数据表的名称。

在 MySQL 命令行输入如下命令语句。

```
mysql> SHOW TABLES;
```

执行结果如下。

```
+-------------------+
| Tables_in_scoredb |
+-------------------+
| department        |
| familyinfo        |
+-------------------+
2 rows in set (0.01 sec)
```

在执行结果中可以看到前面创建的两张表：院系表 department 和学生家庭情况表 familyinfo。

（2）查看数据表的基本结构

创建好数据表之后，可以使用 SHOW COLUMNS 或 DESCRIBE（可简写为 DESC）语句查看数据表的基本结构，以判断数据表结构的定义是否正确。

SHOW COLUMNS 语句的语法格式如下。

```
SHOW COLUMNS { FROM | IN } 表名 [{ FROM | IN } 数据库名 ];
```

DESCRIBE 语句的语法格式如下。

```
{ DESCRIBE | DESC } 表名;
```

【例 3-11】查看院系表 department 的基本结构。

在 MySQL 命令行输入如下命令语句。

```
mysql> SHOW COLUMNS FROM department;
```

或输入如下命令语句。

```
mysql> DESC department;
```

执行结果如下。

```
+----------+-------------+------+-----+---------+-------+
| Field    | Type        | Null | Key | Default | Extra |
+----------+-------------+------+-----+---------+-------+
| deptno   | char(3)     | NO   | PRI | NULL    |       |
| deptname | varchar(50) | YES  | UNI | NULL    |       |
| director | varchar(50) | YES  |     | 院长    |       |
+----------+-------------+------+-----+---------+-------+
3 rows in set (0.01 sec)
```

其中，PRI 的含义是主键，UNI 的含义是唯一约束。从院系表的基本结构信息可以看出，在不指定是否允许空值的情况下，默认都允许空值；在不指定默认值的情况下，默认值均为 NULL。

（3）查看数据表的详细结构

使用 SHOW CREATE TABLE 语句可以显示创建数据表时的 CREATE TABLE 语句，以查看所创建的数据表的详细结构，其语法格式如下。

```
SHOW CREATE TABLE 表名;
```

【例 3-12】查看院系表 department 的详细结构。

在 MySQL 命令行输入如下命令语句。

```
mysql> SHOW CREATE TABLE department;
```

执行结果如下。

```
+---------+------------------------------------------------------------------+
|Table    |Create Table                                                      |
+---------+------------------------------------------------------------------+
| department | CREATE TABLE `department` (
  `deptno` char(3) NOT NULL,
  `deptname` varchar(50) DEFAULT NULL,
  `director` varchar(50) DEFAULT '院长',
  PRIMARY KEY (`deptno`),
  UNIQUE KEY `deptname` (`deptname`)
```

```
) ENGINE=InnoDB DEFAULT CHARSET=utf8mb4 COLLATE=utf8mb4_0900_ai_ci         |
+--------+---------------------------------------------------------------------------+
1 row in set (0.02 sec)
```

从院系表 department 的详细结构信息可以看出，该数据表默认的存储引擎（ENGINE）为 InnoDB，所采用的字符集为 utf8mb4，校对规则为 utf8mb4_0900_ai_ci。

存储引擎是数据库的底层软件，DBMS 使用存储引擎创建、查询、修改和删除数据。不同的存储引擎提供不同的存储机制。由于在关系数据库中数据是以数据表的形式存储的，所以存储引擎也称为数据表类型，即存储和操作该数据表的类型。

MySQL 8.0 支持的存储引擎有 MEMORY、CSV、MyISAM、InnoDB、BLACKHOLE 等，如图 3-2 所示。其中 InnoDB 是 MySQL 8.0 在 Windows 平台的默认存储引擎。如果在创建数据表时不指定存储引擎，则默认使用 InnoDB。

Engine	Support	Comment	Transactions	XA	Savepoints
MEMORY	YES	Hash based, stored in memory, useful for temporary tables	NO	NO	NO
MRG_MYISAM	YES	Collection of identical MyISAM tables	NO	NO	NO
CSV	YES	CSV storage engine	NO	NO	NO
FEDERATED	NO	Federated MySQL storage engine	NULL	NULL	NULL
PERFORMANCE_SCHEMA	YES	Performance Schema	NO	NO	NO
MyISAM	YES	MyISAM storage engine	NO	NO	NO
InnoDB	DEFAULT	Supports transactions, row-level locking, and foreign keys	YES	YES	YES
BLACKHOLE	YES	/dev/null storage engine (anything you write to it disappears)	NO	NO	NO
ARCHIVE	YES	Archive storage engine	NO	NO	NO

图 3-2　MySQL 8.0 支持的存储引擎

2. 修改数据表

修改数据表是指修改数据库中已经存在的数据表的名称或数据表的基本结构，包括修改数据表的名称、修改字段的数据类型、修改字段的名称、添加字段和删除字段等。

（1）修改数据表的名称

修改数据表的名称使用 ALTER TABLE 语句，其语法格式如下。

```
ALTER TABLE 原表名 RENAME [ TO ] 新表名;
```

【例 3-13】将学生家庭情况表 familyinfo 的名称修改为 sfamily。

在 MySQL 命令行输入如下命令语句，执行结果如下。

```
mysql> ALTER TABLE familyinfo RENAME sfamily;
Query OK, 0 rows affected (0.01 sec)
```

在修改前和修改后可以分别使用 SHOW TABLES 语句查看数据库中数据表的名称，对比修改前和修改后的情况。

（2）修改字段的数据类型

修改字段的数据类型同样使用 ALTER TABLE 语句，其语法格式如下。

```
ALTER TABLE 表名 MODIFY [ COLUMN ] 字段名称 新的数据类型;
```

【例 3-14】将学生家庭情况表 sfamily 中的联系电话 telephone 字段的数据类型由 CHAR(11)修改为 VARCHAR(20)。

在 MySQL 命令行输入如下命令语句，执行结果如下。

```
mysql> ALTER TABLE sfamily MODIFY telephone VARCHAR(20);
Query OK, 0 rows affected (0.02 sec)
Records: 0  Duplicates: 0  Warnings: 0
```

由于不同类型的数据在计算机中存储的方式及长度不同，修改数据类型可能会影响数据表中已有的数据，因此当表中已经有数据时，不要轻易修改数据类型。

（3）修改字段的名称和数据类型

修改字段的名称和数据类型同样使用 ALTER TABLE 语句，其语法格式如下。

```
ALTER TABLE 表名 CHANGE [ COLUMN ] 原字段名称 新字段名称 新数据类型;
```

【例 3-15】将学生家庭情况表 sfamily 中的家庭年收入字段的名称由 income 修改为 annincome，数据类型修改为 INT。

在 MySQL 命令行输入如下命令语句，执行结果如下。

```
mysql> ALTER TABLE sfamily CHANGE income annincome INT;
Query OK, 0 rows affected (0.02 sec)
Records: 0  Duplicates: 0  Warnings: 0
```

在修改前和修改后可以分别使用 DESC 语句查看 sfamily 表的基本结构，对比修改前和修改后的情况。

（4）添加字段

添加字段同样使用 ALTER TABLE 语句，其语法格式如下。

```
ALTER TABLE 表名 ADD [ COLUMN ] 新字段名称 数据类型 [ 约束条件 ]
[ FIRST | AFTER 已存在的字段名称 ];
```

默认情况下在数据表的最后面添加字段。FIRST 指定添加的字段作为表中的第一个字段，AFTER 子句指定在某个字段之后添加字段。

【例 3-16】在学生家庭情况表 sfamily 中添加字段 sid（作为数据表的第一个字段），数据类型为 INT，不允许为空值，取值唯一且自动递增。

在 MySQL 命令行输入如下命令语句，执行结果如下。

```
mysql> ALTER TABLE sfamily ADD sid INT NOT NULL UNIQUE AUTO_INCREMENT FIRST;
Query OK, 0 rows affected (0.02 sec)
Records: 0  Duplicates: 0  Warnings: 0
```

（5）删除字段

删除字段同样使用 ALTER TABLE 语句，其语法格式如下。

```
ALTER TABLE 表名 DROP 字段名称;
```

【例 3-17】将学生家庭情况表 sfamily 中的 sid 字段删除。

在 MySQL 命令行输入如下命令语句，执行结果如下。

```
mysql> ALTER TABLE sfamily DROP sid;
Query OK, 0 rows affected (0.02 sec)
Records: 0  Duplicates: 0  Warnings: 0
```

3. 复制数据表

复制数据表时，可以完整地复制数据表的结构和数据，也可以只复制数据表的结构。

复制数据表的结构和数据到新表使用 CREATE TABLE … SELECT 语句，其语法格式如下。

```
CREATE TABLE 新表名 SELECT * FROM 原表名;
```

3-7 复制数据表

其功能是将查询到的原表中的所有数据复制到新表中，但是不会同时复制原表的主键设置，因此在新表中需要单独设置主键。

【例 3-18】将学生家庭情况表 sfamily 的结构和数据复制到新表 newfamily1 中。

在 MySQL 命令行输入如下命令语句，执行结果如下。

```
mysql> CREATE TABLE newfamily1 SELECT * FROM sfamily;
Query OK, 0 rows affected (0.01 sec)
Records: 0  Duplicates: 0  Warnings: 0
```

由于 sfamily 表中还没有插入任何数据，因此这里实际上只复制了数据表的结构。

只复制数据表的结构到新表使用 CREATE TABLE … LIKE 语句，该语句可将原表的结构（包括主键）完整地复制到新表中，其语法格式如下。

```
CREATE TABLE 新表名 LIKE 原表名;
```

【例 3-19】将学生家庭情况表 sfamily 的结构完整地复制到新表 newfamily2 中。

在 MySQL 命令行输入如下命令语句，执行结果如下。

```
mysql> CREATE TABLE newfamily2 LIKE sfamily;
Query OK, 0 rows affected (0.01 sec)
```

4. 删除数据表

当不再需要某张数据表时，可将其删除。删除数据表后，数据表的结构定义以及表中的所有数据都会被删除。删除数据表使用 DROP TABLE 语句，其语法格式如下。

```
DROP TABLE [ IF EXISTS ] 表名1 [ , 表名2 … ];
```

【例 3-20】将数据表 newfamily1 和 newfamily2 删除。

在 MySQL 命令行输入如下命令语句，执行结果如下。

```
mysql> DROP TABLE newfamily1, newfamily2;
Query OK, 0 rows affected (0.01 sec)
```

3.3　数据完整性约束

数据完整性指的是数据的一致性和准确性。创建数据完整性约束后，MySQL 负责检查数据的完整性。每次插入或修改数据时，MySQL 都会检查新的数据是否符合相关的完整性约束条件，只有符合完整性约束条件的数据才会被接受。

3.3.1　数据完整性的概念

数据完整性包括域完整性、实体完整性、参照完整性和用户定义完整性。

（1）域完整性是指数据表中各个字段的取值必须满足某种特定的数据类型约束。例如，如果字段的数据类型是整型，那么该字段就不能存储任何实数。域完整性不仅可以避免无效的字段值，还可以设置字段的默认值、设置是否可以为空值等。

（2）实体完整性是指数据表中的每一条记录都必须是唯一的，即数据表的主键既不能重复也不能取空值，因此组成主键的每一个字段都不允许为空值。例如，院系表 department 的主键是院系代码 deptno 字段，因此该字段的值既不能重复也不能取空值。

（3）参照完整性是指两张相关联的数据表的主键和外键字段的数据必须一致，即一张表中外键字段的值要么为空值，要么是另一张表的主键字段中已经存在的值。例如，学生表的外键字段（院系代码）要么为空值，要么是院系表 department 主键字段（deptno）中已经存在的值，避免出现没有这样的院系，却存在该院系学生的情况。因此，参照完整性可以确保不会输入无意义的数据。

（4）用户定义完整性是指根据应用环境的要求和实际需要，对某一具体应用涉及的数据提出的约束条件。例如，学生表中性别字段的值只能是"男"或"女"。

在 MySQL 数据库中，实体完整性可以通过主键约束和唯一约束来实现，参照完整性可以通过外键约束来实现，域完整性和用户定义完整性可以通过检查约束、默认值约束和非空约束来实现。

3.3.2　主键约束

主键约束即 PRIMARY KEY 约束。可以使用 CREATE TABLE 语句在创建数据表时指定主键约束，或者使用 ALTER TABLE 语句在修改数据表时指定主键约束。

3-8　主键约束

1. 在创建数据表时指定主键约束

在 CREATE TABLE 语句中指定单字段主键约束与指定多字段组合主键约束的方式略有不同。

（1）在定义字段的同时指定单字段主键约束

语法格式如下。

```
字段名称 数据类型 PRIMARY KEY
```

【例 3-21】创建数据表 department1，在定义院系代码 deptno 字段的同时指定其为主键约束，并且忽略其他约束条件。

在 MySQL 命令行输入如下命令语句，执行结果如下。

```
mysql> CREATE TABLE department1
    -> (
    -> deptno CHAR(3) PRIMARY KEY,
    -> deptname VARCHAR(50),
    -> director VARCHAR(50)
    -> );
Query OK, 0 rows affected (0.01 sec)
```

（2）在定义完所有字段后指定单字段主键约束

语法格式如下。

```
PRIMARY KEY( 字段名称 )
```

【例 3-22】创建数据表 department2，在定义完所有字段后指定院系代码 deptno 为主键约束，并且忽略其他约束条件。

在 MySQL 命令行输入如下命令语句，执行结果如下。

```
mysql> CREATE TABLE department2
    -> (
    -> deptno CHAR(3),
    -> deptname VARCHAR(50),
    -> director VARCHAR(50),
    -> PRIMARY KEY(deptno)
    -> );
Query OK, 0 rows affected (0.01 sec)
```

（3）在定义完所有字段后指定多字段组合主键约束

多字段组合主键由多个字段组成，在 CREATE TABLE 语句中，只能在定义完所有字段后指定多字段组合主键约束，其语法格式如下。

```
PRIMARY KEY( 字段名称 1, 字段名称 2 … )
```

【例 3-23】创建数据表 department3，指定主键约束为 deptno 和 deptname 的组合，并且忽略其他约束条件。

在 MySQL 命令行输入如下命令语句，执行结果如下。

```
mysql> CREATE TABLE department3
    -> (
    -> deptno CHAR(3),
    -> deptname VARCHAR(50),
    -> director VARCHAR(50),
    -> PRIMARY KEY (deptno,deptname)
    -> );
Query OK, 0 rows affected (0.01 sec)
```

2．在修改数据表时指定主键约束

使用 ALTER TABLE 语句可以在修改数据表时指定主键约束，其语法格式如下。

```
ALTER TABLE 表名 ADD PRIMARY KEY( 字段名称 1 [ , 字段名称 2 … ]);
```

【例 3-24】先忽略所有约束条件创建数据表 department4，然后在修改数据表 department4 时指定主键约束为 deptno。

在 MySQL 命令行输入如下命令语句，执行结果如下。

```
mysql> CREATE TABLE department4
    -> (
    -> deptno CHAR(3),
    -> deptname VARCHAR(50),
    -> director VARCHAR(50)
    -> );
Query OK, 0 rows affected (0.01 sec)

mysql> ALTER TABLE department4 ADD PRIMARY KEY(deptno);
```

```
Query OK, 0 rows affected (0.02 sec)
Records: 0  Duplicates: 0  Warnings: 0
```

3.3.3　唯一约束

唯一约束即 UNIQUE 约束。唯一约束要求数据表中的字段值在任何时候都是唯一的，不允许重复。由于一张表只能有一个主键约束，所以当要求数据表中的其他字段也不能重复时，可以采用唯一约束。唯一约束和主键约束的区别如下。

（1）一张数据表只能有一个主键约束，但可以有多个唯一约束。

（2）主键约束不允许为空值，唯一约束允许为空值，但只能出现一个空值。

与主键约束一样，可以使用 CREATE TABLE 语句在创建数据表时指定唯一约束，或者使用 ALTER TABLE 语句在修改数据表时指定唯一约束。

1．在创建数据表时指定唯一约束

在 CREATE TABLE 语句中，有两种指定唯一约束的方式。

（1）在定义字段的同时指定唯一约束

语法格式如下。

```
字段名称 数据类型 UNIQUE
```

【例 3-25】创建数据表 department5，在定义字段的同时指定院系代码 deptno 为主键约束，指定院系名称 deptname 为唯一约束，并且忽略其他约束条件。

在 MySQL 命令行输入如下命令语句，执行结果如下。

```
mysql> CREATE TABLE department5
    -> (
    -> deptno CHAR(3) PRIMARY KEY,
    -> deptname VARCHAR(50) UNIQUE,
    -> director VARCHAR(50)
    -> );
Query OK, 0 rows affected (0.01 sec)
```

（2）在定义完所有字段后指定唯一约束

在定义完所有字段后指定唯一约束，同时还可以指定约束名称，其语法格式如下。

```
[ CONSTRAINT 约束名 ] UNIQUE( 字段名称 )
```

【例 3-26】创建数据表 department6，在定义完所有字段后指定院系代码 deptno 为主键约束，指定院系名称 deptname 为唯一约束，并且忽略其他约束条件。

在 MySQL 命令行输入如下命令语句，执行结果如下。

```
mysql> CREATE TABLE department6
    -> (
    -> deptno CHAR(3),
    -> deptname VARCHAR(50),
    -> director VARCHAR(50),
    -> PRIMARY KEY(deptno),
    -> UNIQUE(deptname)
    -> );
Query OK, 0 rows affected (0.01 sec)
```

【例 3-27】创建数据表 department7，在定义完所有字段后指定院系代码 deptno 为主键约束，指定院系名称 deptname 为唯一约束，并且将唯一约束命名为 constr1。

在 MySQL 命令行输入如下命令语句，执行结果如下。

```
mysql> CREATE TABLE department7
    -> (
    -> deptno CHAR(3),
    -> deptname VARCHAR(50),
    -> director VARCHAR(50),
    -> PRIMARY KEY(deptno),
    -> CONSTRAINT constr1 UNIQUE(deptname)
    -> );
Query OK, 0 rows affected (0.02 sec)
```

可以使用 SHOW CREATE TABLE 语句查看数据表中所创建的约束的名称。

2．在修改数据表时指定唯一约束

使用 ALTER TABLE 语句可以在修改数据表时指定唯一约束，其语法格式如下。

```
ALTER TABLE 表名 ADD [ CONSTRAINT 约束名 ] UNIQUE( 字段名称 );
```

【例 3-28】修改数据表 department1，指定院系名称 deptname 为唯一约束。

在 MySQL 命令行输入如下命令语句，执行结果如下。

```
mysql> ALTER TABLE department1 ADD UNIQUE(deptname);
Query OK, 0 rows affected (0.01 sec)
Records: 0  Duplicates: 0  Warnings: 0
```

3.3.4　外键约束

3-9　外键约束

外键约束即 FOREIGN KEY 约束。外键约束用于让两张相关联的数据表之间保持数据的一致性，即参照完整性。当插入、修改、删除一张表中的数据时，参照引用相关联的另一张表中的数据来检查对表中的数据操作是否正确。简单来说，就是要求子表（一对多关系中的"*n*"端）中每一条记录的外键值要么为空值，要么是父表（一对多关系中的"1"端）中已经存在的主键值。

例如，表 3-9 所示是学生表 student 中的部分学生信息。学生表 student 和院系表 department 之间存在一对多联系，父表是 department，子表是 student，因此 student 表中的院系代码要么为空值，要么是 department 表中已经存在的主键值。这里的 101 和 103 都是 department 表中已经存在的院系代码。

表 3-9　　　　　　　　　　　　　　　学生表 student 中的部分学生信息

学号	姓名	性别	出生日期	政治面貌	班级	院系代码	入学总分	奖惩情况
120211010103	宋洪博	男	2003/05/15	党员	英语 2101	101	698	三好学生，一等奖学金
120211010105	刘向志	男	2002/10/08	团员	英语 2101	101	625	
120211010230	李媛媛	女	2003/09/02	团员	英语 2102	101	596	
120211030409	张虎	男	2003/07/18	群众	机械 2104	103	650	北京市数学建模一等奖

根据学生表 student 的实际情况，可以确定它的结构如表 3-10 所示。其中，主键是学号 sno 字段，外键是院系代码 deptno 字段，与父表 department 的主键字段 deptno 关联。

表 3-10　　　　　　　　　　　　　　　　学生表 student 的结构

字段名称	数据类型	是否允许空值	键	默认值	说明
sno	CHAR(12)	否	主键		学号
sname	VARCHAR(50)	是			姓名
sex	CHAR(1)	是		男	性别
birthdate	DATE	是			出生日期
party	VARCHAR(50)	是			政治面貌
classno	VARCHAR(20)	是			班级
deptno	CHAR(3)	是	外键 department（deptno）		院系代码
enterscore	INT	是			入学总分
awards	TEXT	是			奖惩情况

在指定外键约束时，需要满足下列条件。

（1）父表必须是已经创建的数据表。

（2）子表中外键的字段个数必须和父表中主键的字段个数相同。

（3）子表中外键字段的数据类型必须和父表中主键字段的数据类型相同。

（4）父表和子表必须使用存储引擎 InnoDB。

可以使用 CREATE TABLE 语句在创建数据表时指定外键约束，或者使用 ALTER TABLE 语句在修改数据表时指定外键约束。

1. 在创建数据表时指定外键约束

使用 CREATE TABLE 语句在定义完所有字段后指定外键约束，其语法格式如下。

```
[ CONSTRAINT 约束名 ] FOREIGN KEY( 字段名称 1 [ , 字段名称 2 … ])
REFERENCES 父表名( 父表字段名称 1 [ , 父表字段名称 2 … ])
[ ON DELETE { RESTRICT | CASCADE | SET NULL | NO ACTION | SET DEFAULT }]
[ ON UPDATE { RESTRICT | CASCADE | SET NULL | NO ACTION | SET DEFAULT }];
```

说明如下。

（1）字段名称：需要指定外键约束的字段，必须与父表主键字段一致。

（2）父表名：子表外键所依赖的数据表的名称。

（3）父表字段名称：父表中定义的主键，可以是单字段主键或者多字段组合主键。

（4）ON DELETE 子句：为外键定义父表执行 DELETE（删除）语句时的参照动作。

（5）ON UPDATE 子句：为外键定义父表执行 UPDATE（修改）语句时的参照动作。

（6）RESTRICT：限制。当要删除或修改父表中主键字段的值时，如果子表的外键字段中已经存在该值，则拒绝对父表的删除或修改操作。

（7）CASCADE：级联。当要删除或修改父表中主键字段的值时，如果子表的外键字段中已经存在该值，则自动删除或修改子表中与之对应的外键字段值。

（8）SET NULL：设置为空值。当要删除或修改父表中主键字段的值时，如果子表的外键字段中已经存在该值，则自动设置子表中与之对应的外键字段值为空值（外键字段没有指定为 NOT NULL 的条件下）。

（9）NO ACTION：不采取动作。其作用和 RESTRICT 一样。

（10）SET DEFAULT：设置为默认值。其作用与 SET NULL 类似，是将子表中与之对应的外键字段值设置为默认值。

【例 3-29】创建学生表 student，在定义完所有字段后指定主键约束和外键约束，并且忽略其他约束条件。

在 MySQL 命令行输入如下命令语句，执行结果如下。

```
mysql> CREATE TABLE student
    -> (
    -> sno CHAR(12),
    -> sname VARCHAR(50),
    -> sex CHAR(1),
    -> birthdate DATE,
    -> party VARCHAR(50),
    -> classno VARCHAR(20),
    -> deptno CHAR(3),
    -> enterscore INT,
    -> awards TEXT,
    -> PRIMARY KEY(sno),
    -> FOREIGN KEY(deptno) REFERENCES department(deptno)
    -> );
Query OK, 0 rows affected (0.02 sec)
```

这里没有指定外键的参照动作，默认情况下会产生以下情况。

（1）不能在子表的外键字段中输入父表的主键字段中不存在的值。也就是说，学生表 student 中的院系代码 deptno 字段的值必须是院系表 department 中主键字段已经存在的值。

（2）如果子表中存在匹配的外键字段值，则不能从父表中删除该主键字段值。也就是说，如果在学生表 student 中有某个院系代码的学生记录，就不能在院系表 department 中删除该院系代码。

（3）如果子表中存在匹配的外键字段值，则不能在父表中修改该主键字段值。也就是说，如果在学生表 student 中有某个院系代码的学生记录，就不能在院系表 department 中修改该院系代码。

2.　在修改数据表时指定外键约束

使用 ALTER TABLE 语句可以在修改数据表时指定外键约束，其语法格式如下。

```
ALTER TABLE 表名 ADD 外键约束；
```

【例 3-30】创建数据表 student1，只考虑学号 sno（指定主键约束）、姓名 sname、性别 sex 和院系代码 deptno 字段，然后在修改该数据表时指定外键约束。

在 MySQL 命令行输入如下命令语句，执行结果如下。

```
mysql> CREATE TABLE student1
    -> (
    -> sno CHAR(12) PRIMARY KEY,
    -> sname VARCHAR(50),
    -> sex CHAR(1),
    -> deptno CHAR(3)
    -> );
Query OK, 0 rows affected (0.02 sec)

mysql> ALTER TABLE student1
    -> ADD FOREIGN KEY(deptno) REFERENCES department(deptno)
    -> ON DELETE SET NULL
    -> ON UPDATE CASCADE;
Query OK, 0 rows affected (0.03 sec)
Records: 0  Duplicates: 0  Warnings: 0
```

这里定义了外键的两个参照动作，说明如下。

（1）ON DELETE SET NULL。如果在院系表 department 中删除了某个院系数据，则 student1 表中该院系所有学生的院系代码 deptno 字段值均自动设置为 NULL。

（2）ON UPDATE CASCADE。如果在院系表 department 中修改了某个院系的院系代码 deptno 字段值，则 student1 表中该院系所有学生的 deptno 字段值均自动修改为新的院系代码。

3.3.5　检查约束

检查约束即 CHECK 约束。可以对数据表中某个字段或多个字段的值设置检查约束条件，以限定字段的取值范围。可以使用 CREATE TABLE 语句在创建数据表时指定检查约束，或者使用 ALTER TABLE 语句在修改数据表时指定检查约束。

3-10　检查约束

1.　在创建数据表时指定检查约束

在 CREATE TABLE 语句中，有两种指定检查约束的方式。

（1）在定义字段的同时指定检查约束

语法格式如下。

```
字段名称 数据类型 CHECK（ 表达式 ）
```

【例 3-31】创建数据表 student2，只考虑学号 sno（指定主键约束）、姓名 sname、性别 sex 字段，并在定义字段的同时指定检查约束为"性别只能是'男'或'女'"。

在 MySQL 命令行输入如下命令语句，执行结果如下。

```
mysql> CREATE TABLE student2
    -> (
    -> sno CHAR(12) PRIMARY KEY,
    -> sname VARCHAR(50),
    -> sex CHAR(1) CHECK (sex IN ("男", "女"))
    -> );
Query OK, 0 rows affected (0.01 sec)
```

（2）在定义完所有字段后指定检查约束

语法格式如下。

```
[ CONSTRAINT 约束名 ] CHECK（ 表达式 ）
```

【例 3-32】创建数据表 student3，只考虑学号 sno（指定主键约束）、姓名 sname、性别 sex 和出生日期 birthdate 字段，并在定义完所有字段后指定检查约束为"性别只能是'男'或'女'，出生日期为 2000 年 1 月 1 日及以后"。

在 MySQL 命令行输入如下命令语句，执行结果如下。

```
mysql> CREATE TABLE student3
    -> (
    -> sno CHAR(12) PRIMARY KEY,
    -> sname VARCHAR(50),
    -> sex CHAR(1),
    -> birthdate DATE,
    -> CHECK (sex IN ("男","女")),
    -> CHECK( birthdate>="2000-01-01")
    -> );
Query OK, 0 rows affected(0.01 sec)
```

2. 在修改数据表时指定检查约束

使用 ALTER TABLE 语句可以在修改数据表时指定检查约束，其语法格式如下。

```
ALTER TABLE 表名 ADD CHECK( 表达式 );
```

【例 3-33】针对已经创建的 student1 表，指定检查约束为"性别 sex 只能是'男'或'女'"。

在 MySQL 命令行输入如下命令语句，执行结果如下。

```
mysql> ALTER TABLE student1 ADD CHECK(sex IN("男", "女"));
Query OK, 0 rows affected (0.02 sec)
Records: 0  Duplicates: 0  Warnings: 0
```

3.3.6 非空约束

非空约束即 NOT NULL 约束，用来指定字段的值不能为空值。对于使用了非空约束的字段，如果用户在插入数据时没有指定值，数据库系统会报错。

可以使用 CREATE TABLE 语句在创建数据表时指定非空约束，或者使用 ALTER TABLE 语句在修改数据表时指定非空约束。

1. 在创建数据表时指定非空约束

使用 CREATE TABLE 语句在定义字段的同时指定非空约束，其语法格式如下。

```
字段名称 数据类型 NOT NULL
```

【例 3-34】创建数据表 student4，只考虑学号 sno（指定主键约束）、姓名 sname、性别 sex、出生日期 birthdate 字段，并指定非空约束为"姓名 sname 不能为空值"。

在 MySQL 命令行输入如下命令语句，执行结果如下。

```
mysql> CREATE TABLE student4
    -> (
    -> sno CHAR(12) PRIMARY KEY,
    -> sname VARCHAR(50) NOT NULL,
    -> sex CHAR(1),
    -> birthdate DATE
    -> );
Query OK, 0 rows affected (0.01 sec)
```

2. 在修改数据表时指定非空约束

使用 ALTER TABLE 语句可以在修改数据表时指定非空约束，其语法格式如下。

```
ALTER TABLE 表名 MODIFY [ COLUMN ] 字段名称 数据类型 NOT NULL;
```

【例 3-35】修改数据表 student4，指定非空约束为"性别 sex 不能为空值"。

在 MySQL 命令行输入如下命令语句，执行结果如下。

```
mysql> ALTER TABLE student4 MODIFY sex CHAR(1) NOT NULL;
Query OK, 0 rows affected (0.02 sec)
Records: 0  Duplicates: 0  Warnings: 0
```

3.3.7 默认值约束

默认值约束即 DEFAULT 约束，用来指定某个字段的默认值。如男同学较多，性别就可以默认为"男"，这样在插入一条新数据时，如果没有给这个字段赋值，则系统会自动将这个字段赋值为"男"。

可以使用 CREATE TABLE 语句在创建数据表时指定默认值约束，或者使用 ALTER TABLE 语句在修改数据表时指定默认值约束。

1. 在创建数据表时指定默认值约束

使用 CREATE TABLE 语句在定义字段的同时指定默认值约束，其语法格式如下。

字段名称 数据类型 DEFAULT 默认值

【例 3-36】创建数据表 student5，只考虑学号 sno（指定主键约束）、姓名 sname、性别 sex、入学总分 enterscore 字段，并指定性别 sex 的默认值约束为"男"。

在 MySQL 命令行输入如下命令语句，执行结果如下。

```
mysql> CREATE TABLE student5
    -> (
    -> sno CHAR(12) PRIMARY KEY,
    -> sname VARCHAR(50),
    -> sex CHAR(1) DEFAULT "男",
    -> enterscore INT
    -> );
Query OK, 0 rows affected (0.01 sec)
```

2. 在修改数据表时指定默认值约束

使用 ALTER TABLE 语句可以在修改数据表时指定默认值约束，其语法格式如下。

ALTER TABLE 表名 MODIFY [COLUMN] 字段名称 数据类型 DEFAULT 默认值；

【例 3-37】修改数据表 student5，指定入学总分 enterscore 的默认值约束为 600。

在 MySQL 命令行输入如下命令语句，执行结果如下。

```
mysql> ALTER TABLE student5 MODIFY enterscore INT DEFAULT 600;
Query OK, 0 rows affected (0.01 sec)
Records: 0  Duplicates: 0  Warnings: 0
```

 非空约束和默认值约束也可以使用 ALTER TABLE … CHANGE 语句通过对数据表中字段的修改来实现。

3.3.8 删除数据完整性约束

要想删除已经创建的数据完整性约束，需要先使用 SHOW CREATE TABLE 语句查看并确定具体的约束名，然后使用 ALTER TABLE 语句删除该约束。删除不同的数据完整性约束的语法格式如下。

（1）删除主键约束：ALTER TABLE 表名 DROP PRIMARY KEY。

（2）删除外键约束：ALTER TABLE 表名 DROP FOREIGN KEY 约束名。

（3）删除唯一约束：ALTER TABLE 表名 DROP UNIQUE 约束名。

（4）删除检查约束：ALTER TABLE 表名 DROP CHECK 约束名。

 非空约束和默认值约束只能修改，不能删除。

【例 3-38】针对已经创建好的数据表 student1，删除其中的检查约束。

在 MySQL 命令行输入如下命令语句，确定约束名，执行结果如下。

```
mysql> SHOW CREATE TABLE student1;
+----------+------------------------------------------------------------+
| Table    |Create Table                                                |
```

```
+----------+-------------------------------------------------------------------+
| student1 | CREATE TABLE `student1` (
  `sno` char(12) NOT NULL,
  `sname` varchar(50) DEFAULT NULL,
  `sex` char(1) DEFAULT NULL,
  `deptno` char(3) DEFAULT NULL,
  PRIMARY KEY (`sno`),
  KEY `deptno` (`deptno`),
  CONSTRAINT `student1_ibfk_1` FOREIGN KEY (`deptno`) REFERENCES `department`
(`deptno`) ON DELETE SET NULL ON UPDATE CASCADE,
  CONSTRAINT `student1_chk_1` CHECK ((`sex` in ('男','女')))
) ENGINE=InnoDB DEFAULT CHARSET=utf8mb4 COLLATE=utf8mb4_0900_ai_ci |
+----------+-------------------------------------------------------------------+
1 row in set (0.00 sec)
```

从执行结果可以看到，数据表 student1 中有一个名为"student1_ibfk_1"的外键约束和一个名为"student1_chk_1"的检查约束。

在 MySQL 命令行输入如下命令语句，删除"student1_chk_1"检查约束，执行结果如下。

```
mysql> ALTER TABLE student1 DROP CHECK student1_chk_1;
Query OK, 0 rows affected (0.00 sec)
Records: 0  Duplicates: 0  Warnings: 0
```

3.4 课堂案例：学生成绩管理数据库的数据定义

第 2 章课堂案例中设计的学生成绩管理数据库一共包含 6 个关系模式，每一个关系模式对应一张表。在这一节的数据定义中，我们要确定这 6 张表的结构，并完成数据表的创建。

1. 设计数据表

（1）设计院系表 department

院系表 department 的关系模式为：院系（院系代码、院系名称、负责人）。根据院系表 department 的实际情况可以确定其结构，如表 3-11 所示。

表 3-11　　　　　　　　　　　　　　院系表 department 的结构

字段名称	数据类型	是否允许空值	键	默认值	说明
deptno	CHAR(3)	否	主键		院系代码
deptname	VARCHAR(50)	是	唯一		院系名称
director	VARCHAR(50)	是		院长	负责人

（2）设计学生表 student

学生表 student 的关系模式为：学生（学号、姓名、性别、出生日期、政治面貌、班级、院系代码、入学总分、奖惩情况）。根据学生表 student 的实际情况可以确定其结构，如表 3-12 所示。

表 3-12　　　　　　　　　　　　　　学生表 student 的结构

字段名称	数据类型	是否允许空值	键	默认值	说明
sno	CHAR(12)	否	主键		学号
sname	VARCHAR(50)	是			姓名
sex	CHAR(1)	是		男	性别
birthdate	DATE	是			出生日期
party	VARCHAR(50)	是			政治面貌
classno	VARCHAR(20)	是			班级
deptno	CHAR(3)	是	外键 department（deptno）		院系代码
enterscore	INT	是			入学总分
awards	TEXT	是			奖惩情况

（3）设计课程表 course

课程表 course 的关系模式为：课程（课程编号、课程名称、学时）。根据课程表 course 的实际情况可以确定其结构，如表 3-13 所示。

表 3-13　　　　　　　　　　　　　课程表 course 的结构

字段名称	数据类型	是否允许空值	键	默认值	说明
cno	CHAR(8)	否	主键		课程编号
cname	VARCHAR(50)	是			课程名称
hours	TINYINT	是			学时

（4）设计教师表 teacher

教师表 teacher 的关系模式为：教师（教师工号、姓名、性别、职称、院系代码）。根据教师表 teacher 的实际情况可以确定其结构，如表 3-14 所示。

表 3-14　　　　　　　　　　　　　教师表 teacher 的结构

字段名称	数据类型	是否允许空值	键	默认值	说明
tno	CHAR(8)	否	主键		教师工号
tname	VARCHAR(50)	是			姓名
sex	CHAR(1)	是			性别
title	VARCHAR(5)	是			职称
deptno	CHAR(3)	是	外键 department（deptno）		院系代码

（5）设计选修成绩表 score

选修成绩表 score 的关系模式为：选修成绩（学号、课程编号、学年、学期、成绩）。根据选修成绩表 score 的实际情况可以确定其结构，如表 3-15 所示。

表 3-15　　　　　　　　　　　　　选修成绩表 score 的结构

字段名称	数据类型	是否允许空值	键	默认值	说明
sno	CHAR(12)	否	组合主键，外键 student（sno）		学号
cno	CHAR(8)	否	组合主键，外键 course（cno）		课程编号
grade	TINYINT	是			成绩
schoolyear	CHAR(9)	是			学年
semester	CHAR(1)	是			学期

（6）设计讲授安排表 teaching

讲授安排表 teaching 的关系模式为：讲授安排（班级、教师工号、课程编号）。根据讲授安排表 teaching 的实际情况可以确定其结构，如表 3-16 所示。

表 3-16　　　　　　　　　　　　　讲授安排表 teaching 的结构

字段名称	数据类型	是否允许空值	键	默认值	说明
classno	VARCHAR(20)	否	组合主键		班级
tno	CHAR(8)	否	组合主键，外键 teacher（tno）		教师工号
cno	CHAR(8)	否	组合主键，外键 course（cno）		课程编号

2. 创建数据库

创建一个名为 scoredb 的学生成绩管理数据库，采用 MySQL 默认的字符集和校对规则，并使其成为当前默认的数据库。如果前面已经创建，先使用 DROP DATABASE 语句删除该数据库后再创建。

在 MySQL 命令行输入如下命令语句，执行结果如下。

```
mysql> DROP DATABASE IF EXISTS scoredb;
Query OK, 0 rows affected (0.01 sec)

mysql> CREATE DATABASE scoredb;
Query OK, 1 row affected (0.01 sec)

mysql> USE scoredb;
Database changed
```

3. 创建数据表

（1）创建院系表 department，只要求同时创建主键和唯一约束。

在 MySQL 命令行输入如下命令语句，执行结果如下。

```
mysql> CREATE TABLE department
    -> (
    -> deptno CHAR(3) NOT NULL PRIMARY KEY ,
    -> deptname VARCHAR(50) UNIQUE,
    -> director VARCHAR(50)
    -> );
Query OK, 0 rows affected  (0.01 sec)
```

（2）创建学生表 student，只要求同时创建主键和默认值约束，不必创建外键。

在 MySQL 命令行输入如下命令语句，执行结果如下。

```
mysql> CREATE TABLE student
    -> (
    -> sno CHAR(12) NOT NULL PRIMARY KEY,
    -> sname VARCHAR(50),
    -> sex CHAR(1) DEFAULT "男",
    -> birthdate DATE,
    -> party VARCHAR(50),
    -> classno VARCHAR(20),
    -> deptno CHAR(3),
    -> enterscore INT,
    -> awards TEXT
    -> );
Query OK, 0 rows affected (0.01 sec)
```

（3）创建课程表 course，要求同时创建主键。

在 MySQL 命令行输入如下命令语句，执行结果如下。

```
mysql> CREATE TABLE course
    -> (
    -> cno CHAR(8) NOT NULL PRIMARY KEY,
    -> cname VARCHAR(50),
    -> hours TINYINT
    -> );
Query OK, 0 rows affected (0.01 sec)
```

（4）创建教师表 teacher，只要求同时创建主键，不必创建外键。

在 MySQL 命令行输入如下命令语句，执行结果如下。

```
mysql> CREATE TABLE teacher
    -> (
    -> tno CHAR(8) NOT NULL PRIMARY KEY,
    -> tname VARCHAR(50),
    -> sex CHAR(1),
    -> title VARCHAR(5),
    -> deptno CHAR(3)
```

```
    -> );
Query OK, 0 rows affected (0.01 sec)
```

（5）创建选修成绩表 score，只要求同时创建主键，不必创建外键。

在 MySQL 命令行输入如下命令语句，执行结果如下。

```
mysql> CREATE TABLE score
    -> (
    -> sno CHAR(12) NOT NULL,
    -> cno CHAR(8) NOT NULL,
    -> grade TINYINT,
    -> schoolyear CHAR(9),
    -> semester CHAR(1),
    -> PRIMARY KEY(sno, cno)
    -> );
Query OK, 0 rows affected (0.01 sec)
```

（6）创建讲授安排表 teaching，只要求同时创建主键，不必创建外键。

在 MySQL 命令行输入如下命令语句，执行结果如下。

```
mysql> CREATE TABLE teaching
    -> (
    -> classno VARCHAR(20) NOT NULL,
    -> tno CHAR(8) NOT NULL,
    -> cno CHAR(8) NOT NULL,
    -> PRIMARY KEY(classno,tno,cno)
    -> );
Query OK, 0 rows affected (0.01 sec)
```

4. 指定数据完整性约束

（1）为学生表 student 指定外键约束，使其院系代码 deptno 字段的值必须是院系表 department 中院系代码 deptno 字段已经存在的值，并且要求当修改院系表 department 中的 deptno 字段的值时，学生表 student 中的 deptno 字段的值也要随之变化。

在 MySQL 命令行输入如下命令语句，执行结果如下。

```
mysql> ALTER TABLE student
    -> ADD FOREIGN KEY (deptno) REFERENCES department(deptno)
    -> ON UPDATE CASCADE;
Query OK, 0 rows affected (0.02 sec)
Records: 0 Duplicates: 0 Warnings: 0
```

（2）为教师表 teacher 指定外键约束，使其院系代码 deptno 字段的值必须是院系表 department 中院系代码 deptno 字段已经存在的值，并且要求当修改院系表 department 中的 deptno 字段的值时，教师表 teacher 中的 deptno 字段的值也要随之变化。

在 MySQL 命令行输入如下命令语句，执行结果如下。

```
mysql> ALTER TABLE teacher
    -> ADD  FOREIGN KEY (deptno) REFERENCES department(deptno)
    -> ON UPDATE CASCADE;
Query OK, 0 rows affected (0.02 sec)
Records: 0 Duplicates: 0 Warnings: 0
```

（3）为选修成绩表 score 指定外键约束，使其学号 sno 字段的值必须是学生表 student 中学号 sno 字段已经存在的值，并且要求当删除或修改学生表 student 中的学号 sno 字段的值时，如果选修成绩表 score 中该学生有相关的记录，则不得删除或修改。

在 MySQL 命令行输入如下命令语句，执行结果如下。

```
mysql> ALTER TABLE score
    -> ADD FOREIGN KEY(sno) REFERENCES student(sno)
    -> ON UPDATE RESTRICT
    -> ON DELETE RESTRICT;
Query OK, 0 rows affected (0.02 sec)
Records: 0 Duplicates: 0 Warnings: 0
```

（4）为选修成绩表 score 指定外键约束，使其课程编号 cno 字段的值必须是课程表 course 中课程编号 cno 字段已经存在的值，并且要求当删除课程表 course 中某个课程编号 cno 记录时，如果选修成绩表 score 中该课程有相关记录，则同时删除。

在 MySQL 命令行输入如下命令语句，执行结果如下。

```
mysql> ALTER TABLE score
    -> ADD FOREIGN KEY (cno) REFERENCES course(cno)
    -> ON DELETE CASCADE;
Query OK, 0 rows affected (0.02 sec)
Records: 0 Duplicates: 0 Warnings: 0
```

（5）为讲授课程表 teaching 指定外键约束，使其教师工号 tno 字段的值必须是教师表 teacher 中教师工号 tno 字段已经存在的值。

在 MySQL 命令行输入如下命令语句，执行结果如下。

```
mysql> ALTER TABLE teaching ADD FOREIGN KEY(tno) REFERENCES teacher(tno);
Query OK, 0 rows affected (0.02 sec)
Records: 0 Duplicates: 0 Warnings: 0
```

（6）为讲授安排表 teaching 指定外键约束，使其课程编号 cno 字段的值必须是课程表 course 中课程编号 cno 字段已经存在的值。

在 MySQL 命令行输入如下命令语句，执行结果如下。

```
mysql> ALTER TABLE teaching ADD FOREIGN KEY(cno) REFERENCES course(cno);
Query OK, 0 rows affected (0.02 sec)
Records: 0 Duplicates: 0 Warnings: 0
```

（7）为院系表 department 指定默认值约束，即指定负责人 director 的默认值为"院长"。

在 MySQL 命令行输入如下命令语句，执行结果如下。

```
mysql> ALTER TABLE department MODIFY director VARCHAR(50) DEFAULT "院长";
Query OK, 0 rows affected (0.01 sec)
Records: 0 Duplicates: 0 Warnings: 0
```

（8）为学生表 student 指定检查约束，即指定性别 sex 字段的值只能是"男"或"女"。

在 MySQL 命令行输入如下命令语句，执行结果如下。

```
mysql> ALTER TABLE student ADD CHECK(sex IN ("男", "女"));
Query OK, 0 rows affected (0.03 sec)
Records: 0 Duplicates: 0 Warnings: 0
```

【习题】

一、单项选择题

1. 在 MySQL 中创建数据库 mytest 使用的语句是（   ）。

    A．CREATE mytest B．CREATE TABLE mytest

    C．DATABASE mytest D．CREATE DATABASE mytest

2. 在 MySQL 中创建数据库后，需要用（   ）语句来指定当前数据库。

    A．USE B．SELECT C．CREATE D．SHOW

3. 在 MySQL 中创建数据库时，确保数据库不存在时才执行创建操作的子句是（   ）。

    A．IF EXIST B．IF NOT EXIST C．IF EXISTS D．IF NOT EXISTS

4. 下面不能存储整数 256 的数据类型是（   ）。

    A．BIGINT B．INT C．TINYINT D．SMALLINT

5. 在 MySQL 数据库中，用于存储图片数据的是（   ）。

    A．INT B．FLOAT C．DECIMAL D．BLOB

6. 下面有关 DECIMAL(5, 2)的说法中，正确的是（   ）。

    A．5 表示数据的总位数，2 表示整数位数 B．5 表示数据的总位数，2 表示小数位数

    C．5 表示小数位数，2 表示整数位数 D．5 表示整数位数，2 表示小数位数

7. 以下说法正确的是（　　　）。

  A．INT(4)中的 4 表示取值范围   B．BINARY(4)中的 4 表示字节数

  C．VARCHAR(4)中的 4 表示最大字节数 D．VARBINARY(4) 中的 4 表示最大字符数

8. 在 MySQL 数据库中创建数据表时，不允许某个字段为空值可以使用（　　　）约束。

  A．NOT NULL   B．NO NULL   C．NOT BLANK   D．NO BLANK

9. 查看数据表基本结构的语句是（　　　）。

  A．ALTER TABLE   B．CREATE TABLE

  C．DESC   D．SHOW TABLES

10. （　　　）约束能够实现实体完整性。

  A．唯一   B．外键   C．默认值   D．非空

11. 下面有关唯一约束和主键约束的描述，正确的是（　　　）。

  A．唯一约束的字段不可以为空值

  B．唯一约束的字段不可以有重复值

  C．主键约束的字段可以为空值

  D．主键约束的字段可以有重复值

12. 指定某个字段的取值范围为 0～100 应该使用（　　　）约束。

  A．外键   B．唯一   C．主键   D．检查

13. 下面有关主键约束和外键约束的描述，正确的是（　　　）。

  A．一张表中最多只能有一个主键约束，但可以有多个外键约束

  B．一张表中最多只能有一个主键约束和一个外键约束

  C．在定义主键约束和外键约束时，可以先定义主键约束，也可以先定义外键约束

  D．在定义主键约束和外键约束时，必须先定义外键约束，然后才能定义主键约束

14. 对于指定了外键约束的数据表，使用（　　　）子句时，在父表修改主键字段值时，会同时修改子表对应的外键字段值。

  A．ON UPDATE RESTRICT   B．ON UPDATE CASCADE

  C．ON DELETE RESTRICT   D．ON DELETE CASCADE

15. 使用（　　　）语句可以查看外键约束的名称。

  A．DESC   B．SHOW CREATE TABLE

  C．SHOW TABLES   D．SHOW DATABASES

二、填空题

1. 存储 0～255 的无符号数据，最优的数据类型是_____。

2. MySQL 中有文本字符串和二进制字符串，其中可以存储图片信息的是_____。

3. 创建学生表 student，包含 3 个字段，分别是学号 sno、姓名 sname 和家庭住址 address，数据类型分别是 CHAR（12）、VARCHAR（50）和 VARCHAR（100），请写出创建数据表的完整语句：_____。

4. 请写出将数据表名称由 student 修改为 contact 的完整语句：_____。

5. 请写出将数据表 contact 的结构完整地复制到新表 contact2 的完整语句：_____。

6. 请写出删除数据表 contact2 的完整语句：_____。

7. 在两张相关联的数据表之间必须保持数据的参照完整性，应该指定_____约束。

8. 指定外键约束时，如果要求从父表中删除某条数据时，子表中与该数据相关的所有外键值均设置为 NULL，则应该使用 ON DELETE 参数的_____选项。

9. 若要求性别字段值只能是"男"或"女"，则应该指定_____约束。

10. 若要求某个字段的值唯一且不允许为空值，则应该指定_____约束。

【项目实训】图书馆借还书管理数据库的数据定义

一、实训目的

（1）掌握创建和管理数据库的方法。

（2）掌握创建和管理数据表的方法。

（3）掌握指定数据完整性约束的方法。

二、实训内容

1. 创建和管理数据库

（1）创建图书馆借还书管理数据库 librarydb。

（2）显示当前 MySQL 中的数据库。

（3）使数据库 librarydb 成为当前默认的数据库。

2. 在数据库 librarydb 中创建与管理数据表

（1）创建读者类别表 readertype，读者类别表 readertype 的结构如表 3-17 所示，要求同时创建主键。

表 3-17 读者类别表 readertype 的结构

字段名称	数据类型	是否允许空值	键	默认值	说明
typeno	CHAR(1)	否	主键		类别编号
typename	VARCHAR(50)	是			类别名称
max_quantity	TINYINT	是			最大可借数量
max_days	TINYINT	是			最多可借天数

（2）创建读者表 reader，读者表 reader 的结构如表 3-18 所示，只要求同时创建主键，不必创建外键。其中读者编号对应的是学生的学号或教师的工号。

表 3-18 读者表 reader 的结构

字段名称	数据类型	是否允许空值	键	默认值	说明
rid	CHAR(12)	否	主键		读者编号
rname	VARCHAR(50)	是			读者姓名
sex	CHAR(1)	是			性别
typeno	CHAR(1)	是	外键 readertype（typeno）	2	读者类别
dept	VARCHAR(50)	是			所属院系
tel	VARCHAR(50)	是			联系电话

（3）创建图书表 book，图书表 book 的结构如表 3-19 所示，要求同时创建主键。

表 3-19 图书表 book 的结构

字段名称	数据类型	是否允许空值	键	默认值	说明
bid	CHAR(8)	否	主键		图书编号
bname	VARCHAR(50)	是			书名
author	VARCHAR(50)	是			作者
publisher	VARCHAR(50)	是			出版社
publishdate	DATE	是			出版日期
price	FLOAT	是			定价
total	INT	是			库存数量
position	VARCHAR(50)	是			存放位置

（4）创建借还书表 borrow，借还书表 borrow 的结构如表 3-20 所示，只要求同时创建主键，不必创建外键。

表 3-20　　　　　　　　　　　　　　借还书表 borrow 的结构

字段名称	数据类型	是否允许空值	键	默认值	说明
rid	VARCHAR(12)	否	组合主键,外键 reader(rid)		读者编号
bid	CHAR(8)	否	组合主键,外键 book(bid)		图书编号
borrowtime	DATE	是			借书日期
returntime	DATE	是			还书日期

（5）显示数据库 librarydb 中所有数据表的名称。

（6）查看图书表 book 的基本结构。

（7）查看读者表 reader 的详细结构。

3．指定数据完整性约束

（1）为读者类别表 readertype 指定检查约束，即指定最大可借数量的范围为 0～30 本。

（2）为读者表 reader 指定外键约束，使其读者类别 typeno 字段的值必须是读者类别表 readertype 中类别编号 typeno 字段已经存在的值，并且要求当修改读者类别表 readertype 中的 typeno 字段的值时，读者表 reader 中的 typeno 字段的值也要随之变化。

（3）为读者表 reader 指定检查约束，即指定性别 sex 字段的值只能是"男"或"女"。

（4）修改读者表 reader 的默认值约束，使读者类别 typeno 字段的默认值为"1"。

（5）为图书表 book 指定检查约束，即指定定价 price 字段的值必须大于 0。

（6）为借还书表 borrow 指定外键约束，使其读者编号 rid 字段的值必须是读者表 reader 中读者编号 rid 字段已经存在的值，并且要求当删除或修改读者表 reader 中的读者编号 rid 字段的值时，如果借还书表 borrow 中该读者还有相关记录，则不得删除或修改。

（7）为借还书表 borrow 指定外键约束，使其图书编号 bid 字段的值必须是图书表 book 中图书编号 bid 字段已经存在的值，并且要求当删除图书表 book 中的某个图书编号 bid 时，如果借还书表 borrow 中该图书还有相关记录，则同时删除。

第

4 章　数据操作

数据操作主要包括对数据表中的数据进行插入、修改、删除和查询等操作。本章主要介绍数据表中数据的插入（INSERT）、修改（UPDATE）和删除（DELETE）语句。

【学习目标】

● 熟练掌握 INSERT、UPDATE 和 DELETE 语句。

● 了解不同的数据完整性约束对数据操作结果的影响。

4-1　插入数据

4.1　插入数据

创建数据库和数据表之后，下一步是向数据表中插入数据。使用 INSERT 或 REPLACE 语句可以向数据表中插入数据。INSERT 语句的基本语法格式如下。

```
INSERT [ IGNORE ] [ INTO ] 表名[( 字段名称 1 [ ， 字段名称 2 … ])]
VALUES ({ 表达式 1 | DEFAULT } [ ,{ 表达式 2 | DEFAULT } … ]);
```

说明如下。

（1）IGNORE：当插入不符合数据完整性约束的数据时，不执行该语句，而是当作一条警告进行处理。

（2）字段名称：指定需要插入数据的字段名称。如果要给全部字段插入数据，则字段名称可以省略。如果只给数据表中的一部分字段插入数据，则需要指定字段名称。

（3）VALUES 子句：指定各个字段需要插入的具体数据。数据的顺序必须与字段名称的顺序一致。若表名后没有给出字段名称，则在 VALUES 子句中必须按顺序给出每一个字段的值。如果为空值，则必须写为 NULL，否则会出错。

（4）表达式：可以是常量、变量或者一个表达式，也可以是空值。其值的数据类型要与字段的数据类型一致。当数据类型为字符串型或日期和时间型时，常量必须用英文单引号或双引号引起来。

（5）DEFAULT：插入该字段的默认值。

1．插入一条记录的全部数据

插入一条记录的全部数据时，可以省略字段名称，这时插入数据的顺序必须和数据表定义的字段顺序相同。

【例 4-1】 向院系表 department 中插入一条完整的院系数据（101，外国语学院，李大国）。

院系表 department 共有 3 个字段，分别是院系代码 deptno、院系名称 deptname 和负责人 director。插入数据时可以省略或者不省略字段名称。

（1）对所有插入数据省略字段名称

在 MySQL 命令行输入如下命令语句，执行结果如下。

```
mysql> INSERT INTO department
    -> VALUES("101","外国语学院","李大国");
Query OK, 1 row affected (0.01 sec)
```

> 由于院系表 department 中 3 个字段的数据类型都是字符串型，所以每个字段的数据
> 都要用英文双引号引起来。

（2）对所有插入数据不省略字段名称

插入同样的数据，需要在 MySQL 命令行输入如下命令语句，执行结果如下。

```
mysql> INSERT INTO department(deptno,deptname,director)
    -> VALUES("101","外国语学院","李大国");
Query OK, 1 row affected (0.01 sec)
```

> 主键相同的数据只能插入一个。

查看院系表 department 插入数据后的效果可以使用查询语句 SELECT * FROM department（SELECT 语句将在第 5 章详细介绍）实现。在 MySQL 命令行输入如下命令语句，执行结果如下。

```
mysql> SELECT * FROM department;
+--------+------------+----------+
| deptno | deptname   | director |
+--------+------------+----------+
| 101    | 外国语学院  | 李大国    |
+--------+------------+----------+
1 row in set (0.01 sec)
```

2. 插入一条记录的部分数据

插入一条记录的部分数据时，在插入语句中只需给出需要插入数据的字段名称及其对应的数据，其他字段对应的数据则取定义时的默认值或 NULL。

【例 4-2】向院系表 department 中插入一条院系数据（102，可再生能源学院），仅插入院系代码 deptno 和院系名称 deptname 字段的数据。

在 MySQL 命令行输入如下命令语句，执行结果如下。

```
mysql> INSERT INTO department(deptno,deptname)
    -> VALUES("102","可再生能源学院");
Query OK, 1 row affected (0.01 sec)
```

在 MySQL 命令行输入如下命令语句，查看院系表 department 中插入的数据，执行结果如下。

```
mysql> SELECT * FROM department;
+--------+----------------+----------+
| deptno | deptname       | director |
+--------+----------------+----------+
| 101    | 外国语学院      | 李大国    |
| 102    | 可再生能源学院  | 院长      |
+--------+----------------+----------+
2 rows in set (0.01 sec)
```

由于院系表 department 的负责人 director 字段指定了默认值为"院长"，因此该记录的 director 字段值自动插入了"院长"。

【例 4-3】向院系表 department 中插入一条院系数据（103，王莱），仅插入院系代码 deptno 和负责人 director 字段的数据。

在 MySQL 命令行输入如下命令语句，执行结果如下。

```
mysql> INSERT INTO department(deptno,director)
    -> VALUES("103","王莱");
Query OK, 1 row affected (0.01 sec)
```

在 MySQL 命令行输入如下命令语句，查看院系表 department 中插入的数据，执行结果如下。

```
mysql> SELECT * FROM department;
+--------+----------------+----------+
| deptno | deptname       | director |
```

```
      +--------+--------------------+----------+
      | 101    | 外国语学院          | 李大国   |
      | 102    | 可再生能源学院      | 院长     |
      | 103    | NULL               | 王莱     |
      +--------+--------------------+----------+
      3 rows in set (0.01 sec)
```

由于院系表 department 的院系名称 deptname 字段没有指定默认值约束，因此该记录的 deptname 字段默认取值为 NULL。

3. 插入多条记录的数据

插入多条记录的数据时，需要在插入语句的 VALUES 子句中指定多条数据，各条数据之间用英文逗号隔开。

【例 4-4】向院系表 department 中插入 3 条院系数据（104，电气与电子工程学院，马逊）、（105，经济与管理学院，周海明）和（106，控制与计算机工程学院，姜尚）。

在 MySQL 命令行输入如下命令语句，执行结果如下。

```
mysql> INSERT INTO department
    -> VALUES("104","电气与电子工程学院","马逊"),
    -> ("105","经济与管理学院","周海明"),
    -> ("106","控制与计算机工程学院","姜尚");
Query OK, 3 rows affected (0.01 sec)
Records: 3  Duplicates: 0  Warnings: 0
```

在 MySQL 命令行输入如下命令语句，查看院系表 department 中插入的数据，执行结果如下。

```
mysql> SELECT * FROM department;
+--------+--------------------------+----------+
| deptno | deptname                 | director |
+--------+--------------------------+----------+
| 101    | 外国语学院                | 李大国   |
| 102    | 可再生能源学院            | 院长     |
| 103    | NULL                     | 王莱     |
| 104    | 电气与电子工程学院        | 马逊     |
| 105    | 经济与管理学院            | 周海明   |
| 106    | 控制与计算机工程学院      | 姜尚     |
+--------+--------------------------+----------+
6 rows in set (0.01 sec)
```

4. 插入查询结果中的数据

将用 SELECT 语句获得的查询结果插入数据表中，需要使用 INSERT … SELECT 语句。其中 SELECT 语句会返回一个查询结果集，INSERT 语句会将这个结果集插入指定的数据表中，其语法格式如下。

```
INSERT [ IGNORE ] [ INTO ] 表名 1 [(字段名称 1 [ , 字段名称 2, … ])]
SELECT ( 字段名称 1 [ , 字段名称 2, … ])  FROM 表名 2;
```

说明如下。

（1）表名 1：待插入数据的表的名称。

（2）表名 2：数据来源表的名称。

（3）字段名称：两张表所列出的字段名称的数量必须相同且数据类型一致。

【例 4-5】新建数据表 department1，其结构与院系表 department 完全相同，然后将 department 表中的所有数据插入 department1 表中。

在 MySQL 命令行输入如下命令语句，执行结果如下。

```
mysql> CREATE TABLE department1 LIKE department;
Query OK, 0 rows affected (0.01 sec)

mysql> INSERT INTO department1 SELECT * FROM department;
Query OK, 6 rows affected (0.01 sec)
Records: 6  Duplicates: 0  Warnings: 0
```

此时 department1 与 department 两张表的结构和数据完全一样，实现了完整地复制数据表。在 MySQL 命令行输入如下命令语句，查看 department1 表中的数据，执行结果如下。

```
mysql> SELECT * FROM department1;
+--------+----------------------+----------+
| deptno | deptname             | director |
+--------+----------------------+----------+
| 101    | 外国语学院            | 李大国    |
| 102    | 可再生能源学院         | 院长      |
| 103    | NULL                 | 王莱      |
| 104    | 电气与电子工程学院      | 马逊      |
| 105    | 经济与管理学院         | 周海明    |
| 106    | 控制与计算机工程学院    | 姜尚      |
+--------+----------------------+----------+
6 rows in set (0.01 sec)
```

5．插入并替换已存在的数据

REPLACE 语句的语法格式与 INSERT 语句基本相同。但在插入的数据不满足主键约束时，REPLACE 语句可以在插入数据之前将与新数据冲突的旧数据删除，使新数据能够正常插入。

【例 4-6】向 department1 表中插入两条院系数据（101，外国语学院，李大国）和（107，数理学院，董蔚来），其中有一条数据与数据库中已有的数据完全相同。

在 MySQL 命令行输入如下命令语句，执行结果如下。

```
mysql> REPLACE INTO department1
    -> VALUES("101","外国语学院","李大国"),
    -> ("107","数理学院","董蔚来");
Query OK, 3 rows affected (0.01 sec)
Records: 2  Duplicates: 1  Warnings: 0
```

系统提示信息表明，此操作共涉及 3 行，插入了两条数据，其中有一条数据是重复的。

如果用 INSERT 语句插入这两条数据，则执行结果如下。

```
mysql> INSERT INTO department1
    -> VALUES("101","外国语学院","李大国"),
    -> ("107","数理学院","董蔚来");
ERROR 1062 (23000): Duplicate entry '101' for key 'department.PRIMARY'
```

系统提示错误信息，数据插入失败，原因是"101"主键值已经存在。

4.2　修改数据

在数据表中插入数据后，可以使用 UPDATE 语句对数据进行修改，其语法格式如下。

```
UPDATE 表名 SET 字段名称 1 = 值 1 [ , 字段名称 2 = 值 2 … ]
[ WHERE 条件 ];
```

说明如下。

（1）SET 子句：用于指定要修改的字段名称及其值。

4-2　修改数据

（2）WHERE 子句：用于限定要修改数据的记录，只有满足条件的记录才会被修改。如果省略 WHERE 子句，则默认修改所有的记录。

1．修改指定记录的数据

要修改指定记录的数据，需要使用 WHERE 子句指定要修改的记录应满足的条件。

【例 4-7】将 department1 表中院系代码 deptno 为 103 的院系名称 deptname 修改为"能源动力与机械工程学院"。

在 MySQL 命令行输入如下命令语句，执行结果如下。

```
mysql> UPDATE department1 SET deptname = "能源动力与机械工程学院"
    -> WHERE deptno = "103";
```

```
Query OK, 1 row affected (0.01 sec)
Rows matched: 1 Changed: 1 Warnings: 0
```

【例 4-8】将 department1 表中院系代码 deptno 为 102 的负责人 director 修改为"张国庆"。

在 MySQL 命令行输入如下命令语句，执行结果如下。

```
mysql> UPDATE department1 SET director = "张国庆"
    -> WHERE deptno = "102";
Query OK, 1 row affected (0.01 sec)
Rows matched: 1 Changed: 1 Warnings: 0
```

2．修改全部记录的数据

修改全部记录的数据时，不需要使用 WHERE 子句。

【例 4-9】将 department1 表中所有院系的负责人 director 均修改为"院长+姓名"的形式。例如，101 外国语学院的负责人应修改为"院长李大国"。

在 MySQL 命令行输入如下命令语句，执行结果如下。

```
mysql> UPDATE department1 SET director = CONCAT("院长",director);
Query OK, 7 rows affected (0.01 sec)
Rows matched: 7 Changed: 7 Warnings: 0
```

 CONCAT 函数的功能是将多个字符串连接成一个字符串。

在 MySQL 命令行输入如下命令语句，查看 department1 表的数据修改结果，执行结果如下。

```
mysql> SELECT * FROM department1;
+--------+---------------------------+-------------+
| deptno | deptname                  | director    |
+--------+---------------------------+-------------+
| 101    | 外国语学院                 | 院长李大国   |
| 102    | 可再生能源学院             | 院长张国庆   |
| 103    | 能源动力与机械工程学院      | 院长王莱     |
| 104    | 电气与电子工程学院         | 院长马逊     |
| 105    | 经济与管理学院             | 院长周海明   |
| 106    | 控制与计算机工程学院        | 院长姜尚     |
| 107    | 数理学院                   | 院长董蔚来   |
+--------+---------------------------+-------------+
7 rows in set (0.01 sec)
```

可以看到，所有记录的负责人 director 均已修改为"院长+姓名"的形式。

4.3 删除数据

4-3 删除数据

在数据表中插入数据后，可以使用 DELETE 语句删除数据，其语法格式如下。

```
DELETE FROM 表名 [ WHERE 条件 ];
```

1．删除满足指定条件的数据

要删除满足指定条件的数据，需要使用 WHERE 子句来指定要删除的数据应满足的条件。

【例 4-10】将 department1 表中院系代码 deptno 为 101 的数据删除。

在 MySQL 命令行输入如下命令语句，执行结果如下。

```
mysql> DELETE FROM department1
    -> WHERE deptno = "101";
Query OK, 1 row affected (0.01 sec)
```

2．删除全部数据

删除全部数据有两种方式：一种是使用不带 WHERE 子句的 DELETE 语句，此时会删除数据表中的所有数据，但仍然会在数据库中保留数据表的定义；另一种是使用 TRUNCATE 语句，此时会删除原来的数据表并重新创建数据表。

（1）使用 DELETE 语句删除全部数据

【例 4-11】使用 DELETE 语句删除 department1 表中的所有院系数据。

在 MySQL 命令行输入如下命令语句，执行结果如下。

```
mysql> DELETE FROM department1;
Query OK, 6 rows affected (0.01 sec)
```

department1 表中原本有 7 条数据，前面删除了一条院系代码为 101 的数据，这里把剩下的 6 条数据全部删除了。

（2）使用 TRUNCATE 语句删除全部数据

由于 TRUNCATE 语句用来删除原来的数据表并重新创建数据表，而不是逐行删除数据表中的数据，因此其执行速度比 DELETE 语句快，其语法格式如下。

```
TRUNCATE [ TABLE ] 表名;
```

【例 4-12】使用 TRUNCATE 语句删除 department1 表中的所有院系数据。

在 MySQL 命令行输入如下命令语句，执行结果如下。

```
mysql> TRUNCATE department1;
Query OK, 0 rows affected (0.02 sec)
```

由于前面已经删除了 department1 表中的所有院系数据，因此提示信息显示删除了 0 行数据。这时在 MySQL 命令行输入如下命令语句，查看 department1 表中的数据，执行结果如下。

```
mysql> SELECT * FROM department1;
Empty set (0.00 sec)
```

可以看到，department1 表中的数据已经全部删除。

4.4 课堂案例：学生成绩管理数据库的数据操作

根据第 3 章课堂案例中对学生成绩管理数据库的数据定义，可知学生成绩管理数据库一共有 6 张数据表，本节要完成对这 6 张表的数据操作。

1. 插入各张表中的数据

对于创建数据表时指定了外键约束、建立了参照完整性的子表，必须先插入父表中的数据，然后才能插入子表中的数据。在插入数据时，不满足外键约束的数据不能插入。例如，学生表 student 和院系表 department 之间存在外键约束，department 表是父表、student 表是子表，外键约束要求 student 表中的院系代码 deptno 字段值要么为空值，要么是 department 表中已经存在的主键值。因此，这里必须先插入 department 表中的数据，然后才能插入 student 表中的数据。

（1）向院系表 department 中插入表 4-1 所示的院系数据。如果前面已经插入过数据，则进行覆盖。

表 4-1 院系表 department 中的院系数据

院系代码	院系名称	负责人
101	外国语学院	李大国
102	可再生能源学院	张国庆
103	能源动力与机械工程学院	王莱
104	电气与电子工程学院	马逊
105	经济与管理学院	周海明
106	控制与计算机工程学院	姜尚
107	数理学院	董蔚来
108	新能源学院	孙磊仕

向院系表 department 中插入并覆盖院系数据的 REPLACE 语句如下，这里只给出了前 5 条数据的插入方法，其他数据的插入方法以此类推。

```
mysql> REPLACE INTO department
    -> VALUES("101","外国语学院","李大国"),
    -> ("102","可再生能源学院","张国庆"),
    -> ("103","能源动力与机械工程学院","王莱"),
    -> ("104","电气与电子工程学院","马逊"),
    -> ("105","经济与管理学院","周海明");
Query OK, 10 rows affected (0.01 sec)
Records: 5 Duplicates: 5 Warnings: 0
```

由于前 5 条数据前面已经插入过，因此系统提示成功插入了 5 条重复的数据。

（2）向学生表 student 中插入表 4-2 所示的学生数据。

表 4-2　　　　　　　　　　　　　　学生表 student 中的学生数据

学号	姓名	性别	出生日期	政治面貌	班级	院系代码	入学总分	奖惩情况
120211010103	宋洪博	男	2003-05-15	党员	英语2101	101	698	三好学生，一等奖学金
120211010105	刘向志	男	2002-10-08	团员	英语2101	101	625	
120211010230	李媛媛	女	2003-09-02	团员	英语2102	101	596	
120211030110	王琦	男	2003-01-23	团员	机械2101	103	600	优秀学生干部，二等奖学金
120211030409	张虎	男	2003-07-18	群众	机械2104	103	650	北京市数学建模一等奖
120211040101	王晓红	女	2002-09-02	团员	电气2101	104	630	
120211040108	李明	男	2002-12-27	党员	电气2101	104	650	
120211041102	李华	女	2003-01-01	团员	电气2111	104	648	
120211041129	侯明斌	男	2002-12-03	党员	电气2111	104	617	
120211050101	张函	女	2003-03-07	团员	财务2101	105	663	
120211050102	唐明卿	女	2002-10-15	群众	财务2101	105	548	国家二级运动员
120211060104	王刚	男	2004-01-12	团员	计算2101	106	678	
120211060206	赵壮	男	2003-03-13	团员	计算2102	106	605	
120211070101	李淑子	女	2003-06-14	党员	物理2101	107	589	
120211070106	刘丽	女	2002-11-17	团员	物理2101	107	620	
120211080101	戴明明	男	2003-01-15	团员	水电2101	108	610	

向学生表 student 中插入学生数据的 INSERT 语句如下，这里只给出了前 5 条数据的插入方法，其他数据的插入方法以此类推。如果奖惩情况无数据，则 awards 字段可以插入空值（NULL）或者双引号引起来的空字符串（""）。

```
mysql> INSERT INTO student
    -> VALUES("120211010103","宋洪博","男","2003-05-15","党员","英语2101","101",
698, "三好学生，一等奖学金"),
    -> ("120211010105","刘向志","男","2002-10-08","团员","英语2101","101", 625,
NULL),
    -> ("120211010230","李媛媛","女","2003-09-02","团员","英语2102","101",
596,""),
    -> ("120211030110","王琦","男","2003-01-23","团员","机械2101","103",600,
"优秀学生干部，二等奖学金"),
    -> ("120211030409","张虎","男","2003-07-18","群众","机械2104","103",650,
"北京市数学建模一等奖");
Query OK, 5 rows affected (0.01 sec)
Records: 5 Duplicates: 0 Warnings: 0
```

（3）向课程表 course 中插入表 4-3 所示的课程数据。

表 4-3　　　　　　　　　　　　　　课程表 course 中的课程数据

课程编号	课程名称	学时
10101400	学术英语	64
10101410	通用英语	48
10300710	现代控制理论	40
10400350	模拟电子技术基础	56
10500131	证券投资学	32
10600200	高级语言程序设计	56
10600450	无线网络安全	32
10600611	数据库应用	56
10700053	大学物理	56
10700140	高等数学	64
10700462	线性代数	48

向课程表 course 中插入课程数据的 INSERT 语句如下，这里只给出了前 5 条数据的插入方法，其他数据的插入方法以此类推。

```
mysql> INSERT INTO course
    -> VALUES("10101400","学术英语",64),
    -> ("10101410","通用英语",48),
    -> ("10300710","现代控制理论",40),
    -> ("10400350","模拟电子技术基础",56),
    -> ("10500131","证券投资学",32);
Query OK, 5 rows affected (0.01 sec)
Records: 5  Duplicates: 0  Warnings: 0
```

（4）向教师表 teacher 中插入表 4-4 所示的教师数据。

表 4-4　　　　　　　　　　　　　　教师表 teacher 中的教师数据

教师工号	姓名	性别	职称	院系代码
10100391	杨丽	女	副教授	101
10112583	周家罗	男	教授	101
10309242	宋江科	男	教授	103
10423769	林达	女	教授	104
10501561	赵晓丽	女	副教授	105
10610910	王平	男	教授	106
10611295	马丽	女	讲师	106
10631218	李亚明	男	讲师	106
10701274	孟凯彦	男	讲师	107
10710050	朱军	男	教授	107

向教师表 teacher 中插入教师数据的 INSERT 语句如下，这里只给出了前 5 条数据的插入方法，其他数据的插入方法以此类推。

```
mysql> INSERT INTO teacher
    -> VALUES("10100391","杨丽","女","副教授","101"),
```

```
    -> ("10112583","周家罗","男","教授","101"),
    -> ("10309242","宋江科","男","教授","103"),
    -> ("10423769","林达","女","教授","104"),
    -> ("10501561","赵晓丽","女","副教授","105");
Query OK, 5 rows affected (0.01 sec)
Records: 5  Duplicates: 0  Warnings: 0
```

（5）向选修成绩表 score 中插入表 4-5 所示的选修成绩数据。

表 4-5 　　　　　　　　　　　选修成绩表 score 中的选修成绩数据

学号	课程编号	成绩	学年	学期
120211010103	10101400	85	2021-2022	2
120211010103	10500131	93	2021-2022	1
120211010103	10600611	88	2021-2022	1
120211010103	10700140	70	2021-2022	1
120211010105	10101400	68	2021-2022	2
120211010105	10500131	89	2021-2022	1
120211010105	10600611	90	2021-2022	1
120211010105	10700140	76	2021-2022	1
120211010230	10101400	86	2021-2022	2
120211010230	10500131	34	2021-2022	1
120211010230	10600611	76	2021-2022	1
120211010230	10700140	100	2021-2022	2
120211030110	10600611	89	2021-2022	1
120211030110	10700053	80	2021-2022	1
120211030110	10700140	95	2021-2022	1
120211041102	10300710	76	2021-2022	2
120211041102	10400350	91	2021-2022	2
120211041102	10600611	90	2021-2022	1
120211041102	10700140	70	2021-2022	1
120211041129	10500131	76	2021-2022	1
120211041129	10600200	69	2021-2022	1
120211041129	10600611	88	2021-2022	1
120211041129	10700053	81	2021-2022	1
120211050101	10101400	65	2021-2022	1
120211050101	10101410	70	2021-2022	1
120211050101	10500131	92	2021-2022	2
120211050101	10600611	95	2021-2022	1
120211050102	10101410	90	2021-2022	1
120211050102	10500131	77	2021-2022	2
120211050102	10600200	61	2021-2022	1
120211050102	10700140	80	2021-2022	1
120211060104	10700053	45	2021-2022	2
120211060104	10700140	95	2021-2022	1
120211070101	10400350	85	2021-2022	1
120211070101	10700140	66	2021-2022	1

向选修成绩表 score 中插入选修成绩数据的 INSERT 语句如下，这里只给出了前 5 条数据的插入方法，其他数据的插入方法以此类推。

```
mysql> INSERT INTO score
    -> VALUES("1202211010103","10101400",85,"2021-2022","2"),
    -> ("1202211010103","10500131",93,"2021-2022","1"),
    -> ("1202211010103","10600611",88,"2021-2022","1"),
    -> ("1202211010103","10700140",70,"2021-2022","1"),
    -> ("1202211010105","10101400",68,"2021-2022","2");
Query OK, 5 rows affected (0.01 sec)
Records: 5 Duplicates: 0 Warnings: 0
```

（6）向讲授安排表 teaching 中插入表 4-6 所示的讲授安排数据。

表 4-6　　　　　　　　　　　　讲授安排表 teaching 中的讲授安排数据

班级	教师工号	课程编号
英语 2101	10100391	10101400
财务 2101	10100391	10101400
英语 2102	10112583	10101400
财务 2101	10112583	10101410
电气 2111	10309242	10300710
物理 2101	10423769	10400350
电气 2111	10423769	10400350
电气 2111	10501561	10500131
英语 2101	10501561	10500131
英语 2102	10501561	10500131
财务 2101	10501561	10500131
英语 2101	10610910	10600611
英语 2102	10610910	10600611
财务 2101	10610910	10600200
电气 2111	10611295	10600200
财务 2101	10611295	10600611
机械 2101	10631218	10600611
电气 2111	10631218	1060061
物理 2101	10701274	10700140
电气 2111	10701274	10700053
计算 2101	10701274	10700053
计算 2101	10701274	10700140
财务 2101	10701274	10700140
机械 2101	10710050	10700053
机械 2101	10710050	10700140
电气 2111	10710050	10700140
英语 2101	10710050	10700140
英语 2102	10710050	10700140

向讲授安排表 teaching 中插入讲授安排数据的 INSERT 语句如下，这里只给出了前 5 条数据的插入方法，其他数据的插入方法以此类推。

```
mysql> INSERT INTO teaching
    -> VALUES("英语2101","10100391","10101400"),
    -> ("财务2101","10100391","10101400") ,
    -> ("英语2102","10112583","10101400"),
    -> ("财务2101","10112583","10101410"),
    -> ("电气2111","10309242","10300710");
Query OK, 5 rows affected (0.01 sec)
Records: 5  Duplicates: 0  Warnings: 0
```

2．修改表中的数据

当修改未指定外键约束的字段值时，不受任何限制，可以直接修改。但是，只要设置了外键约束，对父表的主键字段值和子表的外键字段值的修改就一定会受到参照完整性的限制。例如，对于学生表 student 和院系表 department 之间的外键约束，修改子表 student 中的院系代码 deptno 外键字段值时，要么为空值，要么是院系表 department 中已经存在的主键值；修改父表 department 中的院系代码 deptno 主键字段值时，如果外键约束中未设置 ON UPDATE 选项，而且子表 student 中存在该院系的学生，则不允许修改。如果设置了 ON UPDATE 选项，则不同的选项有不同的效果，说明如下。

① RESTRICT：如果 student 表中存在该院系的学生，则不允许修改，否则允许修改。

② CASCADE：允许修改，并且同时自动修改 student 表中该院系的所有学生的院系代码 deptno 字段的值为新的院系代码。

③ SET NULL：允许修改，并且同时自动修改 student 表中该院系的所有学生的院系代码 deptno 字段的值为 NULL。

④ NO ACTION：不采取动作，其作用和 RESTRICT 一样。

⑤ SET DEFAULT：允许修改，并且同时自动修改 student 表中该院系所有学生的院系代码 deptno 字段的值为默认值。

根据第 3 章课堂案例中学生成绩管理数据库的数据定义，在指定 student 表和 department 表之间的外键约束时，设置了 ON UPDATE 选项为 CASCADE。下面通过具体的例子来深入了解外键约束对修改表中数据的影响。

（1）由于学生转专业，因此需要将学号 sno 为 120211080101 的班级 classno 修改为"风电 2101"，院系不变。

在 MySQL 命令行输入如下命令语句，执行结果如下。

```
mysql> UPDATE student SET classno = "风电2101" WHERE  sno = "120211080101";
Query OK, 1 row affected (0.01 sec)
Rows matched: 1  Changed: 1  Warnings: 0
```

由于班级 classno 字段既不是主键也不是外键，因此可以直接修改。

（2）学校进行院系调整，需要将新能源学院的院系代码 deptno 由原来的 108 调整为 111。

在 MySQL 命令行输入如下命令语句，执行结果如下。

```
mysql> UPDATE department SET deptno = "111" WHERE deptno = "108";
Query OK, 1 row affected (0.01 sec)
Rows matched: 1  Changed: 1  Warnings: 0
```

由于子表 student 的外键约束设置了 ON UPDATE 选项为 CASCADE，所以在 student 表中该学院学生的 deptno 也会同时自动修改为 111。在 MySQL 命令行输入如下命令语句，查看 department 表的修改结果，以及对 student 表中相关数据的影响情况，执行结果如下。

```
mysql> SELECT * FROM department WHERE deptno = "111";
+--------+------------+----------+
| deptno | deptname   | director |
+--------+------------+----------+
| 111    | 新能源学院 | 孙磊仕   |
```

```
+----------+------------+------------+
1 row in set (0.01 sec)

mysql> SELECT * FROM student WHERE deptno = "111";
+-------------+---------+-----+------------+--------+----------+--------+------------+--------+
| sno         | sname   | sex | birthdate  | party  | classno  | deptno | enterscore | awards |
+-------------+---------+-----+------------+--------+----------+--------+------------+--------+
| 120211080101| 戴明明  | 男  | 2003-01-15 | 团员   | 风电2101 | 111    |        610 |        |
+-------------+---------+-----+------------+--------+----------+--------+------------+--------+
1 row in set (0.01 sec)
```

3. 删除表中的数据

指定外键约束后，删除子表中的数据时不受影响，但删除父表中的数据时一定会受到参照完整性的限制。例如，对于学生表 student 与院系表 department 之间的外键约束，删除子表 student 中的数据不受影响（这里暂时忽略学生表 student 和选修成绩表 score 之间的外键约束）；但删除父表 department 中的数据时，如果外键约束中未设置 ON DELETE 选项，而且子表 student 中存在该院系的学生，则不允许删除。如果设置了 ON DELETE 选项，则不同的选项有不同的效果，说明如下。

① RESTRICT：如果 student 表中存在该院系的学生，则不允许删除，否则允许删除。

② CASCADE：允许删除，并且同时自动删除 student 表中该院系的所有学生数据。

③ SET NULL：允许删除，并且同时自动修改 student 表中该院系的所有学生的院系代码 deptno 字段的值为 NULL。

④ NO ACTION：不采取动作，其作用和 RESTRICT 一样。

⑤ SET DEFAULT：允许删除，并且同时自动修改 student 表中该院系所有学生的院系代码 deptno 字段的值为默认值。

根据第 3 章课堂案例中学生成绩管理数据库的数据定义，在指定 student 表和 department 表之间的外键约束时并未设置 ON DELETE 选项，则默认是 RESTRICT。下面通过具体的例子来深入了解外键约束对删除表中数据的影响。

（1）由于院系代码为 111 的新能源学院已经全部并入可再生能源学院，因此要在院系表 department 中删除新能源学院。

在 MySQL 命令行输入如下命令语句，执行结果如下。

```
mysql> DELETE FROM department
    -> WHERE deptno = "111";
ERROR 1451 (23000): Cannot delete or update a parent row: a foreign key constraint
fails (`scoredb`.`student`, CONSTRAINT `student_ibfk_1` FOREIGN KEY (`deptno`)
REFERENCES `department` (`deptno`) ON UPDATE CASCADE)
```

由于子表 student 中有新能源学院的学生戴明明，因此出现错误提示信息，并拒绝删除该学院。

在 RESTRICT 选项下，要想删除父表中的数据，必须保证子表中没有与该数据相关的记录。

（2）由于学号为 120211080101 的学生戴明明退学了，因此需要在学生表 student 中删除该学生。

```
mysql> DELETE FROM student
    -> WHERE sno = "120211080101";
Query OK, 1 row affected (0.01 sec)
```

虽然在第 3 章课堂案例学生成绩管理数据库的数据定义中，没有对父表 student 和子表 score 之间的外键约束设置 ON DELETE 选项，但是因为子表 score 中没有该学生的选修成绩数据，所以该学生删除成功。这时，再次在 department 表中删除院系代码为 111 的新能源学院，一定能成功。

在 MySQL 命令行输入如下命令语句，执行结果如下。

```
mysql> DELETE FROM department
    -> WHERE deptno = "111";
Query OK, 1 row affected (0.01 sec)
```

【习题】

一、单项选择题

1. 在 MySQL 数据库中，数据操作的基本语句不包括（ ）语句。
   A. INSERT   B. UPDATE   C. DELETE   D. CREATE

2. 在 MySQL 数据操作的基本语句中，用于删除表中数据的是（ ）语句。
   A. INSERT   B. UPDATE   C. DELETE   D. REPLACE

3. 下列关于 INSERT 语句的描述，错误的是（ ）。
   A. 可以向表中插入若干条数据
   B. 可以在表中任意位置插入数据
   C. 可以把一张表中的多条数据插入另一张表中
   D. 当省略所有字段名称时，表示全部字段

4. 执行 INSERT 语句时，如果未指定字段名称，则表示（ ）。
   A. 可以随便给定字段值   B. 只需给定主键值
   C. 必须给定每个字段的值   D. 只需给定有约束限制的字段值

5. 下列关于 REPLACE 语句的描述，正确的是（ ）。
   A. 主键重复时，直接修改原有数据   B. 主键重复时，先删除原有数据，再插入新数据
   C. 主键重复时，无法插入新数据   D. 主键重复时，将原有数据的主键值修改为 NULL

6. UPDATE 语句的功能是（ ）。
   A. 定义数据   B. 修改数据   C. 查询数据   D. 删除数据

7. 下列关于 UPDATE 语句的描述，正确的是（ ）。
   A. 一次只能修改一个字段的数据   B. 可以修改字段的数据类型
   C. 一次可以修改所有字段的数据   D. 可以修改字段的名称

8. 以下在学生表 student 中删除学生"张三"的语句，正确的是（ ）。
   A. DELETE FROM student WHERE sname = "张三";
   B. DELETE * FROM student WHERE sname = "张三";
   C. DROP FROM student WHERE sname = "张三";
   D. DROP * FROM student WHERE sname = "张三";

9. 要快速完全清空一张表中的数据，可使用（ ）语句。
   A. TRUNCATE TABLE   B. DELETE TABLE
   C. DROP TABLE   D. CLEAR TABLE

10. 下列关于 DELETE 和 TRUNCATE TABLE 语句的说法，正确的是（ ）。
    A. 两者都可以删除满足指定条件的数据
    B. 前者可以删除满足指定条件的数据，后者不能
    C. 后者可以删除满足指定条件的数据，前者不能
    D. 两条语句必须配合使用才能删除满足指定条件的数据

二、填空题

1. 向数据表中插入数据，可以使用 INSERT 或_____语句。

2. 插入一条记录的全部数据时，可以省略字段名称，这时插入数据的顺序必须和_____顺序相同。

3. 要修改指定记录的数据，需要通过_____子句指定要修改的记录应满足的条件。

4. 对于创建数据表时指定了_____约束的子表，必须先插入父表中的数据，然后才能插入子表中的数据。

5. 删除父表中的数据时，如果子表的 ON UPDATE 选项设置为_____，那么将同时自动删除子表中相关联的所有数据。

【项目实训】图书馆借还书管理数据库的数据操作

一、实训目的

（1）掌握插入、修改和删除数据的基本方法。

（2）掌握不同的外键约束选项对数据操作结果的影响。

二、实训内容

1. 向图书馆借还书管理数据库 librarydb 中的各张表插入数据

（1）将表 4-7 所示的数据插入读者类别表 readertype 中。

表 4-7　　　　　　　　　　　　读者类别表 readertype 中的数据

类别编号	类别名称	最大可借数量	最多可借天数
1	教师	20	90
2	学生	15	60

（2）将表 4-8 所示的数据插入读者表 reader 中。

表 4-8　　　　　　　　　　　　读者表 reader 中的数据

读者编号	读者姓名	性别	读者类别	所属院系	联系电话
10100391	杨丽	女	1	外国语学院	92331458
10501561	赵晓丽	女	1	经济与管理学院	92337521
120211010103	宋洪博	男	2	外国语学院	81771211
120211041129	侯明斌	男	2	电气与电子工程学院	81771234
120211070101	李淑子	女	2	数理学院	81775643
120211070106	刘丽	女	2	数理学院	81775644

（3）将表 4-9 所示的数据插入图书表 book 中。

表 4-9　　　　　　　　　　　　图书表 book 中的数据

图书编号	书名	作者	出版社	出版日期	定价	库存数量	存放位置
00539040	大学物理辅导	吕金钟	清华大学出版社	2020-03-01	52.00	18	一层 C-18-4
00551060	PLC 应用技术	黄中玉	人民邮电出版社	2018-09-01	42.00	10	一层 E-12-5
00632333	数学分析习题演练	周民强	科学出版社	2020-01-01	65.00	10	一层 J-6-1
00868171	物理学中的群论基础	徐建军	清华大学出版社	2010-09-01	287.80	3	一层 D-5-6
01059432	FPGA 设计	张义和	科学出版社	2013-07-01	52.00	9	一层 D-1-3
01086319	空间信息数据库	牛新征	人民邮电出版社	2014-04-01	65.00	6	二层 A-4-1
01244785	MATLAB 科学计算	温正	清华大学出版社	2017-08-01	99.00	4	二层 C-12-2
01257680	SQL 进阶教程	MICK	人民邮电出版社	2017-11-01	79.00	8	二层 B-8-2
01315502	MySQL 数据库管理实战	甘长春	人民邮电出版社	2019-04-01	99.00	8	二层 B-10-1
01331088	大数据技术基础	薛志东	人民邮电出版社	2018-08-01	55.00	12	二层 F-3-4

（4）将表 4-10 所示的数据插入借还书表 borrow 中。

表 4-10 　　　　　　　　　　借还书表 borrow 中的数据

读者编号	图书编号	借书日期	还书日期
10100391	01086319	2022-06-03	2022-07-10
10100391	01331088	2022-06-03	
10501561	00868171	2022-03-01	2022-04-28
10501561	01086319	2022-03-01	2022-04-28
10501561	01244785	2022-06-30	
10501561	01315502	2022-03-18	2022-04-28
10501561	01331088	2022-06-30	
120211010103	00539040	2022-03-15	2022-04-27
120211010103	00632333	2022-03-15	2022-04-27
120211010103	01315502	2022-04-10	
120211041129	00539040	2022-03-10	2022-05-05
120211041129	00632333	2022-03-10	2022-05-05
120211041129	01257680	2022-07-01	
120211041129	01315502	2022-06-22	2022-07-01
120211070101	00632333	2022-04-06	2022-07-03

（5）有两位新入职的老师申请办理图书馆业务，教师的信息如表 4-11 所示，请将他们的信息插入读者表 reader 中。

表 4-11 　　　　　　　　　　新入职教师的信息

读者编号	读者姓名	性别	读者类别	所属院系	联系电话
10631218	李亚明	男	1	控制与计算机工程学院	92331921
10701274	孟凯彦	男	1	数理学院	92336872

（6）图书馆进了一本新书，新书信息如表 4-12 所示，请将该图书信息插入图书表 book 中。

表 4-12 　　　　　　　　　　新书信息

图书编号	书名	作者	出版社	出版日期	定价	总数量	存放位置
01351006	Access 数据库教程	苏林萍	人民邮电出版社	2021-07-01	59.80	10	二层 F-4-6

2．修改表中的数据

（1）读者 10631218 于 2022 年 7 月 5 日借阅了一本图书 01351006，请在 borrow 表中添加该读者对该书的借还书数据，并在 book 表中将该图书的库存数量减 1（假定该图书库存充足可借）。

（2）读者 10631218 归还了借阅的图书 01351006，还书日期为系统当前日期，请修改 borrow 表中相应的借还书数据，并在 book 表中将该图书的库存数量加 1。

3．删除表中的数据

（1）读者 10701274 孟凯彦离职了，请将其从读者表 reader 中删除。

（2）读者 10631218 李亚明也离职了，请将其从读者表 reader 中删除，并思考不能删除的原因（外键约束）。

（3）由于图书 01351006 全部损毁，不再提供借阅，请从图书表 book 中将该图书删除。删除该图书后，请查看 borrow 表中与该图书相关的借还书数据是否还存在，并思考原因（外键约束）。

第5章 数据查询

数据查询是数据库中使用最频繁的操作,可以从一张表或多张表中按照指定的条件检索出需要的数据。本章主要介绍单表查询、使用聚合函数查询、多表查询、子查询、联合查询等内容。

【学习目标】

● 掌握 SELECT 语句的语法。
● 熟练运用 SELECT 语句实现单表查询。
● 熟练运用聚合函数实现统计查询。
● 掌握多表的连接操作,实现多表查询。
● 掌握子查询和联合查询。

5.1 数据查询语句

数据查询使用的 SQL 语句是 SELECT 语句,SELECT 语句是从数据表检索数据的命令,使用该语句可以实现对表中数据的选择、投影和连接等运算,返回指定的数据表中的全部或部分满足条件的数据集合。

SELECT 语句是 SQL 的核心,其基本语法格式如下。

```
SELECT [ ALL | DISTINCT ] 字段名称 1 或表达式 1 [ ,字段名称 2 或表达式 2 … ]
    [ FROM 表名 1 [ ,表名 2 … ] ]
    [ WHERE 条件 ]
    [ GROUP BY 字段名称 1 或表达式 1 或字段编号 1 [ ,字段名称 2 或表达式 2 或字段编号 2 … ]]
    [ HAVING 条件 ]
    [ ORDER BY 字段名称 1 或表达式 1 或字段编号 1 [ ASC | DESC ] [ ,… ] ]
    [ LIMIT {[ 偏移量,] 行数 | 行数 OFFSET 偏移量 }];
```

5-1 SELECT 语句
格式

SELECT 语句的功能:从 FROM 子句指定的数据源返回满足 WHERE 子句指定条件的数据集合,该数据集合中只包含 SELECT 语句中指定的字段或表达式。

说明如下。

(1) SELECT 子句:指定查询结果中要显示的字段或表达式。查询结果是满足条件的全部数据,默认值是 ALL,DISTINCT 的含义是查询结果不包含重复的数据。

(2) FROM 子句:指定查询的数据源。数据源可以是一张表或多张表,也可以是视图。

(3) WHERE 子句:指定查询的条件,筛选出满足条件的数据。

(4) GROUP BY 子句:指定对数据进行分组的方式。

(5) HAVING 子句:指定分组满足的条件,必须与 GROUP BY 一起使用。

(6) ORDER BY 子句:指定查询结果的排序方式。ASC 表示升序,是默认值;DESC 表示降序。

(7) LIMIT 子句:指定查询结果所包含的记录条数。

SELECT 语句中各子句的执行顺序为：FROM→WHERE→GROUP BY→HAVING→SELECT→DISTINCT→ORDER BY。

5.2 单表查询

单表查询是指从一张表中查询数据，FROM 子句后只有一张表，不涉及表之间的连接操作，是比较简单的查询。

5.2.1 简单数据查询

简单数据查询是从 FROM 子句指定的表中显示出 SELECT 子句中指定的字段或表达式，其语法格式如下。

```
SELECT [ ALL | DISTINCT ] 字段名称 1 或表达式 1 [ ，字段名称 2 或表达式 2 … ]
FROM 表名；
```

1. 显示字段

显示字段需要进行投影运算，查询结果中只显示指定的字段或表达式。

（1）显示全部字段

在 SELECT 子句中使用 "*" 时，表示查询结果包括表中的全部字段。

【例 5-1】查询课程表 course 中的全部字段。

在 MySQL 命令行输入如下命令语句。

```
mysql> SELECT * FROM course;
```

在 SELECT 语句中，"*" 表示 course 表中的全部字段，查询结果如下。

```
+----------+------------------+-------+
| cno      | cname            | hours |
+----------+------------------+-------+
| 10101400 | 学术英语          |    64 |
| 10101410 | 通用英语          |    48 |
| 10300710 | 现代控制理论      |    40 |
| 10400350 | 模拟电子技术基础   |    56 |
| 10500131 | 证券投资学        |    32 |
| 10600200 | 高级语言程序设计   |    56 |
| 10600450 | 无线网络安全      |    32 |
| 10600611 | 数据库应用        |    56 |
| 10700053 | 大学物理          |    56 |
| 10700140 | 高等数学          |    64 |
| 10700462 | 线性代数          |    48 |
+----------+------------------+-------+
11 rows in set (0.00 sec)
```

（2）显示指定的字段

显示指定的字段需要在 SELECT 之后列出要显示的字段名称，多个字段名称之间用英文逗号进行分隔。

【例 5-2】查询学生表 student 中所有学生的学号 sno、姓名 sname 和出生日期 birthdate。

在 MySQL 命令行输入如下命令语句。

```
mysql> SELECT sno, sname, birthdate
    -> FROM student;
```

查询结果如下。

```
+--------------+--------+------------+
| sno          | sname  | birthdate  |
+--------------+--------+------------+
| 120211010103 | 宋洪博  | 2003-05-15 |
| 120211010105 | 刘向志  | 2002-10-08 |
```

```
| 120211010230 | 李媛媛  | 2003-09-02 |
| 120211030110 | 王琦    | 2003-01-23 |
| 120211030409 | 张虎    | 2003-07-18 |
| 120211040101 | 王晓红  | 2002-09-02 |
| 120211040108 | 李明    | 2002-12-27 |
| 120211041102 | 李华    | 2003-01-01 |
| 120211041129 | 侯明斌  | 2002-12-03 |
| 120211050101 | 张函    | 2003-03-07 |
| 120211050102 | 唐明卿  | 2002-10-15 |
| 120211060104 | 王刚    | 2004-01-12 |
| 120211060206 | 赵壮    | 2003-03-13 |
| 120211070101 | 李淑子  | 2003-06-14 |
| 120211070106 | 刘丽    | 2002-11-17 |
+--------------+--------+------------+
15 rows in set (0.01 sec)
```

SELECT 子句中各字段的先后顺序与数据表中的顺序可以不一致，用户可以根据自己的需要改变字段的显示顺序。例如，可以按照姓名 sname、学号 sno 和出生日期 birthdate 的顺序显示查询结果。

在 MySQL 命令行输入如下命令语句。

```
mysql> SELECT sname, sno, birthdate
    -> FROM student;
```

查询结果如下。

```
+--------+--------------+------------+
| sname  | sno          | birthdate  |
+--------+--------------+------------+
| 宋洪博 | 120211010103 | 2003-05-15 |
| 刘向志 | 120211010105 | 2002-10-08 |
| 李媛媛 | 120211010230 | 2003-09-02 |
| 王琦   | 120211030110 | 2003-01-23 |
| 张虎   | 120211030409 | 2003-07-18 |
| 王晓红 | 120211040101 | 2002-09-02 |
| 李明   | 120211040108 | 2002-12-27 |
| 李华   | 120211041102 | 2003-01-01 |
| 侯明斌 | 120211041129 | 2002-12-03 |
| 张函   | 120211050101 | 2003-03-07 |
| 唐明卿 | 120211050102 | 2002-10-15 |
| 王刚   | 120211060104 | 2004-01-12 |
| 赵壮   | 120211060206 | 2003-03-13 |
| 李淑子 | 120211070101 | 2003-06-14 |
| 刘丽   | 120211070106 | 2002-11-17 |
+--------+--------------+------------+
15 rows in set (0.00 sec)
```

2. 显示字段的别名

查询结果默认的列标题是字段名称本身，也可以使用 AS 指定显示结果的列标题。例如，表中的字段名称都是英文，为了方便用户理解字段的含义，可以使用 AS 给字段指定中文别名。

【例 5-3】查询学生表 student 中所有学生的学号 sno、姓名 sname 和出生日期 birthdate，并且分别为这 3 个字段指定中文别名。

在 MySQL 命令行输入如下命令语句。

```
mysql> SELECT sno AS 学号, sname AS 姓名, birthdate AS 出生日期
    -> FROM student;
```

5-2　显示字段列
的别名

79

查询结果如下。

```
+--------------+----------+--------------+
| 学号          | 姓名      | 出生日期       |
+--------------+----------+--------------+
| 120211010103 | 宋洪博    | 2003-05-15   |
| 120211010105 | 刘向志    | 2002-10-08   |
| 120211010230 | 李媛媛    | 2003-09-02   |
| 120211030110 | 王琦      | 2003-01-23   |
| 120211030409 | 张虎      | 2003-07-18   |
| 120211040101 | 王晓红    | 2002-09-02   |
| 120211040108 | 李明      | 2002-12-27   |
| 120211041102 | 李华      | 2003-01-01   |
| 120211041129 | 侯明斌    | 2002-12-03   |
| 120211050101 | 张函      | 2003-03-07   |
| 120211050102 | 唐明卿    | 2002-10-15   |
| 120211060104 | 王刚      | 2004-01-12   |
| 120211060206 | 赵壮      | 2003-03-13   |
| 120211070101 | 李淑子    | 2003-06-14   |
| 120211070106 | 刘丽      | 2002-11-17   |
+--------------+----------+--------------+
15 rows in set (0.00 sec)
```

3．显示计算的字段值

查询结果的字段可以是数据表中的字段，也可以是用加"+"、减"–"、乘"*"、除"/"等运算符构成的计算表达式对字段进行计算的结果。

【例 5-4】查询课程表 course 中全部课程的学分。

课程表 course 中没有学分字段，可以根据学时数计算出学分，每 16 学时 1 学分，一门 32 学时的课程的学分为 2 学分。

在 MySQL 命令行输入如下命令语句。

```
mysql> SELECT cno AS 课程编号, cname AS 课程名称, hours AS 学时, hours/16 AS 学分
    -> FROM course;
```

查询结果如下。

```
+----------+------------------+-------+---------+
| 课程编号  | 课程名称           | 学时   | 学分     |
+----------+------------------+-------+---------+
| 10101400 | 学术英语          | 64    | 4.0000  |
| 10101410 | 通用英语          | 48    | 3.0000  |
| 10300710 | 现代控制理论       | 40    | 2.5000  |
| 10400350 | 模拟电子技术基础    | 56    | 3.5000  |
| 10500131 | 证券投资学        | 32    | 2.0000  |
| 10600200 | 高级语言程序设计    | 56    | 3.5000  |
| 10600450 | 无线网络安全       | 32    | 2.0000  |
| 10600611 | 数据库应用        | 56    | 3.5000  |
| 10700053 | 大学物理          | 56    | 3.5000  |
| 10700140 | 高等数学          | 64    | 4.0000  |
| 10700462 | 线性代数          | 48    | 3.0000  |
+----------+------------------+-------+---------+
11 rows in set (0.00 sec)
```

4．消除查询结果中的重复数据

查询结果是满足条件的全部数据，默认值是 ALL。使用 DISTINCT 参数可以消除查询结果中重复的数据，保证数据的唯一性。

【例 5-5】查询学生表 student 所包含的班级 classno。

在 MySQL 命令行输入如下命令语句。

```
mysql> SELECT DISTINCT classno FROM student;
```

因为一个班级中有多名学生，所以学生表 student 中的班级 classno 字段可能存在多个相同的值。使用 DISTINCT 来消除查询结果中重复的班级 classno，如学生表 student 中有两个"电气 2101"班，只显示一个。查询结果如下。

```
+-----------+
| classno   |
+-----------+
| 英语 2101 |
| 英语 2102 |
| 机械 2101 |
| 机械 2104 |
| 电气 2101 |
| 电气 2111 |
| 财务 2101 |
| 计算 2101 |
| 计算 2102 |
| 物理 2101 |
+-----------+
10 rows in set (0.00 sec)
```

5. 限制查询结果中的记录条数

使用 LIMIT 来限制查询结果中的记录条数。

【例 5-6】查询学生表 student 中前 3 个学生的学号 sno、姓名 sname 和出生日期 birthdate。

在 MySQL 命令行输入如下命令语句。

```
mysql> SELECT sno,sname,birthdate
    -> FROM student
    -> LIMIT 3;
```

查询结果如下。

```
+--------------+--------+------------+
| sno          | sname  | birthdate  |
+--------------+--------+------------+
| 120211010103 | 宋洪博 | 2003-05-15 |
| 120211010105 | 刘向志 | 2002-10-08 |
| 120211010230 | 李媛媛 | 2003-09-02 |
+--------------+--------+------------+
3 rows in set (0.00 sec)
```

【例 5-7】查询教师表 teacher 中从第 4 条记录开始的两个教师的教师工号 tno、姓名 tname 和职称 title。

如果要求初始记录行不是从头开始，则要用到两个参数：偏移量和行数。需要注意的是初始记录行的偏移量为 0，不是 1，因此第 4 条记录的偏移量为 3。在 MySQL 命令行输入如下命令语句。

```
mysql> SELECT tno, tname, title
    -> FROM teacher
    -> LIMIT 3,2;
```

该语句的含义是显示从第 4 条记录开始的两条记录，即第 4、5 条记录。查询结果如下。

```
+----------+--------+----------+
| tno      | tname  | title    |
+----------+--------+----------+
| 10423769 | 林达   | 教授     |
| 10501561 | 赵晓丽 | 副教授   |
+----------+--------+----------+
2 rows in set (0.01 sec)
```

6. 对查询结果进行排序

ORDER BY 子句用于对查询结果进行排序。ORDER BY 子句后可以是一个或多个字段、表达式或正整数，正整数表示按照结果中该位置上的字段排序；ASC 表示升序排列，是系统默认的排序方式；DESC 表示降序排列。

【例 5-8】查询课程表 course 中的课程编号 cno、课程名称 cname 和学时 hours，将结果按照学时 hours 升序排列。

在 MySQL 命令行输入如下命令语句。

```
mysql> SELECT cno, cname, hours
    -> FROM course
    -> ORDER BY hours;
```

或输入如下命令语句。

```
mysql> SELECT cno, cname, hours
    -> FROM course
    -> ORDER BY 3;
```

查询结果如下。

```
+----------+------------------+-------+
| cno      | cname            | hours |
+----------+------------------+-------+
| 10500131 | 证券投资学        |    32 |
| 10600450 | 无线网络安全      |    32 |
| 10300710 | 现代控制理论      |    40 |
| 10101410 | 通用英语          |    48 |
| 10700462 | 线性代数          |    48 |
| 10400350 | 模拟电子技术基础  |    56 |
| 10600200 | 高级语言程序设计  |    56 |
| 10600611 | 数据库应用        |    56 |
| 10700053 | 大学物理          |    56 |
| 10101400 | 学术英语          |    64 |
| 10700140 | 高等数学          |    64 |
+----------+------------------+-------+
11 rows in set (0.00 sec)
```

【例 5-9】查询学生表 student 中的学号 sno、姓名 sname、班级 classno 和入学总分 enterscore，将结果先按照班级 classno 升序排列，班级 classno 相同时按照入学总分 enterscore 降序排列。

在 MySQL 命令行输入如下命令语句。

```
mysql> SELECT sno, sname, classno, enterscore
    -> FROM student
    -> ORDER BY classno, enterscore DESC;
```

查询结果如下。

```
+--------------+---------+-----------+------------+
| sno          | sname   | classno   | enterscore |
+--------------+---------+-----------+------------+
| 120211030110 | 王琦    | 机械 2101 |        600 |
| 120211030409 | 张虎    | 机械 2104 |        650 |
| 120211070106 | 刘丽    | 物理 2101 |        620 |
| 120211070101 | 李淑子  | 物理 2101 |        589 |
| 120211040108 | 李明    | 电气 2101 |        650 |
| 120211040101 | 王晓红  | 电气 2101 |        630 |
| 120211041102 | 李华    | 电气 2111 |        648 |
| 120211041129 | 侯明斌  | 电气 2111 |        617 |
| 120211010103 | 宋洪博  | 英语 2101 |        698 |
| 120211010105 | 刘向志  | 英语 2101 |        625 |
| 120211010230 | 李媛媛  | 英语 2102 |        596 |
| 120211060104 | 王刚    | 计算 2101 |        678 |
| 120211060206 | 赵壮    | 计算 2102 |        605 |
| 120211050101 | 张函    | 财务 2101 |        663 |
```

```
| 120211050102 | 唐明卿   | 财务 2101 |        548 |
+--------------+--------+----------+------------+
15 rows in set (0.00 sec)
```

查询结果中的班级 classno 并未按照汉语拼音升序排列，原因是 MySQL 数据库默认的字符集不是中文字符集，可以使用 CONVERT 函数强制按中文字符集 GBK 排序。在 MySQL 命令行输入如下修改后的命令语句。

```
mysql> SELECT sno, sname, classno, enterscore
    -> FROM student
    -> ORDER BY CONVERT(classno USING GBK), enterscore DESC;
```

查询结果如下。

```
+--------------+--------+----------+------------+
| sno          | sname  | classno  | enterscore |
+--------------+--------+----------+------------+
| 120211050101 | 张函    | 财务 2101 |        663 |
| 120211050102 | 唐明卿   | 财务 2101 |        548 |
| 120211040108 | 李明    | 电气 2101 |        650 |
| 120211040101 | 王晓红   | 电气 2101 |        630 |
| 120211041102 | 李华    | 电气 2111 |        648 |
| 120211041129 | 侯明斌   | 电气 2111 |        617 |
| 120211030110 | 王琦    | 机械 2101 |        600 |
| 120211030409 | 张虎    | 机械 2104 |        650 |
| 120211060104 | 王刚    | 计算 2101 |        678 |
| 120211060206 | 赵壮    | 计算 2102 |        605 |
| 120211070106 | 刘丽    | 物理 2101 |        620 |
| 120211070101 | 李淑子   | 物理 2101 |        589 |
| 120211010103 | 宋洪博   | 英语 2101 |        698 |
| 120211010105 | 刘向志   | 英语 2101 |        625 |
| 120211010230 | 李媛媛   | 英语 2102 |        596 |
+--------------+--------+----------+------------+
15 rows in set (0.00 sec)
```

5.2.2　条件数据查询

实际的数据表中包含大量的数据，用户通常只需要查询满足特定条件的数据，可以使用 WHERE 子句按照指定条件筛选出满足条件的数据。

条件表达式可以包含比较运算、逻辑运算、指定范围、模式匹配、空值判断等运算。如果条件表达式成立，则返回 TRUE，否则返回 FALSE。使用 WHERE 子句对数据表中的数据逐行进行判断，当条件表达式的结果为 TRUE 时，该数据被包含到结果集中。

1．比较运算

比较运算用于比较两个表达式的值，比较运算符如表 5-1 所示。

表 5-1 比较运算符

运算符	说明	运算符	说明
=	等于	<	小于
>	大于	<=	小于或等于
>=	大于或等于	<> 、!=	不等于

【例 5-10】查询学生表 student 中入学总分 enterscore 为 600 分及以上的学号 sno、姓名 sname、性别 sex 和入学总分 enterscore。

在 MySQL 命令行输入如下命令语句。

```
mysql> SELECT sno, sname, sex, enterscore FROM student
    -> WHERE enterscore >=600;
```

查询结果如下。

```
+---------------+---------+------+-------------+
| sno           | sname   | sex  | enterscore  |
+---------------+---------+------+-------------+
| 120211010103  | 宋洪博  | 男   |        698  |
| 120211010105  | 刘向志  | 男   |        625  |
| 120211030110  | 王琦    | 男   |        600  |
| 120211030409  | 张虎    | 男   |        650  |
| 120211040101  | 王晓红  | 女   |        630  |
| 120211040108  | 李明    | 男   |        650  |
| 120211041102  | 李华    | 女   |        648  |
| 120211041129  | 侯明斌  | 男   |        617  |
| 120211050101  | 张函    | 女   |        663  |
| 120211060104  | 王刚    | 男   |        678  |
| 120211060206  | 赵壮    | 男   |        605  |
| 120211070106  | 刘丽    | 女   |        620  |
+---------------+---------+------+-------------+
12 rows in set (0.00 sec)
```

【例 5-11】查询教师表 teacher 中所有 "教授" 的教师工号 tno、姓名 tname、性别 sex 和职称 title。
在 MySQL 命令行输入如下命令语句。

```
mysql> SELECT tno AS 教师工号, tname AS 姓名, sex AS 性别, title AS 职称 FROM teacher
    -> WHERE title = "教授";
```

查询结果如下。

```
+-----------+---------+------+-------+
| 教师工号  | 姓名    | 性别 | 职称  |
+-----------+---------+------+-------+
| 10112583  | 周家罗  | 男   | 教授  |
| 10309242  | 宋江科  | 男   | 教授  |
| 10423769  | 林达    | 女   | 教授  |
| 10610910  | 王平    | 男   | 教授  |
| 10710050  | 朱军    | 男   | 教授  |
+-----------+---------+------+-------+
5 rows in set (0.00 sec)
```

因为 WHERE 子句在 SELECT 子句前执行，所以在 WHERE 子句中不可以使用 SELECT 中指定的别名，此时别名尚未起作用。例如执行如下命令语句，系统会给出错误提示信息。

```
mysql> SELECT tno AS 教师工号, tname AS 姓名, sex AS 性别, title AS 职称 FROM teacher
    -> WHERE 职称 = "教授";
ERROR 1054 (42S22): Unknown column '职称' in 'where clause'
```

2. 逻辑运算

使用逻辑运算符可以将多个表达式组合成复杂的查询条件。逻辑运算的结果为 TRUE 或 FALSE。逻辑运算符如表 5-2 所示，其中，NOT 的优先级最高，AND 的优先级次之，OR 的优先级最低。同时出现多种运算符时，先执行 NOT 运算，然后执行算术运算、比较运算、AND 运算，最后执行 OR 运算。

表 5-2   逻辑运算符

运算符	说明
NOT	非运算，当表达式的值为真时，结果为假；否则结果为真
AND	与运算，当连接的两个表达式的值均为真时，结果为真；否则结果为假
OR	或运算，当连接的两个表达式的值均为假时，结果为假；否则结果为真

【例5-12】查询学生表 student 中入学总分 enterscore 为 600 分及以上的"男"学生的学号 sno、姓名 sname、性别 sex 和入学总分 enterscore。

在 MySQL 命令行输入如下命令语句。

```
mysql> SELECT sno, sname, sex, enterscore FROM student
    -> WHERE enterscore >= 600 AND sex = "男";
```

5-3　查询条件为
逻辑运算

查询结果如下。

```
+--------------+--------+------+------------+
| sno          | sname  | sex  | enterscore |
+--------------+--------+------+------------+
| 120211010103 | 宋洪博 | 男   |        698 |
| 120211010105 | 刘向志 | 男   |        625 |
| 120211030110 | 王琦   | 男   |        600 |
| 120211030409 | 张虎   | 男   |        650 |
| 120211040108 | 李明   | 男   |        650 |
| 120211041129 | 侯明斌 | 男   |        617 |
| 120211060104 | 王刚   | 男   |        678 |
| 120211060206 | 赵壮   | 男   |        605 |
+--------------+--------+------+------------+
8 rows in set (0.00 sec)
```

3. 指定范围

使用指定范围运算符可以指定查询条件在特定的范围中，指定范围运算符如表 5-3 所示。

表 5-3　　　　　　　　　　　　　　　　　指定范围运算符

运算符	说明
BETWEEN a AND b	如果在 a 与 b 之间，则结果为真，否则结果为假。要求 a 与 b 类型相同，结果中包含 a 和 b 这两个临界值
NOT BETWEEN a AND b	如果不在 a 与 b 之间，则结果为真，否则结果为假。要求 a 与 b 类型相同，结果中不包含 a 和 b 这两个临界值
IN（列表）	如果在列表中，则结果为真，否则结果为假
NOT IN（列表）	如果不在列表中，则结果为真，否则结果为假

【例5-13】查询学生表 student 中出生日期 birthdate 在 2003-1-1 至 2004-12-31 的学生的学号 sno、姓名 sname 和出生日期 birthdate。

在 MySQL 命令行输入如下命令语句。

```
mysql> SELECT sno, sname, birthdate
    -> FROM student
    -> WHERE birthdate BETWEEN "2003-1-1" AND "2004-12-31";
```

查询结果如下。

```
+--------------+--------+------------+
| sno          | sname  | birthdate  |
+--------------+--------+------------+
| 120211010103 | 宋洪博 | 2003-05-15 |
| 120211010230 | 李媛媛 | 2003-09-02 |
| 120211030110 | 王琦   | 2003-01-23 |
| 120211030409 | 张虎   | 2003-07-18 |
| 120211041102 | 李华   | 2003-01-01 |
| 120211050101 | 张函   | 2003-03-07 |
| 120211060104 | 王刚   | 2004-01-12 |
| 120211060206 | 赵壮   | 2003-03-13 |
| 120211070101 | 李淑子 | 2003-06-14 |
+--------------+--------+------------+
9 rows in set (0.00 sec)
```

上述 WHERE 子句也可改写为：WHERE birthdate >= "2003-1-1" AND birthdate <= "2004-12-31"。

【例 5-14】查询学生表 student 中"英语 2101""机械 2101"和"财务 2101"这 3 个班的学生的学号 sno、姓名 sname 和班级 classno。

在 MySQL 命令行输入如下命令语句。

```
mysql> SELECT sno, sname, classno FROM student
    -> WHERE classno IN("英语2101","机械2101","财务2101");
```

查询结果如下。

```
+--------------+--------+-----------+
| sno          | sname  | classno   |
+--------------+--------+-----------+
| 120211010103 | 宋洪博 | 英语2101  |
| 120211010105 | 刘向志 | 英语2101  |
| 120211030110 | 王琦   | 机械2101  |
| 120211050101 | 张函   | 财务2101  |
| 120211050102 | 唐明卿 | 财务2101  |
+--------------+--------+-----------+
5 rows in set (0.00 sec)
```

上述 WHERE 子句也可改写为：WHERE classno = "英语 2101" OR classno = "机械 2101" OR classno = "财务 2101"。在本例中使用运算符 IN 比使用运算符 OR 更简洁明了。

4. 模式匹配

关键字 LIKE 用于进行字符串匹配查询，模式匹配运算符如表 5-4 所示。

表 5-4 模式匹配运算符

运算符	说明
LIKE	如果符合指定的模式，则结果为真，否则结果为假
NOT LIKE	如果不符合指定的模式，则结果为真，否则结果为假

模式匹配运算中，可以使用的通配符有"%"和"_"。"%"表示 0 个或任意多个字符，"_"表示任意一个字符。

【例 5-15】查询学生表 student 中姓名 sname 只有两个汉字且姓"李"的学生的学号 sno、姓名 sname、性别 sex 和入学总分 enterscore。

在 MySQL 命令行输入如下命令语句。

```
mysql> SELECT sno, sname, sex, enterscore FROM student
    -> WHERE sname LIKE "李_";
```

因为"_"只能代表一个字符，所以 student 表中的"李媛媛""李淑子"都不满足查询条件。查询结果如下。

```
+--------------+--------+------+------------+
| sno          | sname  | sex  | enterscore |
+--------------+--------+------+------------+
| 120211040108 | 李明   | 男   |        650 |
| 120211041102 | 李华   | 女   |        648 |
+--------------+--------+------+------------+
2 rows in set (0.00 sec)
```

【例 5-16】查询教师表 teacher 中姓名 tname 的最后一个字是"丽"的"副教授"的教师工号 tno、姓名 tname、性别 sex 和职称 title。

在 MySQL 命令行输入如下命令语句。

```
mysql> SELECT tno, tname, sex, title FROM teacher
    -> WHERE tname LIKE "%丽" AND title = "副教授";
```

因为"%"代表 0 个或多个字符，所以姓名只要以"丽"字结尾就满足条件。查询结果如下。

```
+----------+----------+------+--------+
| tno      | tname    | sex  | title  |
+----------+----------+------+--------+
| 10100391 | 杨丽     | 女   | 副教授 |
| 10501561 | 赵晓丽   | 女   | 副教授 |
+----------+----------+------+--------+
2 rows in set (0.00 sec)
```

5. 空值判断

使用空值判断运算符可以判断表达式的值是否为空值，空值的含义是没有任何值，不是空格和 0。空值判断运算符如表 5-5 所示。

表 5-5　　　　　　　　　　　　　　　　空值判断运算符

运算符	说明
IS NULL	如果是空值，则结果为真，否则结果为假
IS NOT NULL	如果不是空值，则结果为真，否则结果为假

【例 5-17】查询学生表 student 中班级 classno 为空值的学生的学号 sno 和姓名 sname。

在 MySQL 命令行输入如下命令语句，执行结果如下。

```
mysql> SELECT sno, sname FROM student
    -> WHERE classno IS NULL;
Empty set (0.00 sec)
```

查询结果为空集，表示所有的学生均有隶属的班级，不存在没有班级的学生。

5.3　聚合函数和数据分组

在实际应用中，不仅需要将表中的数据按照指定的条件查询出来，还需要在原有数据的基础上，使用聚合函数进行统计与计算，如求和、求平均值等。

5.3.1　聚合函数

聚合函数可以实现数据的统计与计算，用于计算表中的一组数据并返回单个计算结果。常用的聚合函数如表 5-6 所示。

表 5-6　　　　　　　　　　　　　　　　常用的聚合函数

函数	说明
COUNT	求一组数据的个数
AVG	求一组数据的平均值
SUM	求一组数据的总和
MAX	求一组数据中的最大值
MIN	求一组数据中的最小值

1. COUNT 函数

COUNT 函数用于统计表中满足条件的行数或总行数，返回 SELECT 语句检索到的行的数目，若找不到匹配的行，则返回 0。其语法格式如下。

```
COUNT( { [ ALL | DISTINCT ] 表达式 } | * )
```

说明如下。

（1）表达式：可以是常量、字段名称、函数或表达式。

（2）ALL | DISTINCT：ALL 表示对所有值进行运算，是默认值；DISTINCT 表示去除重复值。

5-4　聚合函数应用

（3）*：表示返回检索到的行的总数目。

【例5-18】统计学生表 student 中的学生人数。

在 MySQL 命令行输入如下命令语句。

```
mysql> SELECT COUNT(*) AS 学生人数 FROM student;
```

查询结果如下。

```
+----------+
| 学生人数  |
+----------+
|       15 |
+----------+
1 row in set (0.02 sec)
```

【例5-19】统计学生表 student 中的班级数。

由于学生表 student 的班级 classno 字段中有重复的值，因此需要使用 DISTINCT 去除重复值。在 MySQL 命令行输入如下命令语句。

```
mysql> SELECT COUNT(DISTINCT classno) AS 班级数 FROM student;
```

查询结果如下。

```
+--------+
| 班级数  |
+--------+
|     10 |
+--------+
1 row in set (0.01 sec)
```

【例5-20】统计教师表 teacher 中男教师的人数。

在 MySQL 命令行输入如下命令语句。

```
mysql> SELECT COUNT(tno) AS 男教师人数 FROM teacher WHERE sex="男";
```

查询结果如下。

```
+------------+
| 男教师人数  |
+------------+
|          6 |
+------------+
1 row in set (0.00 sec)
```

2. SUM 函数和 AVG 函数

SUM 函数用于求出一组数据的总和，AVG 函数用于求出一组数据的平均值。其语法格式如下。

```
SUM | AVG( [ ALL | DISTINCT ] 表达式 )
```

说明如下。

（1）表达式的数据类型只能是数值类型。

（2）计算时会忽略空值。

【例5-21】计算课程表 course 中的总学时数和平均学时数。

在 MySQL 命令行输入如下命令语句。

```
mysql> SELECT SUM(hours) AS 总学时数, AVG(hours) AS 平均学时数
    -> FROM course;
```

查询结果如下。

```
+----------+------------+
| 总学时数  | 平均学时数   |
+----------+------------+
|      552 |    50.1818 |
+----------+------------+
1 row in set (0.01 sec)
```

3. MAX 函数和 MIN 函数

MAX 函数用于求出一组数据中的最大值，MIN 函数用于求出一组数据中的最小值。其语法格

式如下。

```
MAX | MIN ( [ ALL | DISTINCT ] 表达式 )
```

MAX 函数和 MIN 函数的参数与 COUNT 函数类似。

【例 5-22】在学生表 student 中统计入学总分 enterscore 的最高分和最低分。

在 MySQL 命令行输入如下命令语句。

```
mysql> SELECT MAX(enterscore) AS 最高分, MIN(enterscore) AS 最低分
    -> FROM student;
```

查询结果如下。

```
+--------+--------+
| 最高分  | 最低分  |
+--------+--------+
|    698 |    548 |
+--------+--------+
1 row in set (0.00 sec)
```

聚合函数应用于没有分组的情况时，结果只有一行。

5.3.2 数据分组

统计查询中通常进行的是分类统计，GROUP BY 子句可以实现数据分组功能。分类统计需要先按照指定字段进行分组，然后利用聚合函数统计每个组内的记录以得到结果。

以小球按照颜色分类计数为例，一个盒子中有若干个红色、黄色和蓝色的小球，要求统计出各种颜色小球的数量。可以先取 3 个空盒子，然后将颜色相同小球放在同一个盒子中（分组），最后分别对每个盒子中的小球计数（使用聚合函数统计）。

1. 单字段分组

如果 GROUP BY 子句中只有一个字段名称，则数据将按照该字段的值进行分组。

【例 5-23】统计学生表 student 中不同政治面貌 party 的人数。

先使用"GROUP BY party"子句进行分组，图 5-1 所示为学生表 student 按照 party 分组的示意图。将表中数据按照 party 分成 3 组："党员"组共 4 条记录，"团员"组共 9 条记录，"群众"组共 2 条记录。然后使用聚合函数 COUNT(sno)统计每一组中记录的条数。

5-5 GROUP BY 子句

sno	sname	party
120211010103	宋洪博	党员
120211010105	刘向志	团员
120211010230	李媛媛	团员
120211030110	王琦	团员
120211030409	张虎	群众
120211040101	王晓红	团员
120211040108	李明	党员
120211041102	李华	团员
120211041129	侯明斌	党员
120211050101	张函	团员
120211050102	唐明卿	群众
120211060104	王刚	团员
120211060206	赵壮	团员
120211070101	李淑子	党员
120211070106	刘丽	团员

GROUP BY party →

sno	sname	party
120211010103	宋洪博	党员
120211040108	李明	党员
120211041129	侯明斌	党员
120211070101	李淑子	党员
120211010105	刘向志	团员
120211010230	李媛媛	团员
120211030110	王琦	团员
120211040101	王晓红	团员
120211041102	李华	团员
120211050101	张函	团员
120211060104	王刚	团员
120211060206	赵壮	团员
120211070106	刘丽	团员
120211030409	张虎	群众
120211050102	唐明卿	群众

（a）分组前 　　　　　　　　　　　　（b）分组后

图 5-1　学生表 student 分组示意图

在 MySQL 命令行输入如下命令语句。

```
mysql> SELECT party AS 政治面貌, COUNT(sno) AS 人数 FROM student
    -> GROUP BY party;
```

查询结果如下。

```
+-----------+------+
| 政治面貌   | 人数 |
+-----------+------+
| 党员      |    4 |
| 团员      |    9 |
| 群众      |    2 |
+-----------+------+
3 rows in set (0.00 sec)
```

【例 5-24】统计教师表 teacher 中不同职称 title 的人数。

在 MySQL 命令行输入如下命令语句。

```
mysql> SELECT title AS 职称, COUNT(tno) AS 人数 FROM teacher
    -> GROUP BY title;
```

查询结果如下。

```
+---------+-----------+
| 职称     | 人数      |
+---------+-----------+
| 教授    |         5 |
| 副教授  |         2 |
| 讲师    |         3 |
+---------+-----------+
3 rows in set (0.00 sec)
```

【例 5-25】统计学生表 student 中男生和女生入学总分 enterscore 的最高分、最低分和平均分（保留两位小数）。

在 MySQL 命令行输入如下命令语句。

```
mysql>SELECT sex AS 性别, MAX(enterscore) AS 最高分, MIN(enterscore) AS 最低分,
ROUND(AVG(enterscore),2) AS 平均分
      -> FROM student
      -> GROUP BY sex;
```

ROUND 函数可以将结果四舍五入，其中的参数 2 表示保留两位小数。查询结果如下。

```
+------+--------+--------+--------+
| 性别 | 最高分 | 最低分 | 平均分 |
+------+--------+--------+--------+
| 男   |    698 |    600 | 640.38 |
| 女   |    663 |    548 | 613.43 |
+------+--------+--------+--------+
2 rows in set (0.00 sec)
```

2. 多字段分组

如果 GROUP BY 子句中有多个字段名称，则记录将依次按照字段的值进行多次分组。先按照第 1 个字段分组，然后在每个组内按照第 2 个字段进行分组，以此类推。

【例 5-26】在学生表 student 中按照性别 sex 分类统计不同政治面貌 party 的学生人数。

在 MySQL 命令行输入如下命令语句。

```
mysql> SELECT sex AS 性别, party AS 政治面貌, COUNT(sno) AS 人数 FROM student
    -> GROUP BY sex, party ORDER BY sex;
```

GROUP BY 子句先按照性别 sex 字段进行分组，具有相同性别的记录被分配在同一个组中；然后分别在女生组和男生组内按照政治面貌 party 再次进行分组。查询结果如下。

```
+------+-----------+------+
| 性别 | 政治面貌   | 人数 |
+------+-----------+------+
| 女   | 党员      |    1 |
```

```
| 女    | 团员      | 5    |
| 女    | 群众      | 1    |
| 男    | 党员      | 3    |
| 男    | 团员      | 4    |
| 男    | 群众      | 1    |
+------+----------+------+
6 rows in set (0.00 sec)
```

在 SELECT 子句的字段列表中，除了聚合函数外，其他字段一定要在 GROUP BY 子句中出现。

3．HAVING 子句

HAVING 子句必须和 GROUP BY 子句配合使用，用于指定分组需满足的条件。注意，HAVING 子句与 WHERE 子句有以下 3 点不同。

（1）WHERE 子句在 GROUP BY 分组之前起作用，HAVING 子句在 GROUP BY 分组之后起作用。

（2）WHERE 子句作用于表，从表中选择满足条件的记录；HAVING 子句作用于 GROUP BY 分组，从分组中选择满足条件的组。

（3）WHERE 子句中不能使用聚合函数，HAVING 子句中可以使用聚合函数。

【例 5-27】查询选修成绩表 score 中平均成绩在 75 分及以上的学生的学号 sno 和平均分 AVG(grade)。

比较下面两条 SELECT 语句。

语句 1：

```
SELECT sno AS 学号, AVG(grade) As 平均分 FROM score
GROUP BY sno HAVING AVG(grade) >= 75;
```

语句 2：

```
SELECT sno AS 学号, AVG(grade) As 平均分 FROM score
WHERE grade >=75
GROUP BY sno HAVING AVG(grade) >= 75;
```

例如，某一个学号对应的分组中有 5 个成绩{60,85,77,69,80}。语句 1 中的"HAVING AVG(grade) >= 75"子句表示先求出{60，85，77，69，80}的平均值（74.2），然后判断出"74.2 < 75"（不满足条件），所以查询结果中不显示该学生的信息。

语句 2 中先执行"WHERE grade >= 75"子句查询{60，85，77，69，80}，满足查询条件的是{85，77，80}共 3 个成绩，然后执行"HAVING AVG(grade) >= 75"子句，求出{85，77，80}的平均值等于 80.67，且"80.67 > 75"（满足条件），所以查询结果中会显示该学生的学号和平均分（80.67）。可以理解为对 75 分及以上的成绩求平均值，按照题目的要求，显然语句 2 是错误的，应该使用语句 1。

在 MySQL 命令行输入如下命令语句。

```
mysql> SELECT sno AS 学号, AVG(grade) AS 平均分 FROM score
    -> GROUP BY sno HAVING AVG(grade) >= 75;
```

查询结果如下。

```
+--------------+----------+
| 学号         | 平均分   |
+--------------+----------+
| 120211010103 | 84.0000  |
| 120211010105 | 80.7500  |
| 120211030110 | 88.0000  |
| 120211041102 | 81.7500  |
| 120211041129 | 78.5000  |
| 120211050101 | 80.5000  |
| 120211050102 | 77.0000  |
```

```
| 120211070101 | 75.5000 |
+--------------+---------+
8 rows in set (0.01 sec)
```

【例 5-28】按照院系代码 deptno 统计学生表 student 中各个院系"男"同学的入学平均分，并将结果按照平均分降序排列。

在 MySQL 命令行输入如下命令语句。

```
mysql> SELECT deptno AS 院系代码, AVG(enterscore) AS 平均分 FROM student
    -> WHERE sex = "男"
    -> GROUP BY deptno
    -> ORDER BY AVG(enterscore) DESC;
```

按照 SELECT 语句的执行顺序，先根据 WHERE 子句的条件筛选出"男"同学，再按照院系代码 deptno 进行分组求出平均分，最后将结果按照平均分降序排列。

查询结果如下。

```
+----------+----------+
| 院系代码  | 平均分    |
+----------+----------+
| 101      | 661.5000 |
| 106      | 641.5000 |
| 104      | 633.5000 |
| 103      | 625.0000 |
+----------+----------+
4 rows in set (0.00 sec)
```

查询结果中显示的是院系代码 deptno，用户需要查看院系表 department 才能对应出每个具体的院系名称 deptname。如果需要显示出院系名称 deptname，则涉及院系表 department 和学生表 student，在 SELECT 语句中需要对两张表进行连接运算。

5.4　多表连接查询

如果查询结果的字段来自多张不同的表，则需要先通过连接运算将多张表连接。第 1 章的关系运算中已经介绍了连接运算的概念，本节使用具体的连接运算实现多表的查询。

5.4.1　连接运算

MySQL 中的连接运算主要分为交叉连接、内连接和外连接。

1. 交叉连接

交叉连接又称笛卡儿连接，是指对两张表做笛卡儿积运算，结果集是由第 1 张表中的每一条记录与第 2 张表中的每一条记录的笛卡儿积所形成的表，其总的记录条数是两张表记录条数的乘积。

语法格式 1 如下。

```
SELECT { * | 字段列表 } FROM 表1 CROSS JOIN 表2;
```

语法格式 2 如下。

```
SELECT { * | 字段列表 } FROM 表1, 表2;
```

【例 5-29】将教师表 teacher 和课程表 course 交叉连接，查询出教师和课程所有可能的组合。

在 MySQL 命令行输入如下命令语句。

```
mysql> SELECT *
    -> FROM teacher CROSS JOIN course ;
```

或输入如下命令语句。

```
mysql> SELECT *
    -> FROM teacher, course;
```

因为教师表 teacher 中有 10 条记录、课程表 course 中有 11 条记录，所以交叉连接的结果集中的记录条数为 10×11=110 条，显示查询结果为"110 rows in set (0.00 sec)"。因为一个教师不可能讲授所有的课程，所以结果集中许多记录没有意义。实际应用中很少用到交叉连接。

2. 内连接

内连接是应用最广泛的连接运算，使用 INNER JOIN 就可以将两张表内连接在一起。

内连接有如下两种连接方法。

方法一：使用 INNER JOIN 显式定义连接条件，语法格式如下。

```
SELECT { * | 字段列表 }
FROM 表 1 [ INNER ] JOIN 表 2 ON 连接条件
[ WHERE 筛选条件 ] ;
```

内连接是系统默认的，可以省略关键字 INNER。该方法的优点是多表之间的连接关系清晰。

方法二：使用 WHERE 隐式定义连接条件，语法格式如下。

```
SELECT { * | 字段列表 }
FROM 表 1, 表 2
WHERE 连接条件 [ AND 筛选条件 ];
```

WHERE 子句中的条件可以是连接条件，也可以是筛选条件。

其中，连接条件的语法格式如下。

```
[表名 1.]字段名称 1   比较运算符   [表名 2.]字段名称 2
```

说明如下。

（1）使用多张表共有的字段时，该字段前必须加表名，中间用"."分隔，格式为：表名.字段名称。例如，学生表 student 和院系表 department 中都有 deptno 字段，在使用 deptno 字段时，必须加上表名，写成"student.deptno"或"department.deptno"。使用非共有的字段时，可以直接写字段名称。

（2）比较运算符："=""<""<="">"">=""!=""<>"等。

（3）内连接的类型有等值连接和非等值连接两种。

① 等值连接：两张表之间通过等号运算符"="进行连接，结果集中只包含两张表中连接字段值相同的记录。

② 非等值连接：两张表之间通过除等号运算符"="以外的其他比较运算符进行连接。

【例 5-30】查询所有学生的学号 sno、姓名 sname、性别 sex、院系代码 deptno、院系名称 deptname、班级 classno 和入学总分 enterscore。

因为涉及 student 表和 department 表，所以需要对这两张表进行等值连接。在 MySQL 命令行输入如下命令语句。

```
mysql> SELECT sno, sname, sex, student.deptno, deptname, classno, enterscore
    -> FROM student INNER JOIN department On student.deptno = department.deptno;
```

由于院系代码 deptno 是 student 表和 department 表共有的字段，所以使用时必须加上表名，其他字段均不同名，可以省略表名。按照语句的执行顺序，先执行 INNER JOIN 内连接操作，将 student 表和 department 表按 deptno 字段进行等值连接。查询结果如下。

```
+--------------+----------+-----+--------+------------------------+------------+------------+
| sno          | sname    | sex | deptno | deptname               | classno    | enterscore |
+--------------+----------+-----+--------+------------------------+------------+------------+
| 120211010103 | 宋洪博   | 男  | 101    | 外国语学院             | 英语 2101  | 698        |
| 120211010105 | 刘向志   | 男  | 101    | 外国语学院             | 英语 2101  | 625        |
| 120211010230 | 李媛媛   | 女  | 101    | 外国语学院             | 英语 2102  | 596        |
| 120211030110 | 王琦     | 男  | 103    | 能源动力与机械工程学院 | 机械 2101  | 600        |
| 120211030409 | 张虎     | 男  | 103    | 能源动力与机械工程学院 | 机械 2104  | 650        |
| 120211040101 | 王晓红   | 女  | 104    | 电气与电子工程学院     | 电气 2101  | 630        |
| 120211040108 | 李明     | 男  | 104    | 电气与电子工程学院     | 电气 2101  | 650        |
| 120211041102 | 李华     | 女  | 104    | 电气与电子工程学院     | 电气 2111  | 648        |
| 120211041129 | 侯明斌   | 男  | 104    | 电气与电子工程学院     | 电气 2111  | 617        |
| 120211050101 | 张函     | 女  | 105    | 经济与管理学院         | 财务 2101  | 663        |
| 120211050102 | 唐明卿   | 女  | 105    | 经济与管理学院         | 财务 2101  | 548        |
| 120211060104 | 王刚     | 男  | 106    | 控制与计算机工程学院   | 计算 2101  | 678        |
| 120211060206 | 赵壮     | 男  | 106    | 控制与计算机工程学院   | 计算 2102  | 605        |
| 120211070101 | 李淑子   | 女  | 107    | 数学学院               | 物理 2101  | 589        |
```

```
| 120211070106 | 刘丽   | 女   | 107  | 数理学院                |  物理2101  |    620   |
+--------------+--------+------+------+-------------------------+------------+----------+
15 rows in set (0.02 sec)
```

内连接是系统默认的，为了简化代码，后面的例子中省略了关键字 INNER。

【例 5-31】按照院系名称 deptname 统计各个学院"男"同学的入学平均分，并将结果按照平均分降序排列。

在 MySQL 命令行输入如下命令语句。

```
mysql> SELECT deptname AS 院系名称, AVG(enterscore) AS 平均分
    -> FROM department JOIN student On department.deptno = student.deptno
    -> WHERE sex = "男"
    -> GROUP BY deptname
    -> ORDER BY AVG(enterscore) DESC;
```

查询结果如下，比【例 5-28】的查询结果直观。

```
+--------------------------+----------+
| 院系名称                 | 平均分   |
+--------------------------+----------+
| 外国语学院               | 661.5000 |
| 控制与计算机工程学院     | 641.5000 |
| 电气与电子工程学院       | 633.5000 |
| 能源动力与机械工程学院   | 625.0000 |
+--------------------------+----------+
4 rows in set (0.00 sec)
```

如果两张表连接条件的字段名称相同，则可以将 ON 子句替换成 USING 子句，即"USING (字段名称)"，其中的字段名称必须是两张表中都有的相同字段。在 MySQL 命令行输入如下命令语句。

```
mysql> SELECT deptname AS 院系名称, AVG(enterscore) AS 平均分
    -> FROM department JOIN student USING(deptno)
    -> WHERE sex = "男"
    -> GROUP By deptname
    -> ORDER BY AVG(enterscore) DESC;
```

或者使用自然连接 NATURAL JOIN，在 MySQL 命令行输入如下命令语句。

```
mysql> SELECT deptname AS 院系名称, AVG(enterscore) AS 平均分
    -> FROM department NATURAL JOIN student deptno
    -> WHERE sex = "男"
    -> GROUP BY deptname
    -> ORDER BY AVG(enterscore) DESC;
```

也可以使用 WHERE 子句来定义连接条件，在 MySQL 命令行输入如下命令语句。

```
mysql> SELECT deptname  AS 院系名称, AVG(enterscore)  AS 平均分
    -> FROM department, student
    -> WHERE department.deptno = student.deptno AND sex = "男"
    -> GROUP BY deptname
    -> ORDER BY AVG(enterscore) DESC;
```

WHERE 子句的表达式中的连接条件是 department.deptno = student.deptno，筛选条件是 sex = "男"。

以上语句的查询结果均相同。

使用 INNER JOIN 定义连接条件，两张表之间的连接关系一目了然；使用 WHERE 子句中包含连接条件的方法比较简单，缺点是不直观且容易遗漏。

如果一张表与自身进行连接，则称为自连接。使用自连接时需要为表指定两个别名，使之成为逻辑上的两张表，且对所有查询字段的引用必须使用表的别名进行限定。

【例 5-32】查询选修成绩表 score 中同时选修了课程编号 cno 为 10101400 和 10600611 两门课程的学生的学号 sno。

如果使用如下单表查询语句，执行结果如下。

```
mysql> SELECT sno FROM score
    -> WHERE cno="10101400" AND cno="10600611";
Empty set (0.00 sec)
```

语句执行后得到结果为 "Empty set"，因为课程编号 cno 不可能同时为 10101400 和 10600611。修改为如下单表查询语句。

```
mysql> SELECT sno FROM score
    -> WHERE cno = "10101400" OR cno = "10600611";
```

也可以修改为如下单表查询语句。

```
mysql> SELECT sno FROM score
    -> WHERE cno IN("10101400","10600611");
```

这两个查询语句的查询结果如下。

```
+--------------+
| sno          |
+--------------+
| 120211010103 |
| 120211010105 |
| 120211010230 |
| 120211050101 |
| 120211010103 |
| 120211010105 |
| 120211010230 |
| 120211030110 |
| 120211041102 |
| 120211041129 |
| 120211050101 |
+--------------+
11 rows in set (0.00 sec)
```

该语句的含义是只要选修了 10101400 和 10600611 这两门课程其中的任意一门就显示出该学生的学号，这显然不符合题目要求。这里就需要使用自连接，为选修成绩表 score 指定别名 a 和 b，将表 a 和表 b 连接。在 MySQL 命令行输入如下命令语句。

```
mysql> SELECT a.sno
    -> FROM score a JOIN score b ON a.sno = b.sno
    -> WHERE a.cno = "10101400" AND b.cno = "10600611";
```

查询结果如下。

```
+--------------+
| sno          |
+--------------+
| 120211010103 |
| 120211010105 |
| 120211010230 |
| 120211050101 |
+--------------+
4 rows in set (0.00 sec)
```

【例 5-33】查询选修成绩表 score 中课程编号 cno 为 10600611 的课程成绩高于学号 sno 为 120211030110 的学生。

在 MySQL 命令行输入如下命令语句。

```
mysql> SELECT a.sno, a.cno, a.grade
    -> FROM score a JOIN score b ON a.grade > b. grade
    -> WHERE a.cno = "10600611" AND b.cno = "10600611" AND b.sno = "120211030110"
    -> ORDER BY a.grade DESC;
```

或输入如下命令语句。

```
mysql> SELECT a.sno, a.cno, a.grade
```

```
    -> FROM score a, score b
    -> WHERE a.grade > b.grade AND a.cno = "10600611" AND b.cno = "10600611"
AND b.sno = "120211030110"
    -> ORDER BY a.grade DESC;
```

上述语句中，使用自连接时为选修成绩表 score 指定了两个别名 a 和 b。查询结果如下。

```
+--------------+----------+-------+
| sno          | cno      | grade |
+--------------+----------+-------+
| 120211050101 | 10600611 |    95 |
| 120211010105 | 10600611 |    90 |
| 120211041102 | 10600611 |    90 |
+--------------+----------+-------+
3 rows in set (0.00 sec)
```

3. 外连接

外连接是指从一张表中选择全部记录，从另一张表中只选择与连接字段匹配的记录。MySQL 中主要有两种外连接：左外连接和右外连接。

（1）左外连接

使用 LEFT JOIN 定义左外连接的语法格式如下。

```
SELECT { * | 字段列表 }
FROM 左表 LEFT [ OUTER ] JOIN 右表 ON 连接条件;
```

5-7　外连接运算

左外连接的结果集中包含左表的所有记录，当右表中没有匹配的记录时，右表中对应的字段会被设置为空值 NULL。

在【例 5-30】的等值连接结果中，没有学生的院系名称 deptname 被舍弃了，如果需要显示全部院系名称 deptname 的信息（包括那些没有学生的院系），则需要使用左外连接（LEFT JOIN）的形式，表示包含左表（department）中的全部记录以及右表（student）中具有相同院系代码 deptno 的记录。

在 MySQL 命令行输入如下命令语句。

```
mysql> SELECT sno, sname, deptname, classno
    -> FROM department LEFT JOIN student ON department.deptno = student.deptno;
```

查询结果如下。

```
+--------------+--------+--------------------------+----------+
| sno          | sname  | deptname                 | classno  |
+--------------+--------+--------------------------+----------+
| 120211010230 | 李媛媛 | 外国语学院               | 英语 2102 |
| 120211010105 | 刘向志 | 外国语学院               | 英语 2101 |
| 120211010103 | 宋洪博 | 外国语学院               | 英语 2101 |
| NULL         | NULL   | 可再生能源学院           | NULL     |
| 120211030409 | 张虎   | 能源动力与机械工程学院   | 机械 2104 |
| 120211030110 | 王琦   | 能源动力与机械工程学院   | 机械 2101 |
| 120211041129 | 侯明斌 | 电气与电子工程学院       | 电气 2111 |
| 120211041102 | 李华   | 电气与电子工程学院       | 电气 2111 |
| 120211040108 | 李明   | 电气与电子工程学院       | 电气 2101 |
| 120211040101 | 王晓红 | 电气与电子工程学院       | 电气 2101 |
| 120211050102 | 唐明卿 | 经济与管理学院           | 财务 2101 |
| 120211050101 | 张函   | 经济与管理学院           | 财务 2101 |
| 120211060206 | 赵壮   | 控制与计算机工程学院     | 计算 2102 |
| 120211060104 | 王刚   | 控制与计算机工程学院     | 计算 2101 |
| 120211070106 | 刘丽   | 数理学院                 | 物理 2101 |
| 120211070101 | 李淑子 | 数理学院                 | 物理 2101 |
+--------------+--------+--------------------------+----------+
16 rows in set (0.00 sec)
```

左外连接的查询结果中显示出所有的院系名称 deptname，包括没有学生的"可再生能源学院"，与其对应的 student 表中的学号 sno、姓名 sname 和班级 classno 字段均被设置为空值 NULL。

（2）右外连接

使用 RIGHT JOIN 定义右外连接的语法格式如下。

```
SELECT { * | 字段表 }
FROM 左表 RIGHT [ OUTER ] JOIN 右表 ON 连接条件;
```

右外连接的结果集中包含右表的所有记录，当左表中没有匹配的记录时，左表中对应的字段会被设置为空值 NULL。

如果需要显示全部的学生成绩（包括没有选课的学生），则在使用右外连接（RIGHT JOIN）时，需要将右表设置为学生表 student（显示全部记录），将左表设置为选修成绩表 score（显示具有相同学号 sno 的记录）。

在 MySQL 命令行输入如下命令语句。

```
mysql> SELECT student.sno, sname, cno, grade
    -> FROM score RIGHT JOIN student ON student.sno = score.sno;
```

查询结果如下，可以直观地看出"张虎"等 5 位同学没有选课。

```
+--------------+----------+----------+-------+
| sno          | sname    | cno      | grade |
+--------------+----------+----------+-------+
| 120211010103 | 宋洪博   | 10101400 |    85 |
| 120211010103 | 宋洪博   | 10500131 |    93 |
| 120211010103 | 宋洪博   | 10600611 |    88 |
| 120211010103 | 宋洪博   | 10700140 |    70 |
| 120211010105 | 刘向志   | 10101400 |    68 |
| 120211010105 | 刘向志   | 10500131 |    89 |
| 120211010105 | 刘向志   | 10600611 |    90 |
| 120211010105 | 刘向志   | 10700140 |    76 |
| 120211010230 | 李媛媛   | 10101400 |    86 |
| 120211010230 | 李媛媛   | 10500131 |    34 |
| 120211010230 | 李媛媛   | 10600611 |    76 |
| 120211010230 | 李媛媛   | 10700140 |   100 |
| 120211030110 | 王琦     | 10600611 |    89 |
| 120211030110 | 王琦     | 10700053 |    80 |
| 120211030110 | 王琦     | 10700140 |    95 |
| 120211030409 | 张虎     | NULL     |  NULL |
| 120211040101 | 王晓红   | NULL     |  NULL |
| 120211040108 | 李明     | NULL     |  NULL |
| 120211041102 | 李华     | 10300710 |    76 |
| 120211041102 | 李华     | 10400350 |    91 |
| 120211041102 | 李华     | 10600611 |    90 |
| 120211041102 | 李华     | 10700140 |    70 |
| 120211041129 | 侯明斌   | 10500131 |    76 |
| 120211041129 | 侯明斌   | 10600200 |    69 |
| 120211041129 | 侯明斌   | 10600611 |    88 |
| 120211041129 | 侯明斌   | 10700053 |    81 |
| 120211050101 | 张函     | 10101400 |    65 |
| 120211050101 | 张函     | 10101410 |    70 |
| 120211050101 | 张函     | 10500131 |    92 |
| 120211050101 | 张函     | 10600611 |    95 |
| 120211050102 | 唐明卿   | 10101410 |    90 |
| 120211050102 | 唐明卿   | 10500131 |    77 |
| 120211050102 | 唐明卿   | 10600200 |    61 |
| 120211050102 | 唐明卿   | 10700140 |    80 |
| 120211060104 | 王刚     | 10700053 |    45 |
| 120211060104 | 王刚     | 10700140 |    95 |
| 120211060206 | 赵壮     | NULL     |  NULL |
```

```
| 120211070101 | 李淑子 | 10400350 |    85 |
| 120211070101 | 李淑子 | 10700140 |    66 |
| 120211070106 | 刘丽   | NULL     |  NULL |
+--------------+--------+----------+-------+
40 rows in set (0.00 sec)
```

5.4.2 等值连接查询

多表连接查询中使用频率较高的是等值连接，而且通常会省略关键字 INNER。当涉及多张表时，要注意 JOIN 关键字与多张表连接的正确写法。

【例 5-34】查询每门课程的平均分（保留一位小数）、最高分和最低分。

在 MySQL 命令行输入如下命令语句。

```
mysql> SELECT cname AS 课程名称,ROUND(Avg(grade),1) AS 平均分,
MAX(grade) AS 最高分, MIN(grade) AS 最低分
    -> FROM course JOIN score ON course.cno = score.cno
    -> GROUP BY cname;
```

5-8　等值连接查询

此查询涉及选修成绩表 score 和课程表 course，先执行 JOIN 内连接操作将两张表等值连接，然后使用 GROUP BY 子句按照课程名称 cname 进行分组，本例中的 9 门课程分成了 9 个组，然后再计算每个组内包含成绩 grade 字段的平均值、最大值和最小值。查询结果如下。

```
+------------------+--------+--------+--------+
| 课程名称         | 平均分 | 最高分 | 最低分 |
+------------------+--------+--------+--------+
| 学术英语         |   76.0 |     86 |     65 |
| 证券投资学       |   76.8 |     93 |     34 |
| 数据库应用       |   88.0 |     95 |     76 |
| 高等数学         |   81.5 |    100 |     66 |
| 大学物理         |   68.7 |     81 |     45 |
| 现代控制理论     |   76.0 |     76 |     76 |
| 模拟电子技术基础 |   88.0 |     91 |     85 |
| 高级语言程序设计 |   65.0 |     69 |     61 |
| 通用英语         |   80.0 |     90 |     70 |
+------------------+--------+--------+--------+
9 rows in set (0.00 sec)
```

【例 5-35】查询每个学生的平均成绩（保留一位小数），将查询结果按平均成绩降序排列。

在 MySQL 命令行输入如下命令语句。

```
mysql> SELECT student.sno AS 学号, sname AS 姓名, ROUND(AVG(grade),1) AS 平均成绩
    -> FROM student JOIN score ON student.sno = score.sno
    -> GROUP BY student.sno, sname
    -> ORDER BY 3 DESC;
```

ORDER BY 3 表示按照 SELECT 子句中的第 3 个表达式 "ROUND(AVG(grade),1)" 排序。查询结果如下。

```
+--------------+--------+----------+
| 学号         | 姓名   | 平均成绩 |
+--------------+--------+----------+
| 120211030110 | 王琦   |     88.0 |
| 120211010103 | 宋洪博 |     84.0 |
| 120211041102 | 李华   |     81.8 |
| 120211010105 | 刘向志 |     80.8 |
| 120211050101 | 张函   |     80.5 |
| 120211041129 | 侯明斌 |     78.5 |
| 120211050102 | 唐明卿 |     77.0 |
| 120211070101 | 李淑子 |     75.5 |
| 120211010230 | 李媛媛 |     74.0 |
| 120211060104 | 王刚   |     70.0 |
+--------------+--------+----------+
10 rows in set (0.00 sec)
```

【例 5-36】查询"朱军"老师授课的班级 classno、课程编号 cno 和课程名称 cname。

在 MySQL 命令行输入如下命令语句。

```
mysql> SELECT classno AS 班级, course.cno AS 课程编号, cname AS 课程名称
    -> FROM teaching, teacher, course
    -> WHERE teaching.tno = teacher.tno AND teaching.cno = course.cno AND tname
= "朱军";
```

在 WHERE 子句中使用隐式方式定义连接条件，因为涉及 3 张表，所以需要建立两个连接条件，即 teaching.tno=teacher.tno AND teaching.cno=course.cno，而 tname="朱军"是筛选条件。查询结果如下。

```
+-----------+-----------+-------------+
| 班级      | 课程编号   | 课程名称     |
+-----------+-----------+-------------+
| 机械2101  | 10700053  | 大学物理     |
| 机械2101  | 10700140  | 高等数学     |
| 电气2111  | 10700140  | 高等数学     |
| 英语2101  | 10700140  | 高等数学     |
| 英语2102  | 10700140  | 高等数学     |
+-----------+-----------+-------------+
5 rows in set (0.00 sec)
```

【例 5-37】查询选修了课程的学生的学号 sno、姓名 sname、课程名称 cname 和成绩 grade。

在 MySQL 命令行输入如下命令语句。

```
mysql> SELECT student.sno, sname, cname, grade
    -> FROM student JOIN score ON student.sno = score.sno JOIN course ON
course.cno = score.cno;
```

此查询涉及学生表 student、课程表 course 和选修成绩表 score 这 3 张表，先将 student 表和 score 表用 JOIN 连接起来，然后用 JOIN 连接 course 表，完成 3 张表的等值连接。要注意连接的顺序，不能先连接 student 表和 course 表，因为这两张表没有共同的字段。查询结果如下。

```
+--------------+---------+------------------+-------+
| sno          | sname   | cname            | grade |
+--------------+---------+------------------+-------+
| 120211010103 | 宋洪博   | 学术英语          |    85 |
| 120211010103 | 宋洪博   | 证券投资学        |    93 |
| 120211010103 | 宋洪博   | 数据库应用        |    88 |
| 120211010103 | 宋洪博   | 高等数学          |    70 |
| 120211010105 | 刘向志   | 学术英语          |    68 |
| 120211010105 | 刘向志   | 证券投资学        |    89 |
| 120211010105 | 刘向志   | 数据库应用        |    90 |
| 120211010105 | 刘向志   | 高等数学          |    76 |
| 120211010230 | 李媛媛   | 学术英语          |    86 |
| 120211010230 | 李媛媛   | 证券投资学        |    34 |
| 120211010230 | 李媛媛   | 数据库应用        |    76 |
| 120211010230 | 李媛媛   | 高等数学          |   100 |
| 120211030110 | 王琦     | 数据库应用        |    89 |
| 120211030110 | 王琦     | 大学物理          |    80 |
| 120211030110 | 王琦     | 高等数学          |    95 |
| 120211041102 | 李华     | 现代控制理论      |    76 |
| 120211041102 | 李华     | 模拟电子技术基础  |    91 |
| 120211041102 | 李华     | 数据库应用        |    90 |
| 120211041102 | 李华     | 高等数学          |    70 |
| 120211041129 | 侯明斌   | 证券投资学        |    76 |
| 120211041129 | 侯明斌   | C语言程序设计     |    69 |
| 120211041129 | 侯明斌   | 数据库应用        |    88 |
| 120211041129 | 侯明斌   | 大学物理          |    81 |
| 120211050101 | 张函     | 学术英语          |    65 |
| 120211050101 | 张函     | 通用英语          |    70 |
| 120211050101 | 张函     | 证券投资学        |    92 |
| 120211050101 | 张函     | 数据库应用        |    95 |
| 120211050102 | 唐明卿   | 通用英语          |    90 |
```

```
| 120211050102 | 唐明卿    | 证券投资学            |     77 |
| 120211050102 | 唐明卿    | C 语言程序设计        |     61 |
| 120211050102 | 唐明卿    | 高等数学              |     80 |
| 120211060104 | 王刚      | 大学物理              |     45 |
| 120211060104 | 王刚      | 高等数学              |     95 |
| 120211070101 | 李淑子    | 模拟电子技术基础      |     85 |
| 120211070101 | 李淑子    | 高等数学              |     66 |
+--------------+---------+----------------------+--------+
35 rows in set (0.00 sec)
```

【例 5-38】查询选修成绩 grade 为 90 分及以上的学生的学号 sno、姓名 sname、课程名称 cname 和成绩 grade，并将结果按成绩 grade 降序排列。

在 MySQL 命令行输入如下命令语句。

```
mysql>  SELECT student.sno, student.sname, course.cname, score.grade
    ->  FROM student JOIN score ON student.sno = score.sno JOIN course ON
course.cno = score.cno
    ->  WHERE score.grade >= 90
    ->  ORDER BY score.grade DESC;
```

本例中，每个字段均采用了"表名.字段名称"的形式，清晰地表明了每个字段来自哪张表，这种方法的不足之处在于写起来比较烦琐。查询结果如下。

```
+--------------+---------+----------------------+--------+
| sno          | sname   | cname                | grade  |
+--------------+---------+----------------------+--------+
| 120211010230 | 李媛媛  | 高等数学             |   100  |
| 120211030110 | 王琦    | 高等数学             |    95  |
| 120211050101 | 张函    | 数据库应用           |    95  |
| 120211060104 | 王刚    | 高等数学             |    95  |
| 120211010103 | 宋洪博  | 证券投资学           |    93  |
| 120211050101 | 张函    | 证券投资学           |    92  |
| 120211041102 | 李华    | 模拟电子技术基础     |    91  |
| 120211010105 | 刘向志  | 数据库应用           |    90  |
| 120211041102 | 李华    | 数据库应用           |    90  |
| 120211050102 | 唐明卿  | 通用英语             |    90  |
+--------------+---------+----------------------+--------+
10 rows in set (0.00 sec)
```

5.5　子查询

子查询的主要用途是在执行某个查询的过程中使用另一个查询的结果，即在 WHERE 子句中包含另一个 SELECT 语句，这种将一个查询嵌套在另一个查询的 WHERE 子句中的查询称为子查询也称为嵌套查询。

子查询的结果可能是单个值，也可能是多个值的集合。

5-9　子查询

1. 结果为单个值

子查询结果为单个值时，条件中可以使用"＝""＞""＜""＜＝""＞＝""!＝""＜＞"等比较运算符。

【例 5-39】查询学生表 student 中入学总分 enterscore 大于等于平均值的学生的学号 sno、姓名 sname 和入学总分 enterscore。

在 MySQL 命令行输入如下命令语句，执行结果如下。

```
mysql> SELECT sno, sname, enterscore FROM student
    -> WHERE enterscore >= AVG(enterscore);
ERROR 1111 (HY000): Invalid use of group function
```

因为 WHERE 子句中不可以使用聚合函数，所以执行后系统会提示错误信息。

先用 SELECT 语句求出入学总分 enterscore 的平均值，其 SQL 语句如下。

```
SELECT AVG(enterscore) FROM student;
```

然后用该语句替换上面 WHERE 子句中的 AVG(enterscore)，构成如下子查询语句。

```
mysql> SELECT sno, sname, enterscore FROM student
    -> WHERE enterscore >= (SELECT AVG(enterscore) FROM student);
```

系统执行语句时从内层到外层进行，即先执行"SELECT AVG(enterscore) FROM student"语句，求出 AVG(enterscore)为 627.8，然后执行外层的"SELECT sno, sname, enterscore FROM student WHERE enterscore>=627.8"语句，检索出大于等于 627.8 的记录。子查询结果如下。

```
+--------------+--------+------------+
| sno          | sname  | enterscore |
+--------------+--------+------------+
| 120211010103 | 宋洪博 |        698 |
| 120211030409 | 张虎   |        650 |
| 120211040101 | 王晓红 |        630 |
| 120211040108 | 李明   |        650 |
| 120211041102 | 李华   |        648 |
| 120211050101 | 张函   |        663 |
| 120211060104 | 王刚   |        678 |
+--------------+--------+------------+
7 rows in set (0.00 sec)
```

2. 结果为多个值的集合

子查询的结果有多个值时，可以使用 ANY、SOME、ALL、IN 等运算符。

【例 5-40】通过学生表 student 和选修成绩表 score 两张表，查询尚未选修课程的学生的学号 sno 和姓名 sname。

在 MySQL 命令行输入如下命令语句。

```
mysql> SELECT sno, sname FROM student
    -> WHERE sno NOT IN (SELECT DISTINCT sno FROM score) ;
```

该子查询语句的执行分成两步：先执行内部的 SELECT 语句，检索出已选修课程的不重复的学号 sno；然后执行外部的 SELECT 语句，检索出不在已选修课程的学号 sno 集合中的记录，并显示出 sno 和 sname。查询结果如下。

```
+--------------+--------+
| sno          | sname  |
+--------------+--------+
| 120211030409 | 张虎   |
| 120211040101 | 王晓红 |
| 120211040108 | 李明   |
| 120211060206 | 赵壮   |
| 120211070106 | 刘丽   |
+--------------+--------+
5 rows in set (0.00 sec)
```

3. EXISTS 子查询

EXISTS 用于测试子查询的结果是否为空，如果结果不为空，则返回 TRUE；否则返回 FALSE。

【例 5-41】通过学生表 student 和选修成绩表 score 两张表，查询已经选修课程编号 cno 为 10101400 的学生的学号 sno 和姓名 sname。

在 MySQL 命令行输入如下命令语句。

```
mysql> SELECT sno, sname FROM student
    -> WHERE EXISTS (SELECT * FROM score WHERE student.sno = score.sno AND
cno="10101400");
```

因为 EXISTS 只测试子查询的结果是否为空，所以 SELECT 子句中的具体字段列表无实际意义，通常使用"*"即可。如果内层查询的结果非空，则外层的 WHERE 子句返回 TRUE。查询结果如下。

```
+--------------+--------+
| sno          | sname  |
+--------------+--------+
| 120211010103 | 宋洪博 |
| 120211010105 | 刘向志 |
```

```
| 120211010230 | 李媛媛   |
| 120211050101 | 张函     |
+--------------+--------+
4 rows in set (0.00 sec)
```

5.6 联合查询

联合查询是将两个查询结果集合并为一个查询结果集，使用关键字 UNION 实现，其语法格式如下。

```
SELECT 语句 1
UNION [ ALL | DISTINCT ]
SELECT 语句 2;
```

说明如下。

（1）UNION 运算符可以将前后两个 SELECT 语句的查询结果合并，生成一个数据集。

（2）联合查询时默认使用 DISTINCT，表示查询结果集中消除了重复记录，所有的记录都是唯一的；若使用 ALL，表示查询结果集中包含查询出的所有记录。

（3）联合查询中的两个 SELECT 语句必须具有相同的字段个数，并且各字段具有相同的数据类型。

【例 5-42】查询所有成绩 grade 大于等于 90 分以及不及格的学生的学号 sno、姓名 sname、课程名称 cname 和成绩 grade，并将结果按照成绩 grade 降序排列。

在 MySQL 命令行输入如下命令语句。

```
mysql> SELECT student.sno, sname, cname, grade
    -> FROM student JOIN score ON student.sno = score.sno JOIN course ON
course.cno = score.cno
    -> WHERE grade >= 90
    -> UNION
    -> SELECT student.sno, sname, cname, grade
    -> FROM student JOIN score ON student.sno = score.sno JOIN course ON
course.cno = score.cno
    -> WHERE grade < 60
    -> ORDER BY grade DESC;
```

ORDER BY 子句必须置于最后一条 SELECT 语句之后。联合查询的结果如下。

```
+--------------+--------+--------------------+-------+
| sno          | sname  | cname              | grade |
+--------------+--------+--------------------+-------+
| 120211010230 | 李媛媛 | 高等数学           | 100   |
| 120211030110 | 王琦   | 高等数学           | 95    |
| 120211050101 | 张函   | 数据库应用         | 95    |
| 120211060104 | 王刚   | 高等数学           | 95    |
| 120211010103 | 宋洪博 | 证券投资学         | 93    |
| 120211050101 | 张函   | 证券投资学         | 92    |
| 120211041102 | 李华   | 模拟电子技术基础   | 91    |
| 120211010105 | 刘向志 | 数据库应用         | 90    |
| 120211041102 | 李华   | 数据库应用         | 90    |
| 120211050102 | 唐明卿 | 通用英语           | 90    |
| 120211060104 | 王刚   | 大学物理           | 45    |
| 120211010230 | 李媛媛 | 证券投资学         | 34    |
+--------------+--------+--------------------+-------+
12 rows in set (0.00 sec)
```

【例 5-43】查询选修了课程编号 cno 为 10600611 或 10700140 的学生的学号 sno。

在 MySQL 命令行输入如下命令语句。

```
mysql> SELECT sno FROM score WHERE cno = "10600611"
    -> UNION ALL
    -> SELECT sno FROM score WHERE cno = "10700140";
```

查询结果如下。

```
+--------------+
| sno          |
+--------------+
| 120211010103 |
| 120211010105 |
| 120211010230 |
| 120211030110 |
| 120211041102 |
| 120211041129 |
| 120211050101 |
| 120211010103 |
| 120211010105 |
| 120211010230 |
| 120211030110 |
| 120211041102 |
| 120211050102 |
| 120211060104 |
| 120211070101 |
+--------------+
15 rows in set (0.01 sec)
```

因为 UNION ALL 仅将两个查询结果简单地合并到一起，导致结果中存在多个重复的学号 sno，所以不能使用关键字 ALL，需要使用默认的关键字 DISTINCT（可以省略）来消除重复记录。

在 MySQL 命令行输入如下命令语句。

```
mysql> SELECT sno FROM score WHERE cno = "10600611"
    -> UNION
    -> SELECT sno FROM score WHERE cno = "10700140";
```

查询结果如下。

```
+--------------+
| sno          |
+--------------+
| 120211010103 |
| 120211010105 |
| 120211010230 |
| 120211030110 |
| 120211041102 |
| 120211041129 |
| 120211050101 |
| 120211050102 |
| 120211060104 |
| 120211070101 |
+--------------+
10 rows in set (0.00 sec)
```

5.7 课堂案例：学生成绩管理数据库的数据查询

本节综合应用数据查询语句完成学生成绩管理数据库的数据查询。

1. 单表查询和多表查询

（1）查询入学总分排前 3 名的学生的学号 sno、姓名 sname 和入学总分 enterscore。

在 MySQL 命令行输入如下命令语句。

```
mysql> SELECT sno AS 学号, sname AS 姓名, enterscore AS 入学总分
    -> FROM student
    -> ORDER BY enterscore DESC
    -> LIMIT 3;
```

查询结果如下。

```
+--------------+--------+-----------+
| 学号         | 姓名   | 入学总分  |
+--------------+--------+-----------+
| 120211010103 | 宋洪博 |    698    |
| 120211060104 | 王刚   |    678    |
| 120211050101 | 张函   |    663    |
+--------------+--------+-----------+
3 rows in set (0.00 sec)
```

（2）查询教师的教师工号 tno、姓名 tname、性别 sex、职称 title 和院系名称 deptname。

在 MySQL 命令行输入如下命令语句。

```
mysql> SELECT tno AS 教师工号, tname AS 姓名, sex AS 性别, title AS 职称, deptname
AS 院系名称
    -> FROM department JOIN teacher ON department.deptno = teacher.deptno;
```

查询结果如下。

```
+----------+--------+------+--------+------------------------+
| 教师工号 | 姓名   | 性别 | 职称   | 院系名称               |
+----------+--------+------+--------+------------------------+
| 10100391 | 杨丽   | 女   | 副教授 | 外国语学院             |
| 10112583 | 周家罗 | 男   | 教授   | 外国语学院             |
| 10309242 | 宋江科 | 男   | 教授   | 能源动力与机械工程学院 |
| 10423769 | 林达   | 女   | 教授   | 电气与电子工程学院     |
| 10501561 | 赵晓丽 | 女   | 副教授 | 经济与管理学院         |
| 10610910 | 王平   | 男   | 教授   | 控制与计算机工程学院   |
| 10611295 | 马丽   | 女   | 讲师   | 控制与计算机工程学院   |
| 10631218 | 李亚明 | 男   | 讲师   | 控制与计算机工程学院   |
| 10701274 | 孟凯彦 | 男   | 讲师   | 数学学院               |
| 10710050 | 朱军   | 男   | 教授   | 数学学院               |
+----------+--------+------+--------+------------------------+
10 rows in set (0.00 sec)
```

（3）查询选修了"大学物理"课程的学生的学号 sno、姓名 sname 和大学物理成绩 grade。

在 MySQL 命令行输入如下命令语句。

```
mysql> SELECT student.sno AS 学号, sname AS 姓名, grade AS 大学物理成绩
    -> FROM student JOIN score ON student.sno = score.sno JOIN course ON
course.cno = score.cno
    -> WHERE cname = "大学物理";
```

查询结果如下。

```
+--------------+--------+--------------+
| 学号         | 姓名   | 大学物理成绩 |
+--------------+--------+--------------+
| 120211030110 | 王琦   |      80      |
| 120211041129 | 侯明斌 |      81      |
| 120211060104 | 王刚   |      45      |
+--------------+--------+--------------+
3 rows in set (0.00 sec)
```

（4）查询"大学物理"和"证券投资学"这两门课程不及格的学生的学号 sno、姓名 sname 和成绩 grade。

在 MySQL 命令行输入如下命令语句。

```
mysql> SELECT student.sno AS 学号, sname AS 姓名, cname AS 课程名称, grade AS 成绩
    -> FROM student JOIN score ON student.sno = score.sno JOIN course ON
course.cno = score.cno
    -> WHERE cname IN ("大学物理","证券投资学") AND grade < 60;
```

查询结果如下。

```
+--------------+--------+-------------+------+
| 学号         | 姓名   | 课程名称    | 成绩 |
+--------------+--------+-------------+------+
| 120211010230 | 李媛媛 | 证券投资学  |  34  |
| 120211060104 | 王刚   | 大学物理    |  45  |
+--------------+--------+-------------+------+
2 rows in set (0.00 sec)
```

（5）查询尚未选修任何课程的学生的学号 sno 和姓名 sname。

在 MySQL 命令行输入如下命令语句。

```
mysql> SELECT student.sno AS 学号, sname AS 姓名
    -> FROM score RIGHT JOIN student ON student.sno = score.sno
    -> WHERE cno IS NULL;
```

查询结果如下。

```
+--------------+--------+
| 学号         | 姓名   |
+--------------+--------+
| 120211030409 | 张虎   |
| 120211040101 | 王晓红 |
| 120211040108 | 李明   |
| 120211060206 | 赵壮   |
| 120211070106 | 刘丽   |
+--------------+--------+
5 rows in set (0.00 sec)
```

2. 使用 GROUP BY 子句和聚合函数

（1）统计各院系的学生人数，要求结果包含所有的院系。

在 MySQL 命令行输入如下命令语句。

```
mysql> SELECT deptname AS 院系名称, COUNT(sno) AS 学生人数
    -> FROM department LEFT JOIN student ON department.deptno = student.deptno
    -> GROUP BY deptname;
```

查询结果如下。

```
+----------------------+----------+
| 院系名称             | 学生人数 |
+----------------------+----------+
| 可再生能源学院       |    0     |
| 外国语学院           |    3     |
| 控制与计算机工程学院 |    2     |
| 数理学院             |    2     |
| 电气与电子工程学院   |    4     |
| 经济与管理学院       |    2     |
| 能源动力与机械工程学院|    2    |
+----------------------+----------+
7 rows in set (0.01 sec)
```

（2）统计每个教师授课的教学班级数量，将结果按教学班级数量降序排列。

在 MySQL 命令行输入如下命令语句。

```
mysql> SELECT tname AS 姓名, COUNT(teaching.tno) AS 教学班级数
    -> FROM teacher JOIN teaching ON teaching.tno = teacher.tno
    -> GROUP BY tname
    -> ORDER BY COUNT(teaching.tno) DESC;
```

查询结果如下。

```
+--------+------------+
| 姓名   | 教学班级数 |
+--------+------------+
| 朱军   |     5      |
```

```
| 孟凯彦      |          5 |
| 赵晓丽      |          4 |
| 王平        |          3 |
| 李亚明      |          2 |
| 林达        |          2 |
| 马丽        |          2 |
| 杨丽        |          2 |
| 周家罗      |          2 |
| 宋江科      |          1 |
+-----------+------------+
10 rows in set (0.00 sec)
```

（3）统计各院系的学生的平均分，将结果按平均分降序排列。

在 MySQL 命令行输入如下命令语句。

```
mysql> SELECT deptname AS 院系名称, AVG(grade) AS 平均分
    -> FROM student JOIN score ON student.sno = score.sno JOIN department ON
department.deptno = student.deptno
    -> GROUP BY deptname
    -> ORDER BY AVG(grade) DESC;
```

查询结果如下。

```
+----------------------------+----------+
| 院系名称                    | 平均分   |
+----------------------------+----------+
| 能源动力与机械工程学院       | 88.0000  |
| 电气与电子工程学院           | 80.1250  |
| 外国语学院                   | 79.5833  |
| 经济与管理学院               | 78.7500  |
| 数理学院                     | 75.5000  |
| 控制与计算机工程学院         | 70.0000  |
+----------------------------+----------+
6 rows in set (0.00 sec)
```

（4）统计每门课程的学生人数，将结果按学生人数降序排列。

在 MySQL 命令行输入如下命令语句。

```
mysql> SELECT cname AS 课程名称, COUNT(sno) AS 学生人数
    -> FROM course JOIN score ON course.cno = score.cno
    -> GROUP BY cname
    -> ORDER BY COUNT(sno) DESC;
```

查询结果如下。

```
+------------------+----------+
| 课程名称          | 学生人数 |
+------------------+----------+
| 高等数学          |        8 |
| 数据库应用        |        7 |
| 证券投资学        |        6 |
| 学术英语          |        4 |
| 大学物理          |        3 |
| 模拟电子技术基础  |        2 |
| 高级语言程序设计  |        2 |
| 通用英语          |        2 |
| 现代控制理论      |        1 |
+------------------+----------+
9 rows in set (0.00 sec)
```

（5）统计每门课程的平均分，将结果按平均分降序排列。

在 MySQL 命令行输入如下命令语句。

```
mysql> SELECT course.cno AS 课程编号, cname AS 课程名称, AVG(grade) AS 平均分
    -> FROM course JOIN score ON course.cno = score.cno
    -> GROUP BY course.cno, cname
    -> ORDER BY 3 DESC;
```

查询结果如下。

```
+----------+------------------+----------+
| 课程编号  | 课程名称          | 平均分    |
+----------+------------------+----------+
| 10600611 | 数据库应用        | 88.0000  |
| 10400350 | 模拟电子技术基础    | 88.0000  |
| 10700140 | 高等数学          | 81.5000  |
| 10101410 | 通用英语          | 80.0000  |
| 10500131 | 证券投资学        | 76.8333  |
| 10101400 | 学术英语          | 76.0000  |
| 10300710 | 现代控制理论       | 76.0000  |
| 10700053 | 大学物理          | 68.6667  |
| 10600200 | 高级语言程序设计    | 65.0000  |
+----------+------------------+----------+
9 rows in set (0.00 sec)
```

（6）统计每个学生选课数量和平均成绩（保留 1 位小数），将结果先按选课数量降序排列，当选课数量相同时按平均成绩降序排列。

在 MySQL 命令行输入如下命令语句。

```
mysql> SELECT student.sno AS 学号,sname AS 姓名,COUNT(cno) AS 选课数量,
ROUND(AVG(grade) ,1) AS 平均成绩
    -> FROM student JOIN score ON student.sno = score.sno
    -> GROUP BY student.sno, sname
    -> ORDER BY COUNT(cno) DESC,ROUND(AVG(grade),1) DESC;
```

查询结果如下。

```
+--------------+--------+----------+----------+
| 学号          | 姓名    | 选课数量  | 平均成绩  |
+--------------+--------+----------+----------+
| 120211010103 | 宋洪博  |    4     |   84.0   |
| 120211041102 | 李华    |    4     |   81.8   |
| 120211010105 | 刘向志  |    4     |   80.8   |
| 120211050101 | 张函    |    4     |   80.5   |
| 120211041129 | 侯明斌  |    4     |   78.5   |
| 120211050102 | 唐明卿  |    4     |   77.0   |
| 120211010230 | 李媛媛  |    4     |   74.0   |
| 120211030110 | 王琦    |    3     |   88.0   |
| 120211070101 | 李淑子  |    2     |   75.5   |
| 120211060104 | 王刚    |    2     |   70.0   |
+--------------+--------+----------+----------+
10 rows in set (0.00 sec)
```

（7）查询选课数量小于 3 门的学生的学号 sno、姓名 sname 和选课数量。

在 MySQL 命令行输入如下命令语句。

```
mysql> SELECT student.sno AS 学号, sname AS 姓名, COUNT(cno) AS 选课数量
    -> FROM student JOIN score ON student.sno = score.sno
    -> GROUP BY student.sno, sname HAVING COUNT(cno) < 3;
```

查询结果如下。

```
+--------------+--------+----------+
| 学号          | 姓名    | 选课数量  |
+--------------+--------+----------+
| 120211070101 | 李淑子  |    2     |
| 120211060104 | 王刚    |    2     |
+--------------+--------+----------+
2 rows in set (0.00 sec)
```

（8）统计有未通过课程的学生的学号 sno、姓名 sname 和未通过课程的数量。

在 MySQL 命令行输入如下命令语句。

```
mysql> SELECT student.sno AS 学号, sname  AS 姓名, COUNT(cno) AS 未通过课程数量
    -> FROM student JOIN score ON student.sno = score.sno
    -> WHERE grade < 60
    -> GROUP BY student.sno, sname;
```

查询结果如下。

```
+--------------+--------+----------------+
| 学号         | 姓名   | 未通过课程数量  |
+--------------+--------+----------------+
| 120211010230 | 李媛媛 |              1 |
| 120211060104 | 王刚   |              1 |
+--------------+--------+----------------+
2 rows in set (0.00 sec)
```

（9）统计每个学生已通过课程的数量和总学分，将结果按总学分降方排列。

只有课程成绩大于等于 60 分才能获得相应课程的学分，课程表 course 中没有表示学分的字段，但可以通过学时将学分计算出来，每 16 个学时是 1 个学分。在 MySQL 命令行输入如下命令语句。

```
mysql> SELECT student.sno AS 学号, sname AS 姓名, COUNT(course.cno) AS 通过课程
数量, SUM(hours/16) AS 总学分
    -> FROM student JOIN score ON student.sno = score.sno JOIN course ON
course.cno = score.cno
    -> WHERE grade >= 60
    -> GROUP BY student.sno, sname
    -> ORDER BY 4 Desc;
```

查询结果如下。

```
+--------------+--------+----------------+---------+
| 学号         | 姓名   | 通过课程数量    | 总学分   |
+--------------+--------+----------------+---------+
| 120211010103 | 宋洪博 |              4 | 13.5000 |
| 120211010105 | 刘向志 |              4 | 13.5000 |
| 120211041102 | 李华   |              4 | 13.5000 |
| 120211041129 | 侯明斌 |              4 | 12.5000 |
| 120211050101 | 张函   |              4 | 12.5000 |
| 120211050102 | 唐明卿 |              4 | 12.5000 |
| 120211010230 | 李媛媛 |              3 | 11.5000 |
| 120211030110 | 王琦   |              3 | 11.0000 |
| 120211070101 | 李淑子 |              2 |  7.5000 |
| 120211060104 | 王刚   |              1 |  4.0000 |
+--------------+--------+----------------+---------+
10 rows in set (0.00 sec)
```

3．子查询

（1）查询尚未被学生选修的课程编号 cno 和课程名称 cname。

在 MySQL 命令行输入如下命令语句。

```
mysql> SELECT cno AS 课程编号, cname AS 课程名称 FROM course
    -> WHERE cno NOT IN (SELECT DISTINCT cno FROM score);
```

查询结果如下。

```
+----------+--------------+
| 课程编号  | 课程名称      |
+----------+--------------+
| 10600450 | 无线网络安全  |
| 10700462 | 线性代数      |
+----------+--------------+
2 rows in set (0.00 sec)
```

（2）查询"高等数学"成绩低于平均值的学生的学号 sno、姓名 sname 和成绩 grade。

在 MySQL 命令行输入如下命令语句。

```
mysql> SELECT student.sno AS 学号, sname AS 姓名, grade AS 成绩
    -> FROM student JOIN score ON student.sno = score.sno JOIN course ON
course.cno = score.cno
    -> WHERE cname = "高等数学" AND grade < ( SELECT AVG(grade)
    -> FROM course JOIN score ON course.cno = score.cno
    -> WHERE cname = "高等数学");
```

查询结果如下。

```
+--------------+--------+------+
| 学号         | 姓名   | 成绩 |
+--------------+--------+------+
| 120211010103 | 宋洪博 |  70  |
| 120211010105 | 刘向志 |  76  |
| 120211041102 | 李华   |  70  |
| 120211050102 | 唐明卿 |  80  |
| 120211070101 | 李淑子 |  66  |
+--------------+--------+------+
5 rows in set (0.00 sec)
```

（3）查询与"王晓红"在同一院系的学生的学号 sno 和姓名 sname。

在 MySQL 命令行输入如下命令语句。

```
mysql> SELECT sno AS 学号, sname AS 姓名, deptno AS 院系代码
    -> FROM student
    -> WHERE deptno = (SELECT deptno FROM student WHERE sname = "王晓红" ) AND
sname != "王晓红";
```

也可以使用自连接的方法，在 MySQL 命令行输入如下命令语句。

```
mysql> SELECT b.sno AS 学号, b.sname AS 姓名, b.deptno AS 院系代码
    -> FROM student a, student b
    -> WHERE a.deptno = b.deptno AND a.sname = "王晓红" AND b.sname != "王晓红";
```

以上两种语句都会得到如下的查询结果。

```
+--------------+--------+----------+
| 学号         | 姓名   | 院系代码 |
+--------------+--------+----------+
| 120211040108 | 李明   | 104      |
| 120211041102 | 李华   | 104      |
| 120211041129 | 侯明斌 | 104      |
+--------------+--------+----------+
3 rows in set (0.00 sec)
```

【习题】

一、单项选择题

1. 在 SELECT 语句中，用于实现选择运算的子句是（　　）。

    A. SELECT   B. FROM   C. WHERE   D. ORDER BY

2. "SELECT *"表示（　　）。

    A. 选择全部记录   B. 选择全部字段   C. 选择第 1 条记录   D. 选择第 1 个字段

3. 统计表中的记录数时使用的聚合函数是（　　）。

    A. SUM   B. AVG   C. COUNT   D. MAX

4. 在 SELECT 语句中，用于将查询结果排序的子句是（　　）。

    A. FROM   B. WHERE   C. GROUP BY   D. ORDER BY

5. 在 SELECT 语句中使用关键字（　　）可以去除重复记录。

    A. DISTINCT   B. UNTQUE   C. LIMIT   D. HAVING

6. 在 SELECT 语句中，用于表示查询分组的子句是（　　）。

    A. GROUP BY   B. FROM   C. WHERE   D. UNION

7. 使用（　　）关键字进行子查询时，可以测试子查询的结果是否为空。如果不为空，则返回 TRUE；否则返回 FALSE。

    A. ALL   B. ANY   C. EXISTS   D. IN

8. 在 SELECT 语句中，用于将查询结果降序排列的参数是（　　）。

    A. UP   B. DOWN   C. ASC   D. DESC

9. 下列运算符中，可以实现模糊查询的是（　　）。

    A. =   B. >=   C. IS NULL   D. LIKE

10. 子句"LIMT 2,3"的含义是显示查询结果中的（　　）记录。

    A. 第 2 条、第 3 条   B. 第 1 条～第 3 条   C. 第 3 条～第 5 条   D. 第 2 条～第 4 条

二、填空题

1. 当 SELECT 语句涉及多张表时，各表共有字段的表示形式为＿＿＿＿＿。

2. 当 SELECT 语句中包含 WHERE 子句和 GROUP BY 子句时，先执行＿＿＿＿＿子句。

3. 表的内连接类型有＿＿＿＿＿和＿＿＿＿＿两种。

4. 使用自连接时需要为表指定两个＿＿＿＿＿，使之成为逻辑上的两张表。

5. HAVING 子句必须和＿＿＿＿＿配合使用。

【项目实训】图书馆借还书管理数据库的数据查询

一、实训目的

（1）掌握 SELECT 语句的语法。

（2）掌握单表查询。

（3）掌握利用聚合函数实现分类统计查询的方法。

（4）掌握多表连接查询。

（5）掌握子查询和联合查询。

二、实训内容

（1）查询"人民邮电出版社"的相关图书信息，结果包含图书编号、书名、作者、出版社和定价。

（2）查询女性读者的相关信息，结果包含读者姓名、性别和所属院系。

（3）查询 2017 年至 2019 年出版的相关图书信息，结果包含图书编号、书名、作者、出版日期和定价。

（4）查询图书定价打 7 折后的图书编号、书名和打折后价格。

（5）查询所有馆存图书的总类别数量和总库存数量。

（6）查询借阅的书名称中包含"数据"的读者的借阅信息，结果包含读者姓名和书名。

（7）查询读者为"教师"的借阅信息，结果包含读者姓名、书名和借阅日期。

（8）查询尚未还书的相关读者信息，结果包含读者编号、读者姓名、书名和借阅日期。

（9）查询每本图书的借阅次数，将结果按照借阅次数降序排列，结果包含图书编号、书名、借阅次数、作者和出版社。

（10）查询每个院系的借阅次数，将结果按照借阅次数降序排列，结果包含院系名称和借阅次数。

（11）查询借阅了书名为"大数据技术基础"的图书但尚未还书的相关读者信息，结果包含读者编号、读者姓名、书名和借阅日期。

（12）查询定价高于平均定价的相关图书信息，结果包含图书编号、书名、作者、出版社和定价。

（13）查询从未被读者借阅的相关图书信息，结果包含图书编号、书名、作者、出版社和定价。

第6章 视图

视图是数据库中主要的对象之一，是一种虚拟表。视图对应于数据库系统内部体系结构三级模式中的外模式，反映的是一张或多张基本表中的局部数据。本章主要介绍创建视图、查询视图、操作视图等内容。

【学习目标】

- 理解视图的概念。
- 掌握创建和查询视图的方法。
- 掌握操作视图的方法。

6.1 视图概述

视图是从一张或多张基本表中导出的虚拟表。视图与基本表不同，视图中的内容由SELECT语句定义，数据库中只存储视图的定义，不存储视图对应的数据，这些数据存储在基本表中，直到用户使用视图时才查找出对应的数据。当基本表中的数据发生变化时，与之关联的视图也会发生变化。

以学生购买教材为例，学校的教材中心将教材放置在对应的专业书架（相当于基本表）中，大一的学生需要购买高等数学、大学物理、马克思主义基本原理、通用英语等必修课的教材，管理员需要从不同的书架中取出教材，工作效率不高。为了快速找齐需要的教材，管理员可以按照必修课教材书目，将全部的教材提前取出放置在一个独立的书架（相当于视图）中，学生购买教材时管理员可以直接从该书架取出教材，这样可以提高工作效率。购买教材的学生无须知道教材来自不同的原始书架。

视图具有如下优点。

（1）隐藏了数据的复杂性。用户不必了解数据库中详细的表结构和复杂的表间联系。用户可以像使用基本表一样使用视图。

（2）方便用户查询数据。当用户需要查询的数据来自不同的表时，通过视图可以将它们集中在一起，方便查询。

（3）提高安全性。用户使用视图只能查询和修改视图中的数据，从而限制其所能浏览和编辑的数据内容。

（4）便于数据共享。各个用户不必重复定义和存储自己所需的数据，可以共享数据库中的数据，因此同样的数据只需存储一次。

6.2 创建和查询视图

6.2.1 创建视图

创建视图使用CREATE VIEW语句，其语法格式如下。

6-1 创建视图

111

```
CREATE [ OR REPLACE ] VIEW 视图名 [ ( 名称列表 ) ]
AS SELECT 语句
[ WITH [ CASCADED | LOCAL ] CHECK OPTION ];
```

说明如下。

（1）OR REPLACE：可选项，在创建视图时，如果存在同名的视图，则可以用新建的视图替换已有的视图。

（2）视图名：指定视图的名称。

（3）名称列表：需要为视图的各个列指定名称时，可使用这个选项，各名称之间用英文逗号分隔。名称列表中的名称个数必须与 SELECT 语句中的字段个数一致。省略名称列表时，视图的列名称与 SELECT 语句中的字段名称相同。

（4）SELECT 语句：用来创建视图，可以在 SELECT 语句中查询一张表、多张表或视图中的数据。

（5）WITH CHECK OPTION：指出在视图上进行的修改要符合 SELECT 语句指定的 WHERE 限制条件，这样在修改数据后，仍然可以通过视图看到修改的数据。当一个视图基于另一个视图定义时，可以选择 LOCAL 或 CASCADED 参数来确定检查的范围。LOCAL 表示只对当前定义的视图进行检查；CASCADED 表示对所有视图进行检查，是默认值。

使用视图时需要注意以下规则。

（1）新创建的视图默认存储在当前数据库中。如果需要在指定的数据库中创建视图，则使用"数据库名.视图名"形式。

（2）视图名必须是唯一的，且不能与表名相同。

（3）视图定义中引用的基本表或视图必须是存在的，并且定义视图的用户对所涉及的基本表或视图有查询的权限。

（4）不能引用系统变量或用户变量，不能引用预处理语句参数。

（5）不能包含子查询。

（6）不能在视图上建立任何索引。

【例 6-1】创建名为 v_student 的视图，包含学生表 student 中的学号 sno、姓名 sname、性别 sex、出生日期 birthdate、政治面貌 party、班级 classno、入学总分 enterscore 和院系表 department 中的院系名称 deptname。

在 MySQL 命令行输入如下命令语句创建视图 v_student，执行结果如下。

```
mysql> CREATE OR REPLACE VIEW v_student
    -> AS
    -> SELECT sno, sname, sex, birthdate, party, classno, deptname, enterscore
    -> FROM department JOIN student ON department.deptno = student.deptno;
Query OK, 0 rows affected (0.03 sec)
```

【例 6-2】创建名为 v_avgrade 的视图，包含课程表 course 中的 cno、cname 和 ROUND(AVG (grade),1)，在视图中，列名称分别为课程编号、课程名称和课程平均成绩。

在 MySQL 命令行输入如下命令语句创建视图 v_avgrade，执行结果如下。

```
mysql> CREATE OR REPLACE VIEW v_avgrade(课程编号, 课程名称, 课程平均成绩)
    -> AS
    -> SELECT course.cno, cname, ROUND(AVG(grade),1)
    -> FROM course JOIN score ON course.cno = score.cno
    -> GROUP BY course.cno, cname;
Query OK, 0 rows affected (0.00 sec)
```

6.2.2　查询视图

创建视图后，对视图的查询与对基本表的查询类似，不同的是 FROM 子句中用的是视图名。

【例 6-3】查询已创建的视图 v_student，显示所有字段。

创建好的视图 v_student 中包含较为复杂的表连接，用户直接查询该视图，可以不必进行表连接，简化了查询操作。在 MySQL 命令行输入如下命令语句查询视图 v_student。

```
mysql> SELECT * FROM v_student;
```

查询结果如下。

```
+--------------+--------+------+------------+-------+----------+----------------------+-----------+
| sno          | sname  | sex  | birthdate  |party  | classno  | deptname             | enterscore|
+--------------+--------+------+------------+-------+----------+----------------------+-----------+
| 120211010103 | 宋洪博 | 男   | 2003-05-15 | 党员  | 英语2101 | 外国语学院           |       698 |
| 120211010105 | 刘向志 | 男   | 2002-10-08 | 团员  | 英语2101 | 外国语学院           |       625 |
| 120211010230 | 李媛媛 | 女   | 2003-09-02 | 团员  | 英语2102 | 外国语学院           |       596 |
| 120211030110 | 王琦   | 男   | 2003-01-23 | 团员  | 机械2101 | 能源动力与机械工程学院 |     600 |
| 120211030409 | 张虎   | 男   | 2003-07-18 | 群众  | 机械2104 | 能源动力与机械工程学院 |     650 |
| 120211040101 | 王晓红 | 女   | 2002-09-02 | 团员  | 电气2101 | 电气与电子工程学院     |     630 |
| 120211040108 | 李明   | 男   | 2002-12-27 | 党员  | 电气2101 | 电气与电子工程学院     |     650 |
| 120211041102 | 李华   | 女   | 2003-01-01 | 团员  | 电气2111 | 电气与电子工程学院     |     648 |
| 120211041129 | 侯明斌 | 男   | 2002-12-03 | 党员  | 电气2111 | 电气与电子工程学院     |     617 |
| 120211050101 | 张函   | 女   | 2003-03-07 | 团员  | 财务2101 | 经济与管理学院         |     663 |
| 120211050102 | 唐明卿 | 女   | 2002-10-15 | 群众  | 财务2101 | 经济与管理学院         |     548 |
| 120211060104 | 王刚   | 男   | 2004-01-12 | 团员  | 计算2101 | 控制与计算机工程学院   |     678 |
| 120211060206 | 赵壮   | 男   | 2003-03-13 | 团员  | 计算2102 | 控制与计算机工程学院   |     605 |
| 120211070101 | 李淑子 | 女   | 2003-06-14 | 党员  | 物理2101 | 数理学院               |     589 |
| 120211070106 | 刘丽   | 女   | 2002-11-17 | 团员  | 物理2101 | 数理学院               |     620 |
+--------------+--------+------+------------+-------+----------+----------------------+-----------+
15 rows in set (0.00 sec)
```

【例 6-4】查询视图 v_student，显示学号 sno、姓名 sname、院系名称 deptname 和入学总分 enterscore。

在 MySQL 命令行输入如下命令语句查询视图 v_student。

```
mysql> SELECT sno, sname, deptname, enterscore
    -> FROM v_student;
```

查询结果如下。

```
+--------------+--------+----------------------+------------+
| sno          | sname  | deptname             | enterscore |
+--------------+--------+----------------------+------------+
| 120211010103 | 宋洪博 | 外国语学院           |        698 |
| 120211010105 | 刘向志 | 外国语学院           |        625 |
| 120211010230 | 李媛媛 | 外国语学院           |        596 |
| 120211030110 | 王琦   | 能源动力与机械工程学院 |      600 |
| 120211030409 | 张虎   | 能源动力与机械工程学院 |      650 |
| 120211040101 | 王晓红 | 电气与电子工程学院     |      630 |
| 120211040108 | 李明   | 电气与电子工程学院     |      650 |
| 120211041102 | 李华   | 电气与电子工程学院     |      648 |
| 120211041129 | 侯明斌 | 电气与电子工程学院     |      617 |
| 120211050101 | 张函   | 经济与管理学院         |      663 |
| 120211050102 | 唐明卿 | 经济与管理学院         |      548 |
| 120211060104 | 王刚   | 控制与计算机工程学院   |      678 |
| 120211060206 | 赵壮   | 控制与计算机工程学院   |      605 |
| 120211070101 | 李淑子 | 数理学院               |      589 |
| 120211070106 | 刘丽   | 数理学院               |      620 |
+--------------+--------+----------------------+------------+
15 rows in set (0.00 sec)
```

【例 6-5】查询视图 v_student，筛选出院系名称 deptname 为"外国语学院"的学生的学号 sno、姓名 sname、院系名称 deptname 和入学总分 enterscore。

在 MySQL 命令行输入如下命令语句查询视图 v_student。

```
mysql> SELECT sno, sname, deptname, enterscore
    -> FROM v_student WHERE deptname = "外国语学院";
```

查询结果如下。

```
+--------------+--------+------------+------------+
| sno          | sname  | deptname   | enterscore |
+--------------+--------+------------+------------+
| 120211010103 | 宋洪博 | 外国语学院 |        698 |
| 120211010105 | 刘向志 | 外国语学院 |        625 |
```

6-2　查询视图

```
| 120211010230 | 李媛媛   | 外国语学院      |         596 |
+--------------+--------+----------------+-------------+
3 rows in set (0.00 sec)
```

【例 6-6】查询视图 v_student，筛选出院系名称 deptname 为"外国语学院"的学生的学号 sno、姓名 sname、院系名称 deptname 和入学总分 enterscore，并将字段名显示为相应的别名。

如果希望显示出字段的明确含义，那么可以使用 AS 子句为字段指定别名。在 MySQL 命令行输入如下命令语句查询视图 v_student。

```
mysql> SELECT sno AS 学号, sname AS 姓名, deptname AS 院系名称, enterscore AS 入学总分
    -> FROM v_student WHERE deptname = "外国语学院";
```

查询结果如下。

```
+--------------+--------+----------------+-----------+
| 学号         | 姓名   | 院系名称        | 入学总分  |
+--------------+--------+----------------+-----------+
| 120211010103 | 宋洪博 | 外国语学院      |       698 |
| 120211010105 | 刘向志 | 外国语学院      |       625 |
| 120211010230 | 李媛媛 | 外国语学院      |       596 |
+--------------+--------+----------------+-----------+
3 rows in set (0.00 sec)
```

如果在定义视图时就使用了 AS 子句，则查询视图时必须使用 AS 子句中的别名。

例如，在 MySQL 命令行输入如下命令语句定义视图 v_student1，执行结果如下。

```
mysql> CREATE OR REPLACE VIEW v_student1
    -> AS
    -> SELECT sno AS 学号, sname AS 姓名, sex AS 性别, birthdate AS 出生日期, party
AS 政治面貌, classno AS 班级, deptname AS 院系名称, enterscore AS 入学总分
    -> FROM department JOIN student ON department.deptno = student.deptno;
Query OK, 0 rows affected (0.03 sec)
```

在 MySQL 命令行输入如下命令语句查询视图 v_student1，执行结果如下。

```
mysql> SELECT sno, sname, deptname, enterscore
    -> FROM v_student1;
ERROR 1054 (42S22): Unknown column 'sno' in 'field list'
```

结果中出现了错误提示信息。可以理解为该视图已经屏蔽了基本表中的字段名称，所以用户查询视图时只能使用视图定义的列名称。正确的查询视图 v_student1 的命令语句如下。

```
mysql> SELECT 学号, 姓名, 院系名称, 入学总分 FROM v_ student1;
```

查询结果如下。

```
+--------------+--------+------------------------+-----------+
| 学号         | 姓名   | 院系名称               | 入学总分  |
+--------------+--------+------------------------+-----------+
| 120211010103 | 宋洪博 | 外国语学院             |       698 |
| 120211010105 | 刘向志 | 外国语学院             |       625 |
| 120211010230 | 李媛媛 | 外国语学院             |       596 |
| 120211030110 | 王琦   | 能源动力与机械工程学院  |       600 |
| 120211030409 | 张虎   | 能源动力与机械工程学院  |       650 |
| 120211040101 | 王晓红 | 电气与电子工程学院     |       630 |
| 120211040106 | 李明   | 电气与电子工程学院     |       650 |
| 120211041102 | 李华   | 电气与电子工程学院     |       648 |
| 120211041129 | 侯明斌 | 电气与电子工程学院     |       617 |
| 120211050101 | 张函   | 经济与管理学院         |       663 |
| 120211050102 | 唐明卿 | 经济与管理学院         |       548 |
| 120211060104 | 王刚   | 控制与计算机工程学院   |       678 |
| 120211060206 | 赵壮   | 控制与计算机工程学院   |       605 |
| 120211070101 | 李淑子 | 数理学院               |       589 |
| 120211070106 | 刘丽   | 数理学院               |       620 |
+--------------+--------+------------------------+-----------+
15 rows in set (0.00 sec)
```

【例 6-7】查询视图 v_avgrade，显示所有数据。

在 MySQL 命令行输入如下命令语句查询视图 v_avgrade。

```
mysql> SELECT * FROM v_avgrade;
```

查询结果如下。

```
+----------+------------------+--------------+
| 课程编号  | 课程名称          | 课程平均成绩  |
+----------+------------------+--------------+
| 10101400 | 学术英语          |         76.0 |
| 10500131 | 证券投资学        |         76.8 |
| 10600611 | 数据库应用        |         88.0 |
| 10700140 | 高等数学          |         81.5 |
| 10700053 | 大学物理          |         68.7 |
| 10300710 | 现代控制理论      |         76.0 |
| 10400350 | 模拟电子技术基础  |         88.0 |
| 10600200 | 高级语言程序设计  |         65.0 |
| 10101410 | 通用英语          |         80.0 |
+----------+------------------+--------------+
9 rows in set (0.00 sec)
```

【例 6-8】查询视图 v_avgrade，显示课程平均成绩在 80 分及以上的记录。

在 MySQL 命令行输入如下命令语句查询视图 v_avgrade。

```
mysql> SELECT * FROM v_avgrade
    -> WHERE 课程平均成绩 >= 80;
```

查询结果如下。

```
+----------+------------------+--------------+
| 课程编号  | 课程名称          | 课程平均成绩  |
+----------+------------------+--------------+
| 10600611 | 数据库应用        |         88.0 |
| 10700140 | 高等数学          |         81.5 |
| 10400350 | 模拟电子技术基础  |         88.0 |
| 10101410 | 通用英语          |         80.0 |
+----------+------------------+--------------+
4 rows in set (0.00 sec)
```

【例 6-9】查询视图 v_avgrade，显示课程平均成绩在 80 分及以上的课程名称和课程平均成绩。

在 MySQL 命令行输入如下命令语句查询视图 v_avgrade。

```
mysql> SELECT 课程名称, 课程平均成绩 FROM v_avgrade
    -> WHERE 课程平均成绩 >= 80;
```

查询结果如下。

```
+------------------+--------------+
| 课程名称          | 课程平均成绩  |
+------------------+--------------+
| 数据库应用        |         88.0 |
| 高等数学          |         81.5 |
| 模拟电子技术基础  |         88.0 |
| 通用英语          |         80.0 |
+------------------+--------------+
4 rows in set (0.02 sec)
```

如果某个基本表被删除，则基于该表创建的视图将不能使用。如果某个基本表在创建视图后添加了新字段，则基于该表创建的视图中不会包含新字段。

6.3 操作视图

操作视图包括更新视图、修改视图定义和删除视图。

6.3.1　更新视图

6-3　更新视图

视图可以为基本表提供保护，用户不直接对基本表进行插入、删除和修改数据等操作，而是通过视图来实现这些操作。因为视图是不存储数据的虚拟表，所以对视图的更新就是对基本表的更新。更新视图可以实现对基本表插入、删除和修改数据等操作。

可以通过更新视图数据来更新与其关联的基本表中的数据，前提是视图是可更新视图。可更新视图中的行和基本表中的行必须具有一对一的关系。创建视图时使用的 WITH CHECK OPTION 子句只能和可更新视图一起使用。如果视图包含下述中的任意一种，则该视图不可以更新。

（1）聚合函数。

（2）DISTINCT 关键字。

（3）GROUP BY 子句。

（4）ORDER BY 子句。

（5）HAVING 子句。

（6）UNION 联合查询。

（7）FROM 子句中包含多张表。

（8）SELECT 子句中引用了不可更新的视图。

（9）WHERE 子句中的子查询引用了 FROM 子句中的表。

【例 6-10】创建名为 v_femalestu 的视图，包含学生表 student 中所有女生的学号 sno、姓名 sname、性别 sex、入学总分 enterscore 和奖惩情况 awards。

在 MySQL 命令行输入如下命令语句创建视图 v_femalestu，执行结果如下。

```
mysql> CREATE OR REPLACE VIEW v_femalestu
    -> AS
    -> SELECT sno, sname, sex, enterscore, awards
    -> FROM student WHERE sex = "女"
    -> WITH CHECK OPTION;
Query OK, 0 rows affected (0.04 sec)
```

使用 SELECT 语句查询视图 v_femalestu。

```
mysql> SELECT * FROM v_femalestu;
```

查询结果如下。

```
+--------------+--------+------+------------+----------------+
| sno          | sname  | sex  | enterscore | awards         |
+--------------+--------+------+------------+----------------+
| 120211010230 | 李媛媛 | 女   |        596 |                |
| 120211040101 | 王晓红 | 女   |        630 |                |
| 120211041102 | 李华   | 女   |        648 |                |
| 120211050101 | 张函   | 女   |        663 |                |
| 120211050102 | 唐明卿 | 女   |        548 | 国家二级运动员 |
| 120211070101 | 李淑子 | 女   |        589 |                |
| 120211070106 | 刘丽   | 女   |        620 |                |
+--------------+--------+------+------------+----------------+
7 rows in set (0.00 sec)
```

1. 插入数据

使用 INSERT 语句向视图中插入数据时，如果在创建视图时使用了 WITH CHECK OPTION 子句，则在插入数据时要检查新数据是否符合视图定义中 WHERE 子句的条件。如果视图是基于多张基本表创建的，则不能向视图中插入数据。

【例 6-11】向视图 v_femalestu 中插入一条数据（120211010130，王明明，女，675，NULL）。

在 MySQL 命令行输入如下命令语句，向视图 v_femalestu 中插入一条数据，执行结果如下。

```
mysql> INSERT INTO v_femalestu
    -> VALUES("120211010130","王明明","女", 675, NULL);
Query OK, 1 row affected (0.01 sec)
```
在 MySQL 命令行输入如下 SELECT 语句查询基本表 student。
```
mysql> SELECT sno, sname, sex, enterscore, awards
    -> FROM student WHERE sex = "女" AND sno = "120211010130";
```
查询结果如下。可以看到，通过视图 v_femalestu 插入的数据已经插入基本表 student 中。
```
+--------------+--------+------+------------+--------+
| sno          | sname  | sex  | enterscore | awards |
+--------------+--------+------+------------+--------+
| 120211010130 | 王明明  | 女   |        675 | NULL   |
+--------------+--------+------+------------+--------+
1 row in set (0.00 sec)
```
视图 v_femalestu 的定义中包含 WHERE 子句，所以向视图 v_femalestu 中插入数据时，性别 sex 字段只能为"女"。如果为"男"，则系统将提示如下错误信息。
```
mysql> INSERT INTO v_femalestu
    -> VALUES("120211010119","王建国","男", 670, NULL);
ERROR 1369 (HY000): CHECK OPTION failed 'scoredb.v_femalestu'
```
当视图涉及多张基本表时，向该视图插入数据将会影响多张基本表，所以不允许向该类视图插入数据。例如，不能向【例 6-1】创建的视图 v_student 插入数据，因为视图 v_student 涉及学生表 student 和院系表 department 两张基本表。

2. 修改数据

使用 UPDATE 语句可以实现通过视图修改基本表中的数据。

【例 6-12】将视图 v_femalestu 中的奖惩情况 awards 字段中的空白或 NULL 更改为"无"。

6-4 修改数据

在 MySQL 命令行输入如下命令语句，对视图 v_femalestu 进行数据的修改，执行结果如下。
```
mysql> UPDATE v_femalestu SET awards = "无"
    -> WHERE awards = "" OR awards IS NULL;
Query OK, 7 rows affected (0.02 sec)
Rows matched: 7  Changed: 7  Warnings: 0
```
在 MySQL 命令行输入如下 SELECT 语句查询基本表 student。
```
mysql> SELECT sno, sname, sex, enterscore, awards
    -> FROM student;
```
查询结果如下。
```
+--------------+--------+------+------------+-----------------------------+
| sno          | sname  | sex  | enterscore | awards                      |
+--------------+--------+------+------------+-----------------------------+
| 120211010103 | 宋洪博  | 男   |        698 | 三好学生，一等奖学金          |
| 120211010105 | 刘向志  | 男   |        625 |                             |
| 120211010119 | 王建国  | 男   |        670 | NULL                        |
| 120211010130 | 王明明  | 女   |        675 | 无                          |
| 120211010230 | 李媛媛  | 女   |        596 | 无                          |
| 120211030110 | 王琦    | 男   |        600 | 优秀学生干部，二等奖学金       |
| 120211030409 | 张虎    | 男   |        650 | 北京市数学建模一等奖          |
| 120211040101 | 王晓红  | 女   |        630 | 无                          |
| 120211040108 | 李明    | 男   |        650 |                             |
| 120211041102 | 李华    | 女   |        648 | 无                          |
| 120211041129 | 侯明斌  | 男   |        617 |                             |
| 120211050101 | 张函    | 女   |        663 | 无                          |
| 120211050102 | 唐明卿  | 女   |        548 | 国家二级运动员               |
```

```
| 120211060104 | 王刚    | 男    |         678 |                          |
| 120211060206 | 赵壮    | 男    |         605 |                          |
| 120211070101 | 李淑子  | 女    |         589 | 无                       |
| 120211070106 | 刘丽    | 女    |         620 | 无                       |
+--------------+--------+------+------------+--------------------------+
17 rows in set (0.00 sec)
```

通过 v_femalestu 视图修改的数据已经更新到基本表 student 中，可以直观地看到只修改了满足条件的女生，而男生的奖惩情况 awards 字段的值不受影响。

3．删除数据

使用 DELETE 语句可以实现通过视图删除基本表中的数据。

【例 6-13】删除视图 v_femalestu 中姓名 sname 为"王明明"的数据。

在 MySQL 命令行输入如下命令语句，对视图 v_femalestu 进行数据的删除，执行结果如下。

```
mysql> DELETE FROM v_femalestu WHERE sname = "王明明";
Query OK, 1 row affected (0.02 sec)
```

在 MySQL 命令行输入如下 SELECT 语句查询学生表 student。

```
mysql> SELECT sno, sname, sex, enterscore, awards
    -> FROM student WHERE sex = "女" AND sname = "王明明";
Empty set (0.00 sec)
```

查询结果为空集合，表明姓名为"王明明"的数据已经被删除。

6.3.2 修改视图定义

使用 ALTER VIEW 语句可以修改已有视图的定义，其语法格式如下。

```
ALTER VIEW 视图名 [ （名称列表） ]
AS
SELECT 语句
[ WITH [ CASCADED | LOCAL ] CHECK OPTION ] ;
```

ALTER VIEW 语句的参数与 CREATE VIEW 语句类似。

【例 6-14】修改视图 v_femalestu，使其只包含学生表 student 中所有院系代码为 101 的女生的学号 sno、姓名 sname、性别 sex 和入学总分 enterscore。

在 MySQL 命令行输入如下命令语句修改视图 v_femalestu，执行结果如下。

```
mysql> ALTER VIEW v_femalestu
    -> AS
    -> SELECT sno, sname, sex, enterscore
    -> FROM student WHERE sex = "女" AND deptno = "101"
    -> WITH CHECK OPTION;
Query OK, 0 rows affected (0.03 sec)
```

6.3.3 删除视图

可以删除不需要的视图，删除视图对该视图关联的基本表没有任何影响。删除视图使用 DROP VIEW 语句，其语法格式如下。

```
DROP VIEW [ IF EXISTS ] 视图名1 [ , 视图名2 … ] ;
```

说明如下。

（1）如果包含 IF EXISTS，当视图不存在时，就不会出现错误提示信息。

（2）使用 DROP VIEW 可以一次性删除多个视图。

【例 6-15】删除视图 v_student 和 v_avgrade。

在 MySQL 命令行输入如下命令语句，批量删除视图 v_student 和 v_avgrade，执行结果如下。

```
mysql> DROP VIEW v_student, v_avgrade;
Query OK, 0 rows affected (0.02 sec)
```

6.4　课堂案例：学生成绩管理数据库的视图

本节综合应用视图对学生成绩管理数据库中的数据进行查询和更新。

1. 创建和查询视图

（1）创建名为 v_grade 的视图，显示学生的学号 sno、姓名 sname、课程名称 cname 和成绩 grade。创建的视图涉及 3 张表：学生表 student、课程表 course 和选修成绩表 score。

在 MySQL 命令行输入如下命令语句创建视图 v_grade，执行结果如下。

```
mysql> CREATE OR REPLACE VIEW v_grade
    -> AS
    -> SELECT student.sno, sname, cname, grade
    -> FROM student JOIN score ON student.sno  =score.sno JOIN  course  ON
course.cno = score.cno;
    Query OK, 0 rows affected (0.01 sec)
```

如果用户要查询某个学生的成绩，无须自己在 SELECT 语句中进行 3 张表的复杂连接操作，只需要使用类似于单表的 SELECT 语句查询视图 v_grade 就可以查询到指定姓名的成绩。查询不同学生的成绩只需要修改 WHERE 子句中的姓名即可。

在 MySQL 命令行输入如下命令语句。

```
mysql> SELECT sname AS 姓名, cname AS 课程名称, grade AS 成绩
    -> FROM v_grade WHERE sname = "李华";
```

查询结果如下。

```
+------+------------------+------+
| 姓名 | 课程名称         | 成绩 |
+------+------------------+------+
| 李华 | 现代控制理论     |   76 |
| 李华 | 模拟电子技术基础 |   91 |
| 李华 | 数据库应用       |   90 |
| 李华 | 高等数学         |   70 |
+------+------------------+------+
4 rows in set (0.00 sec)
```

（2）创建名为 v_count 的视图，统计每门课程的选课人数。

在 MySQL 命令行输入如下命令语句创建视图 v_count，执行结果如下。

```
mysql> CREATE OR REPLACE VIEW v_count(课程名称，选课人数)
    -> AS
    -> SELECT cname, COUNT(sno)
    -> FROM course JOIN score ON course.cno = score.cno
    -> GROUP BY cname;
Query OK, 0 rows affected (0.02 sec)
```

因为该视图中包含聚合函数 COUNT，是不可更新的视图，所以不能使用 WITH CHECK OPTION 子句。

在 MySQL 命令行输入如下命令语句查询视图 v_count。

```
mysql> SELECT 课程名称, 选课人数 FROM v_count;
```

查询结果如下。

```
+----------------+----------+
| 课程名称       | 选课人数 |
+----------------+----------+
| 学术英语       |        4 |
| 证券投资学     |        6 |
| 数据库应用     |        7 |
| 高等数学       |        8 |
| 大学物理       |        3 |
| 现代控制理论   |        1 |
```

```
    | 模拟电子技术基础      |          2    |
    | 高级语言程序设计      |          2    |
    | 通用英语              |          2    |
    +--------------------+---------+
9 rows in set (0.00 sec)
```

2. 操作视图

（1）创建名为 v_hours 的视图，显示课程编号 cno、课程名称 cname 和学时 hours。

在 MySQL 命令行输入如下命令语句创建视图 v_hours，执行结果如下。

```
mysql> CREATE OR REPLACE VIEW v_hours
    -> AS
    -> SELECT cno, cname, hours
    -> FROM course;
Query OK, 0 rows affected (0.01 sec)
```

在 MySQL 命令行输入如下命令语句查询视图 v_hours。

```
mysql> SELECT cno, cname, hours
    -> FROM v_hours;
```

查询结果如下。

```
+----------+------------------+-------+
| cno      | cname            | hours |
+----------+------------------+-------+
| 10101400 | 学术英语         |    64 |
| 10101410 | 通用英语         |    48 |
| 10300710 | 现代控制理论     |    40 |
| 10400350 | 模拟电子技术基础 |    56 |
| 10500131 | 证券投资学       |    32 |
| 10600200 | 高级语言程序设计 |    56 |
| 10600450 | 无线网络安全     |    32 |
| 10600611 | 数据库应用       |    56 |
| 10700053 | 大学物理         |    56 |
| 10700140 | 高等数学         |    64 |
| 10700462 | 线性代数         |    48 |
+----------+------------------+-------+
11 rows in set (0.00 sec)
```

（2）向视图 v_hours 中插入一条数据（19999999，大学计算机基础，32）。

在 MySQL 命令行输入如下命令语句，对视图 v_hours 进行数据的插入，执行结果如下。

```
mysql> INSERT INTO v_hours VALUES("19999999","大学计算机基础",32);
Query OK, 1 row affected (0.02 sec)
```

在 MySQL 命令行输入如下 SELECT 语句查询基本表 course。

```
mysql> SELECT cno, cname, hours
    -> FROM course WHERE cno = "19999999";
```

查询结果如下。可以看到，向 v_hours 视图插入的数据已经插入基本表 course 中。

```
+----------+----------------+-------+
| cno      | cname          | hours |
+----------+----------------+-------+
| 19999999 | 大学计算机基础 |    32 |
+----------+----------------+-------+
1 row in set (0.00 sec)
```

（3）删除视图 v_hours 中课程名称 cname 为"大学计算机基础"的数据。

在 MySQL 命令行输入如下命令语句，对视图 v_hours 进行数据的删除，执行结果如下。

```
mysql> DELETE FROM v_hours WHERE cname = "大学计算机基础";
Query OK, 1 row affected (0.01 sec)
```

在 MySQL 命令行输入如下 SELECT 语句查询基本表 course。

```
mysql> SELECT cno, cname, hours
```

高不明显。当表中的数据非常多时，创建索引后查询速度会显著提高。假设课程表中有 1000 门课程，没有创建索引时，需要按照课程编号逐行比较，平均的查找次数是 1000÷2=500 次。如果对课程编号创建索引，则平均的查找次数可以达到 $\log_2 1000$，约等于 10 次，可以看到创建索引后的查找次数显著减少，查找速度显著提高。

在编写 SELECT 语句时，有索引的表与没有索引的表没有任何区别，索引只是提供了一种快速访问指定记录的方法。

索引具有如下优点。

（1）可以提高查询速度。

（2）可以确保数据的唯一性。

（3）提高 ORDER BY 和 GROUP BY 子句的执行速度。

使用索引可以提高数据库的性能，但也要付出一定的代价，主要体现在：索引需要占用磁盘的存储空间，索引会降低更新表中数据的速度。当更新表中的数据时，系统会自动更新索引页面的数据，可能需要重新组织索引，这些都需要消耗时间。

索引设计不当可能会影响系统的性能，合理设置索引对数据库系统来说非常重要，需要遵循以下几个原则。

（1）只为需要频繁查询的字段创建索引。

（2）数据量较小的表最好不要创建索引。

（3）尽量对不同值较多的字段创建索引，如"姓名"字段；不要对不同值很少的字段创建索引，如"性别"字段。

（4）一张表中的索引不是越多越好，需要限制索引的数量。

（5）对于需要频繁进行插入、删除、修改操作的数据表，创建的索引越多，更新表所耗费的时间越长。

7.1.2　索引的分类

MySQL 数据库中的索引可以分成以下 4 种类型。

（1）普通索引

普通索引是最基本的索引类型，它没有唯一性的限制，可以有重复值和空值。创建普通索引的关键字是 INDEX。

7-1　索引分类

（2）唯一索引

唯一索引与普通索引基本相同，区别在于唯一索引的索引字段的值必须是唯一的，不允许重复，但允许有空值。创建唯一索引的关键字是 UNIQUE。

（3）主键索引

主键索引是一种特殊的唯一索引，每张表只能有一个主键索引，且不允许有空值。创建主键索引的关键字是 PRIMARY KEY，即主键。

（4）全文索引

全文索引只能在 CHAR、VARCHAR 或者 TEXT 类型的字段上创建，并且只能在存储引擎为 MyISAM 和 InnoDB 的表中创建。创建全文索引的关键字是 FULLTEXT。当查询数据量较大的字符串型字段时，使用全文索引可以提高查询速度。

创建在一个字段上的索引称为单索引，创建在多个字段上的索引称为组合索引、复合索引或多列索引。如果唯一索引是组合索引，则多个字段的组合必须是唯一的。

7.2　创建索引

在 MySQL 数据库中，可以在已有的数据表中创建索引，也可以在创建数据

7-2　创建索引

表的同时创建索引。索引创建成功后，将由数据库自动管理和维护；当向表中插入、删除和修改数据时，数据库会自动修改相应的索引。

1. 使用 CREATE INDEX 语句创建索引

使用 CREATE INDEX 语句可以在一个已有的数据表上创建索引，其语法格式如下。

```
CREATE [ UNIQUE | FULLTEXT ] INDEX 索引名
ON 表名(字段名称1[(长度1)][ ASC | DESC ][，字段名称2[(长度2)][ ASC | DESC ] … ]);
```

说明如下。

（1）索引名：指定创建的索引的名称，在一张表上可以创建多个索引，但是每个索引名必须是唯一的。

（2）UNIQUE | FULLTEXT：UNIQUE 表示创建的是唯一索引，FULLTEXT 表示创建的是全文索引。

（3）长度：只能对字符串型字段指定长度，表示使用前多少个字符创建索引，这样可以减小索引文件的大小。

（4）ASC | DESC：指定索引按照升序 ASC 或者降序 DESC 排列，默认值为 ASC。

【例 7-1】在学生表 student 的出生日期 birthdate 字段上创建一个普通索引 I_birthdate。

在 MySQL 命令行输入如下命令语句，执行结果如下。

```
mysql> CREATE INDEX I_birthdate ON student(birthdate);
Query OK, 0 rows affected (0.06 sec)
Records: 0 Duplicates: 0 Warnings: 0
```

【例 7-2】在课程表 course 的课程名称 cname 字段上创建一个唯一索引 I_cname，按照 cname 字段值的前 5 个字符降序排列。

在 MySQL 命令行输入如下命令语句，执行结果如下。

```
mysql> CREATE UNIQUE INDEX I_cname ON course(cname(5) DESC);
Query OK, 0 rows affected (0.06 sec)
Records: 0 Duplicates: 0 Warnings: 0
```

【例 7-3】在学生表 student 的院系代码 deptno 字段和入学总分 enterscore 字段上创建一个组合索引 I_deptscore，按照院系代码 deptno 升序排列，如果院系代码 deptno 相同，则按照入学总分 enterscore 降序排列。

在 MySQL 命令行输入如下命令语句，执行结果如下。

```
mysql> CREATE INDEX I_deptscore ON student(deptno, enterscore DESC);
Query OK, 0 rows affected (0.04 sec)
Records: 0 Duplicates: 0 Warnings: 0
```

2. 使用 ALTER TABLE 语句创建索引

也可以使用 ALTER TABLE 语句为已有的数据表创建索引，其语法格式如下。

```
ALTER TABLE 表名
ADD INDEX [ 索引名 ] ( 字段名称1[，字段名称2 … ])
| ADD PRIMARY KEY ( 字段名称1[，字段名称2 … ])
| ADD UNIQUE [ 索引名 ] ( 字段名称1[，字段名称2 … ])
| ADD FULLTEXT [ 索引名 ] ( 字段名称1[，字段名称2 … ]);
```

说明如下。

（1）索引名：如果省略，则采用默认索引名。主键索引的默认索引名为 PRIMARY；其他索引默认使用索引的第一个字段名称作为索引名，如果多个索引是相同字段，则在字段后加顺序数字进行区别。

（2）一次创建多个索引时，各个索引之间用英文逗号分隔。

【例 7-4】在学生表 student 的姓名 sname 字段上创建一个普通索引 I_sname，并按照姓名降序排列。

在 MySQL 命令行输入如下命令语句，执行结果如下。

```
mysql> ALTER TABLE student
    -> ADD INDEX I_sname (sname DESC);
```

```
Query OK, 0 rows affected (0.03 sec)
Records: 0 Duplicates: 0 Warnings: 0
```

【例 7-5】在课程表 course 的课程名称 cname 字段上创建一个唯一索引，在学时 hours 字段上创建一个普通索引并按照学时降序排列。

在 MySQL 命令行输入如下命令语句，执行结果如下。

```
mysql> ALTER TABLE course
    -> ADD UNIQUE (cname),
    -> ADD INDEX (hours DESC);
Query OK, 0 rows affected (0.13 sec)
Records: 0 Duplicates: 0 Warnings: 0
```

该语句中没有给这两个索引命名，则默认索引名为字段名称，相应的索引名分别是 cname 和 hours。

3. 使用 CREATE TABLE 语句创建索引

使用 CREATE TABLE 语句可以在创建表的同时创建索引，其索引项的语法格式如下。

```
PRIMARY KEY ( 字段名称 1 [ , 字段名称 2 … ] )
| { INDEX | KEY } [ 索引名 ] ( 字段名称 1 [ , 字段名称 2 … ] )
| UNIQUE [ INDEX] [ 索引名 ] ( 字段名称 1 [ , 名称 2 … ] )
| [ FULLTEXT ] [ INDEX ] [ 索引名 ] ( 字段名称 1 [ , 字段名称 2 … ] );
```

【例 7-6】创建表 course1，设置课程编号 cno 字段为主键、课程名称 cname 为唯一索引、学时 hours 为普通索引。

在 MySQL 命令行输入如下命令语句，执行结果如下。

```
mysql> CREATE TABLE course1
    -> (
    -> cno CHAR(8) NOT NULL,
    -> cname VARCHAR(50),
    -> hours TINYINT,
    -> PRIMARY KEY(cno),
    -> UNIQUE(cname),
    -> INDEX(hours)
    -> );
Query OK, 0 rows affected (0.08 sec)
```

7.3 查看索引

使用 SHOW INDEX 语句查看数据表的索引，其语法格式如下。

```
SHOW { INDEX | INDEXES | KEYS }{ FROM | IN } 表名 [{ FROM | IN } 数据库名];
```

SHOW INDEX 语句以二维表的形式显示指定表的所有索引信息，由于显示的信息较多，不易查看，因此可以使用"\G"参数将每一行垂直显示，效果更好。

【例 7-7】查看表 course1 的索引。

在 MySQL 命令行输入如下命令语句，显示表 course1 的所有索引。

```
mysql> SHOW INDEX FROM course1\G;
```

执行结果如下。

```
*************************** 1. row ***************************
        Table: course1
   Non_unique: 0
     Key_name: PRIMARY
 Seq_in_index: 1
  Column_name: cno
    Collation: A
  Cardinality: 0
     Sub_part: NULL
       Packed: NULL
         Null:
```

```
      Index_type: BTREE
        Comment:
  Index_comment:
        Visible: YES
     Expression: NULL
*************************** 2. row ***************************
          Table: course1
     Non_unique: 0
       Key_name: cname
   Seq_in_index: 1
    Column_name: cname
      Collation: A
    Cardinality: 0
       Sub_part: NULL
         Packed: NULL
           Null: YES
      Index_type: BTREE
        Comment:
  Index_comment:
        Visible: YES
     Expression: NULL
*************************** 3. row ***************************
          Table: course1
     Non_unique: 1
       Key_name: hours
   Seq_in_index: 1
    Column_name: hours
      Collation: A
    Cardinality: 0
       Sub_part: NULL
         Packed: NULL
           Null: YES
      Index_type: BTREE
        Comment:
  Index_comment:
        Visible: YES
     Expression: NULL
3 rows in set (0.02 sec)
```

7.4 删除索引

删除索引有两种方式：一种是使用 DROP INDEX 语句，另一种是使用 ALTER TABLE 语句。

7-3 删除索引

1. 使用 DROP INDEX 语句删除索引

DROP INDEX 语句的语法格式如下。

```
DROP INDEX 索引名 ON 表名;
```

【例 7-8】删除在表 course1 的 hours 字段上创建的索引。

在 MySQL 命令行输入如下命令语句，执行结果如下。

```
mysql> DROP INDEX hours ON course1;
Query OK, 0 rows affected (0.04 sec)
Records: 0  Duplicates: 0  Warnings: 0
```

因为在 hours 字段上创建索引时未指定索引名，系统自动以字段名称为索引名，所以 hours 字段上的索引名为 hours。

2. 使用 ALTER TABLE 语句删除索引

ALTER TABLE 语句不仅能用于创建索引，也可以用于删除索引，其语法格式如下。

```
ALTER TABLE 表名
```

```
DROP INDEX 索引名
DROP PRIMARY KEY ;
```

使用 DROP INDEX 语句可以删除各种类型的索引，使用 DROP PRIMARY KEY 子句时不需要索引名，因为每一张表中只能有一个主键索引。

【例 7-9】删除在表 course1 的 cno 字段和 cname 字段上创建的索引。

在 MySQL 命令行输入如下命令语句，执行结果如下。

```
mysql> ALTER TABLE course1
    -> DROP PRIMARY KEY,
    -> DROP INDEX cname;
Query OK, 0 rows affected (0.16 sec)
Records: 0  Duplicates: 0  Warnings: 0
```

 如果从表中删除了某个字段，则该字段上的索引也将被删除。

7.5 课堂案例：学生成绩管理数据库的索引

本节综合应用索引对学生成绩管理数据库中的表创建不同类型的索引。

（1）使用 CREATE INDEX 语句在教师表 teacher 的姓名 tname 字段上创建一个普通索引 I_tname。

在 MySQL 命令行输入如下命令语句，执行结果如下。

```
mysql> CREATE INDEX I_tname ON teacher (tname);
Query OK, 0 rows affected (0.06 sec)
Records: 0  Duplicates: 0  Warnings: 0
```

（2）使用 CREATE INDEX 语句在教师表 teacher 的院系代码 deptno 字段和职称 title 字段上创建一个组合索引，按照院系代码 deptno 升序排列，如果院系代码 deptno 相同，则按照职称 title 降序排列。

在 MySQL 命令行输入如下命令语句，执行结果如下。

```
mysql> CREATE INDEX I_deptnotitle ON teacher (deptno, title DESC);
Query OK, 0 rows affected (0.09 sec)
Records: 0  Duplicates: 0  Warnings: 0
```

（3）使用 CREATE INDEX 语句在讲授安排表 teaching 的班级 classno 字段、教师工号 tno 字段和课程编号 cno 字段上创建一个组合唯一索引 I_classtnocno。

在 MySQL 命令行输入如下命令语句，执行结果如下。

```
mysql> ALTER TABLE teaching
    -> ADD UNIQUE (classno, tno, cno);
Query OK, 0 rows affected (0.05 sec)
Records: 0  Duplicates: 0  Warnings: 0
```

【习题】

一、单项选择题

1. 创建索引的主要目的是（   ）。
   A. 保护表中记录　　　　B. 节省存储空间　　　　C. 备份表中记录　　　　D. 提高查询速度

2. 不属于 MySQL 的索引类型的是（   ）。
   A. 重复值索引　　　　B. 唯一索引　　　　C. 主键索引　　　　D. 全文索引

3. 下列适合创建索引的是（   ）。
   A. 重复值较少的字段　　　　　　　　B. 重复值较多的字段
   C. 表中数据非常少　　　　　　　　　D. 经常更新的表

4. 索引可以提高（   ）操作的效率。
   A. DELETE　　　　B. UPDATE　　　　C. SELECT　　　　D. INSERT

5. 下列对索引的描述，正确的是（　　　）。

    A. 只能在一个字段上创建索引　　　　　　　B. 创建索引一定会提升数据库的性能

    C. 一张表只能有一个索引　　　　　　　　　D. 一张表可以有多个索引

二、填空题

1. 索引是按照数据表中的一个或多个字段进行_____，并用指针指向记录的位置。

2. 每张表只能有_____个主键索引且不允许有空值。

3. 如果唯一索引是组合索引，则多个字段的组合必须是_____的。

4. 全文索引只能在_____、_____或 TEXT 类型的字段上创建。

5. 若删除表中某个字段，则该字段上的索引_____。

【项目实训】图书馆借还书管理数据库的索引

一、实训目的

（1）掌握常用的索引类型。

（2）掌握创建和删除索引的方法。

二、实训内容

1. 创建索引

（1）在图书表 book 的书名 bname 字段的前 6 个字符上创建一个升序排列的普通索引 I_bname。

（2）在图书表 book 的图书编号 bid 字段上创建一个唯一索引，在放置位置 position 字段上创建一个普通索引，在定价 price 字段上创建一个普通索引且降序排列。

（3）在借还书表 borrow 的读者编号 rid 字段和图书编号 bid 字段上创建一个组合索引。

2. 删除索引

（1）使用 ALTER TABLE 语句删除在图书表 book 的定价 price 字段上创建的索引。

（2）使用 DROP INDEX 语句删除在图书表 book 中创建的索引 I_bname。

第 **8** 章　数据库编程技术

前面几章介绍的命令语句采用的是联机交互的方式，其执行方式是每次执行一条。为了提高工作效率，可以将多条命令语句组合在一起，形成一个程序一次性执行。程序可以重复使用，能减少数据库应用程序开发人员的工作量，在 MySQL 中，这样的程序被称为过程式数据库对象。本章主要介绍存储过程、存储函数、触发器和事件等 MySQL 支持的过程式数据库对象。

【学习目标】
● 理解常量和变量的概念。
● 掌握常用的系统内置函数和流程控制语句。
● 能够编写简单的存储过程、存储函数和触发器代码。
● 了解事件的创建方法。

8.1　编程基础知识

本节介绍 MySQL 支持的过程式数据库对象中使用的常量、变量、系统内置函数和流程控制语句等内容。

8.1.1　常量和变量

1. 常量

常量是指在程序中可以直接引用的量，其值在程序运行期间保持不变，它的表示形式决定了其数据类型。常量可分为数值常量、字符串常量、日期时间常量、布尔常量和 NULL 值等。

8-1　常量和变量

（1）数值常量

数值常量由数字组成，可以分成整数常量和实数常量。

① 整数常量是不带小数点的十进制整数，如 156、–100。

② 实数常量是包含小数点的数值常量，如 3.14、–100.23、2.67E5。

（2）字符串常量

字符串常量是用英文单引号或双引号引起来的字符序列。如"HELLO" "数据库系统"。

（3）日期和时间常量

日期常量用英文单引号或双引号引起来，包括年、月、日，并按照"年-月-日"的顺序表示日期，中间的分隔符也可以是"/""@""%"等特殊符号。"2022-1-1""2022/1/1""2022@1@1"和"2022%1%1"表示同一个日期。时间常量包括时、分、秒、微秒，并按照"时:分:秒:微秒"的顺序表示，如"10:20:35:45"。

（4）布尔常量

布尔常量只有 TRUE 和 FALSE 两个值。TRUE 对应的数值为 1，FALSE 对应的数值为 0。

（5）NULL 值

NULL 值适用于各种数据类型，表示没有值或无数据，不等价于空字符串或数值 0。

2. 变量

变量是指在程序运行期间取值可以变化的量，用于临时存储数据，变量中的数据会随着程序的运行而变化。一个变量有两个基本要素：变量名和变量的数据类型。每个变量都用唯一的变量名来标识，用户可以通过变量名来访问内存中的数据，变量的数据类型决定了变量可能存储的值和对应的运算。在 MySQL 中，变量可分为用户变量、系统变量和局部变量。

（1）用户变量

用户变量与连接有关，一个客户端定义的变量不能被其他客户端看到或使用。当客户端退出时，该客户端连接的所有用户变量将自动释放。

① SET 语句。SET 语句用于定义和初始化用户变量，其语法格式如下。

```
SET @用户变量1 = 表达式1 [ , @用户变量2 = 表达式2 … ];
```

说明如下。

● 在用户变量前添加"@"符号，便于区分变量名和字段名称。

● 用户变量名可以包含字母、数字和符号"."" _ ""$"。

● 定义多个用户变量时，每个用户变量之间用英文逗号分隔。

● 表达式是赋给用户变量的值，可以是常量、变量或表达式。

例如，定义用户变量@sno 和@deptno，其值分别赋为 120211040101 和 NULL。

```
mysql> SET @sno = "120211040101", @deptno = NULL;
```

【例 8-1】使用用户变量查询"李华"同学所在的院系名称。

第一步：在学生表 student 中查询到"李华"同学所在的院系代码 deptno 字段，并存储在用户变量@deptno 中。在 MySQL 命令行输入如下命令语句，执行结果如下。

```
mysql> SET @deptno = (SELECT deptno FROM student WHERE sname = "李华");
Query OK, 0 rows affected (0.02 sec)
```

在 MySQL 命令行输入如下命令语句查询用户变量@deptno 的值。

```
mysql> SELECT @deptno;
```

查询结果如下。

```
+---------+
| @deptno |
+---------+
| 104     |
+---------+
1 row in set (0.00 sec)
```

第二步：在院系表 department 中查询等于用户变量@deptno 的院系代码 deptno 字段和院系名称 deptname 字段。最终查询到"李华"同学所在院系的名称是"电气与电子工程学院"。在 MySQL 命令行输入如下命令语句。

```
mysql> SELECT deptno, deptname FROM department WHERE deptno = @deptno;
```

查询结果如下。

```
+--------+--------------------+
| deptno | deptname           |
+--------+--------------------+
| 104    | 电气与电子工程学院  |
+--------+--------------------+
1 row in set (0.00 sec)
```

本例利用用户变量@deptno 将值从一条语句传递到另一条语句中。

② SELECT … INTO 语句。SELECT … INTO 语句用于将查询到的一行结果中的字段值赋给对应的用户变量。使用 SELECT … INTO 语句定义和初始化用户变量的语法格式如下。

```
SELECT 字段名称1 [ ,字段名称2 … ] INTO @用户变量1 [ , @用户变量2 … ]
```

```
FROM 表名
WHERE 条件;
```

【例 8-2】将学号 sno 为 120211040101 的学生的姓名 sname 和入学总分 enterscore 存入用户变量 @name 和@score 中。

在 MySQL 命令行输入如下命令语句将查询结果赋给用户变量，执行结果如下。

```
mysql> SELECT sname, enterscore INTO @name, @score
    -> FROM student
    -> WHERE sno = "120211040101";
Query OK, 1 row affected (0.01 sec)
```

在 MySQL 命令行输入如下命令语句查询用户变量@name 和@score 的值。

```
mysql> SELECT @name, @score;
```

查询结果如下。

```
+--------+--------+
| @name  | @score |
+--------+--------+
| 王晓红  |    630 |
+--------+--------+
1 row in set (0.00 sec)
```

（2）系统变量

系统变量是 MySQL 的一些特殊设置，MySQL 启动时会初始化这些变量为默认值。大多数系统变量名称前都需要加两个"@"，某些特定的系统变量名称前不加这两个"@"，如 CURRENT_DATE（当前系统日期）、CURRENT_TIME（当前系统时间）、CURRENT_USER（当前用户名称）等。

【例 8-3】查询当前系统日期和使用的 MySQL 的版本信息。

在 MySQL 命令行输入如下命令语句。

```
mysql> SELECT CURRENT_DATE AS 当前日期, @@version AS 当前版本;
```

查询结果如下。

```
+------------+----------+
| 当前日期    | 当前版本  |
+------------+----------+
| 2022-05-30 | 8.0.30   |
+------------+----------+
```

　　使用 SHOW VARIABLES 语句可以显示出系统变量清单。

（3）局部变量

局部变量的作用范围是 BEGIN … END 语句块中，用来存放存储过程中的临时结果。局部变量只能定义在存储过程、存储函数和触发器中。

① 局部变量的声明。可以使用 DECLARE 语句声明局部变量，并给局部变量赋初值，其语法格式如下。

```
DECLARE 局部变量名1 [ , 局部变量名2 … ] 数据类型 [ DEFAULT 默认值 ];
```

局部变量和用户变量的主要区别是作用范围不同，用户变量存在于整个连接会话中，局部变量只存在于 BEGIN … END 语句块中。用户变量前有"@"符号，局部变量前没有"@"符号。如果省略 DEFAULT 子句，则局部变量的初值默认是 NULL。

例如，在存储过程中，声明局部变量 vscore 和 n，数据类型均为 INT；声明局部变量 vstr 和 vname，数据类型均为 CHAR。

```
DECLARE vscore, n INT;
DECLARE vstr, vname CHAR;
```

② 为局部变量赋值。可以使用 SET 语句或 SELECT … INTO 语句为局部变量赋值，语法格式类似于为用户变量赋值。

例如，使用 SET 语句为局部变量 n 和 vstr 赋值。

```
SET n=86, vstr="good";
```

例如，使用 SELECT … INTO 语句为局部变量 vname 和 vscore 赋值。

```
SELECT sname, enterscore INTO vname, vscore FROM student WHERE sno =
"120211040101";
```

这些语句无法单独执行，只能在存储过程和存储函数中使用。

8.1.2 系统内置函数

MySQL 提供了许多内置的标准函数，每个标准函数可以实现某个特定的功能，方便用户使用。

函数的调用格式如下。

8-2　系统内置
函数

函数名（［ 参数 1 ［ ，参数 2 … ］ ］）

说明如下。

（1）参数可以是常量、变量或表达式。

（2）函数可以没有参数，也可以有一个或多个参数，多个参数用英文逗号进行分隔。

（3）调用函数后，可以得到一个函数的返回值。

在 MySQL 中，函数名和括号之间不能有空格，没有参数的函数也不能省略括号"()"。

系统内置函数按照功能可以分为数学函数、字符串函数、日期和时间函数等。下面将分类介绍一些常用标准函数的应用。

1．数学函数

数学函数用于实现数学计算功能。常用的数学函数如表 8-1 所示。

表 8-1 　　　　　　　　　　　　　　常用的数学函数

函数	函数功能	示例	返回结果
ABS(n)	返回数值表达式 n 的绝对值	ABS(−2.5)	2.5
ROUND(n, m)	返回按照指定的小数位数 m 对 n 值四舍五入的结果	ROUND(12.38, 1)	12.4
TRUNCATE(n, m)	返回按照指定的小数位数 m 对 n 值截取的结果	TRUNCATE (12.38, 1)	12.3
SQRT(n)	返回数值表达式 n 的平方根	SQRT(9)	3

【例 8-4】 分别统计学生表 student 中男生、女生入学总分的平均值（保留两位小数）。

在 MySQL 命令行输入如下命令语句。

```
mysql> SELECT sex AS 性别, ROUND(AVG(enterscore),2) AS 平均值
    -> FROM student
    -> GROUP BY sex;
```

查询结果如下。

```
+--------+----------+
| 性别   | 平均值   |
+--------+----------+
| 男     | 640.38   |
| 女     | 613.43   |
+--------+----------+
2 rows in set (0.00 sec)
```

2. 字符串函数

字符串函数用于处理字符串型变量或字符串表达式。常用的字符串函数如表 8-2 所示。

表 8-2 常用的字符串函数

函数	函数功能	示例	返回结果
ASCII(c)	返回字符串 c 最左边字符的 ASCII 码值	ASCII("A")	65
CHAR(n)	将数值 n 转换成字符	CHAR(65)	"A"
CONCAT(c1, c2 …)	将多个字符串连接	CONCAT("AB","XYZ")	"ABXYZ"
LENGTH(c)	求字符串 c 的长度	LENGTH ("ABCD")	4
LEFT(c, n)	取字符串 c 左边的 n 个字符	LEFT("ABCD", 3)	"ABC"
RIGHT(c, n)	取字符串 c 右边的 n 个字符	RIGHT("ABCD", 3)	"BCD"
SUBSTRING(c, n1[, n2])	取子字符串，从字符串 c 的 n1 位置开始取 n2 个字符。未设置 n2 时，从 n1 位置开始取到串尾	SUBSTRING ("ABCDE", 2, 3)	"BCD"
REPLACE(c1, c2, c3)	用字符串 c3 替换 c1 中出现的所有字符串 c2，返回替换后的字符串	REPLACE("ABCDABE","AB","2")	"2CD2E"
LTRIM(c)	去掉字符串 c 左边的空格	LTRIM(" ABCD")	"ABCD"
RTRIM(c)	去掉字符串 c 右边的空格	RTRIM("ABCD ")	"ABCD"
TRIM(c)	去掉字符串 c 左右两边的空格	TRIM(" ABCD ")	"ABCD"
LOWER(c)	将字符串 c 转换为小写字符	LOWER("AB")	"ab"
UPPER(c)	将字符串 c 转换为大写字符	UPPER("ab")	"AB"

【例 8-5】查询学生表 student 中姓"李"的学生的学号 sno、姓名 sname、性别 sex 和入学总分 enterscore。

在 MySQL 命令行输入如下命令语句。

```
mysql> SELECT sno, sname, sex, enterscore FROM student
    -> WHERE LEFT(sname,1) = "李";
```

查询结果如下。

```
+--------------+--------+------+------------+
| sno          | sname  | sex  | enterscore |
+--------------+--------+------+------------+
| 120211010230 | 李媛媛 | 女   |        596 |
| 120211040108 | 李明   | 男   |        650 |
| 120211041102 | 李华   | 女   |        648 |
| 120211070101 | 李淑子 | 女   |        589 |
+--------------+--------+------+------------+
4 rows in set (0.01 sec)
```

【例 8-6】将教师表 teacher 中的姓名 tname 字段分成姓和名字两列显示。

在 MySQL 命令行输入如下命令语句。

```
mysql> SELECT LEFT(tname,1) AS 姓, SUBSTRING(tname, 2, LENGTH(tname)-1) AS 名字
    -> FROM teacher;
```

姓是姓名中的第一个字，使用 LEFT(tname,1)取值；名字是除去姓的其余字，从第 2 个字开始，可能是一个字或多个字，LENGTH(tname)-1 是名字的总字数，所以使用 SUBSTRING(tname,2, LENGTH(tname)-1)取值。查询结果如下。

```
+------+--------+
| 姓   | 名字   |
+------+--------+
| 周   | 家罗   |
| 孟   | 凯彦   |
| 宋   | 江科   |
```

```
|  朱  |  军  |
|  李  |  亚明 |
|  杨  |  丽  |
|  林  |  达  |
|  王  |  平  |
|  赵  |  晓丽 |
|  马  |  丽  |
+------+------+
10 rows in set (0.01 sec)
```

3. 日期和时间函数

日期和时间函数用于处理日期和时间型表达式或变量。常用的日期和时间函数如表 8-3 所示，表中的返回结果是基于当前系统日期和时间为"2022-8-10 11:23:58"的情况下取得的。

表 8-3   常用的日期和时间函数

函数	函数功能	示例	返回结果
CURDATE()	返回系统当前日期	CURDATE()	2022-8-10
CURTIME()	返回系统当前时间	CURTIME()	11:23:58
NOW()	返回系统当前日期和时间	NOW()	2022-8-10 11:23:58
YEAR(d)	返回日期表达式 d 的年份	YEAR("2022-8-10")	2022
MONTH(d)	返回日期表达式 d 的月份	MONTH("2022-8-10")	8
DAY(d)	返回日期表达式 d 的天数	DAY("2022-8-10")	10
DATEDIFF(d1,d2)	返回两个日期之间的天数	DATEDIFF("2022-8-16", "2022-8-10")	6

【例 8-7】查询学生表 student 中学生的年龄。

本例中的"年龄"通过表达式"YEAR(NOW())-YEAR(birthdate)"获得，使用 AS 指定列标题为"年龄"。在 MySQL 命令行输入如下命令语句。

```
mysql> SELECT sno AS 学号, sname AS 姓名, YEAR(NOW())-YEAR(birthdate) AS 年龄
    -> FROM student;
```

查询结果如下。该查询结果是基于 2022 年 8 月 10 日得到的，基于不同的日期，得到的查询结果可能不一样。

```
+---------------+--------+------+
| 学号          | 姓名   | 年龄 |
+---------------+--------+------+
| 120211010103  | 宋洪博 |  19  |
| 120211010105  | 刘向志 |  20  |
| 120211010230  | 李媛媛 |  19  |
| 120211030110  | 王琦   |  19  |
| 120211030409  | 张虎   |  19  |
| 120211040101  | 王晓红 |  20  |
| 120211040108  | 李明   |  20  |
| 120211041102  | 李华   |  19  |
| 120211041129  | 侯明斌 |  20  |
| 120211050101  | 张函   |  19  |
| 120211050102  | 唐明卿 |  20  |
| 120211060104  | 王刚   |  18  |
| 120211060206  | 赵壮   |  19  |
| 120211070101  | 李淑子 |  19  |
| 120211070106  | 刘丽   |  20  |
+---------------+--------+------+
15 rows in set (0.00 sec)
```

本例中的"年龄"也可以通过"TRUNCATE(DATEDIFF(NOW(), birthdate)/365,0)"获得，先用

"DATEDIFF(NOW(), birthdate)" 得到出生日期至今的总天数，然后除以 365 得到包含小数的年龄，最后采用函数 TRUNCATE 截取整数部分。在 MySQL 命令行输入如下命令语句，可以得到相同的结果。

```
mysql> SELECT sno AS 学号, sname AS 姓名, TRUNCATE(DATEDIFF(NOW(),birthdate)/
365,0) AS 年龄
    -> FROM student;
```

4．其他函数

除上述系统内置函数之外，还包含控制流程函数、系统信息函数等。常用的控制流程函数和系统信息函数如表 8-4 所示。

表 8-4　　　　　　　　　　　**常用的控制流程函数和系统信息函数**

函数	函数功能	示例	返回结果
IF(expr,v1,v2)	判断条件表达式 expr 的值，如果为真则返回 v1 的值，否则返回 v2 的值	IF(5>0,"是","否")	是
IFNULL(v1,v2)	如果 v1 的值不为空则返回 v1 的值，否则返回 v2 的值	IFNULL(5,2)	5
VERSION()	返回当前数据库的版本号	VERSION()	8.0.30

【例 8-8】判断 5×2 是否大于 3×3，如果是，则返回"是"，否则返回"否"。

在 MySQL 命令行输入如下命令语句。

```
mysql> SELECT IF(5*2>3*3, "是","否");
```

查询结果如下。

```
+-----------------------+
| IF(5*2>3*3, "是","否") |
+-----------------------+
| 是                     |
+-----------------------+
1 row in set (0.01 sec)
```

8.1.3　流程控制语句

流程控制语句是用于控制程序执行顺序的语句。在 MySQL 中，流程控制语句和局部变量一样，只能放在存储过程、存储函数或触发器中来控制程序的执行流程，不能单独执行。流程控制语句包括顺序语句、分支语句和循环语句。

1．顺序语句

（1）BEGIN … END 语句块

BEGIN … END 用于定义语句块，语句块可以包含一组语句，语句可以嵌套。关键字 BEGIN 定义语句块的起始位置，END 定义同一语句块的结束位置。其基本语法格式如下。

```
BEGIN
    语句序列;
END
```

例如以下语句块。

```
BEGIN
    SELECT sno, sname, sex FROM student WHERE sex = "男";
END;
```

（2）DELIMITER 命令

BEGIN … END 语句块可能包含多条 SQL 语句，SQL 语句以英文分号为结束标志。MySQL 处理程序时，英文分号是默认的结束标志。系统处理到第一个英文分号时就认为程序结束了，导致后面的 SQL 语句不能被执行，此时需要使用 DELIMITER 命令将 SQL 语句的结束标志修改为其他符号，这样就可以连续执行多条 SQL 语句了，其基本的语法格式如下。

```
DELIMITER 结束标志
```

用户可以使用 "$$" "##" 等特殊符号作为结束标志，注意避免使用 MySQL 中的转义字符 "\"。例如，将 SQL 语句的结束标志修改为 "$$"。可以使用如下语句。

```
DELIMITER $$
```

这条语句执行后，结束标志就变成了 "$$"，接下来的语句必须使用 "$$" 结束。

例如以下语句。

```
SELECT sno,sname,sex FROM student WHERE sex="男"$$
```

如果想恢复英文分号 ";" 作为结束标志，则需要执行如下语句。

```
DELIMITER ;
```

在下面的情况下，需要使用 DELIMITER 语句。

```
BEGIN
    SET @deptno = (SELECT deptno FROM student WHERE sname = "李华");
    SELECT deptno, deptname FROM department WHERE deptno = @deptno;
END;
```

默认情况下，MySQL 执行第 1 条语句查询出 "李华" 的院系代码后就结束了，不会执行第 2 条语句，所以不能查询到 "李华" 所在的院系名称。这里需要将 SQL 语句的结束标志修改为 "$$"，含义是执行 SQL 语句遇到 "$$" 才结束，最后将结束标志恢复为英文分号 ";"。修改后的命令语句如下。

```
DELIMITER $$
BEGIN
    SET @deptno = (SELECT deptno FROM student WHERE sname = "李华");
    SELECT deptno, deptname FROM department WHERE deptno = @deptno;
END;
DELIMITER;
```

 提示 本小节例子中的语句均不能独立执行，需要放在存储过程、存储函数或触发器中。

2．分支语句

分支语句有两种，分别为 IF 语句和 CASE 语句。

（1）IF 语句

IF…THEN…ELSE 语句可以根据不同的条件执行不同的操作，其语法格式如下。

```
IF 条件 1 THEN 语句序列 1
[ ELSEIF 条件 2 THEN 语句序列 2 ]
    …
[ ELSE 语句序列 n ]
END IF;
```

IF 语句的执行流程如下。

先计算条件的值，当某个条件的值为真（TRUE）时，则执行相应的语句序列；如果没有一个条件的值为真，则执行 ELSE 中的语句序列 n。

【例 8-9】查询课程表 course 中 "数据库应用" 课程的学时数 hours，如果查询结果为空，则显示 "无学时数信息"，否则显示学时数。

```
DECLARE vhours INT;
SELECT hours INTO vhours FROM course WHERE cname="数据库应用"
IF vhours IS NULL THEN
    SELECT "无学时数信息" AS 学时数;
ELSE
    SELECT vhours AS 学时数;
END IF;
```

（2）CASE 语句

CASE 是另一种分支语句，有以下两种语法格式。

① CASE 语句语法格式 1 如下。

```
CASE 表达式
    WHEN 值 1 THEN 语句序列 1
    [ WHEN 值 2 THEN 语句序列 2 ]
    ...
    [ ELSE 语句序列 n ]
END CASE;
```

CASE 语句语法格式 1 的执行流程如下。

先计算出表达式的值，然后与 WHEN … THEN 语句块中的值进行比较，如果与某个值比较的结果为真，则执行对应的语句序列；如果与每一个语句块中的值都不匹配，则执行 ELSE 中的语句序列 n。

② CASE 语句语法格式 2 如下。

```
CASE
    WHEN 条件 1 THEN 语句序列 1
    [ WHEN 条件 2 THEN 语句序列 2 ]
    ...
    [ ELSE 语句序列 n ]
END CASE;
```

CASE 语句语法格式 2 的执行流程如下。

CASE 关键字后没有参数。在 WHEN … THEN 语句块中指定一个条件，如果条件的结果为真时，则执行对应的语句序列；如果每一个语句块中的条件表达式均不为真，则执行 ELSE 中的语句序列 n。

【例 8-10】查询学生表 student 中"刘向志"所属的级并存入变量中。班级 classno 字段中的第 3、4 位表示的是级的信息。例如，"电气 2101 班"对应的级为"2021 级"。

```
DECLARE vclass CHAR(2);
DECLARE vclassyear CHAR(5);
SELECT SUBSTRING(classno,3,2) INTO vclass
FROM student
WHERE sname = "刘向志";
CASE vclass
    WHEN "21" THEN SET vclassyear = "2021 级"
    WHEN "20" THEN SET vclassyear = "2020 级"
    WHEN "19" THEN SET vclassyear = "2019 级"
    WHEN "18" THEN SET vclassyear = "2018 级"
END CASE;
```

3. 循环语句

循环语句有 3 种，分别为 WHILE 语句、REPEAT 语句和 LOOP 语句。

（1）WHILE 语句

语法格式如下。

```
WHILE 条件 DO
    语句序列
END WHILE;
```

WHILE 语句的执行流程如下。

先判断条件是否成立，如果条件成立，则执行语句序列；再次判断条件是否成立，如果条件成立，则继续循环，否则结束循环。

【例 8-11】计算 1+2+3+…+100。

```
DECLARE n INT DEFAULT 1;
DECLARE sum INT DEFAULT 0;
WHILE n <= 100 DO
    SET sum = sum + n;
    SET n = n + 1;
END WHILE;
```

变量 sum 必须使用 DEFAULT 赋初值为 0，否则其初值默认为 NULL，最终得到的结果为 NULL，不能得到正确的结果。

（2）REPEAT 语句

语法格式如下。

```
REPEAT
      语句序列
UNTIL 条件
END REPEAT;
```

REPEAT 语句的执行流程如下。

先执行语句序列，然后判断条件是否成立，如果条件不成立，则继续循环，否则结束循环。

REPEAT 语句的特点是"先执行，后判断"，循环体至少执行一次；而 WHILE 语句的特点是"先判断，后执行"，循环体可能一次也不执行。

【例 8-12】计算 2+4+6+···+100。

```
DECLARE n INT DEFAULT 2;
DECLARE sum INT DEFAULT 0;
REPEAT
      SET sum = sum + n;
      SET n = n + 2;
UNTIL n > 100
END REPEAT;
```

（3）LOOP 语句

语法格式如下。

```
[语句标号: ]  LOOP
      语句序列
END LOOP  [语句标号] ;
```

LOOP 语句的执行流程如下。

重复执行语句序列，语句序列中通常存在一个 LEAVE 语句，执行到该语句时退出循环。其中的语句标号是用户自定义的名称。

① 退出循环的 LEAVE 语句的语法格式如下。

```
LEAVE 语句标号;
```

其中，语句标号是 LOOP 语句中用户自定义的名称。执行到该语句时结束循环。

② 再次循环的 ITERATE 语句的语法格式如下。

```
ITERATE 语句标号;
```

ITERATE 语句只能出现在 WHILE、REPEAT 和 LOOP 语句中，作用是结束本次循环，然后开始下一次循环。

【例 8-13】计算 5 的阶乘。

```
DECLARE n, f INT DEFAULT 1;
label1: LOOP
        SET f = f * n;
        SET n = n + 1;
        IF n > 5 THEN
            LEAVE label1;
        END IF;
END LOOP label1;
```

8.2 存储过程

存储过程是数据库定义 SQL 语句的集合，经过编译后存储在数据库中。用户通过指定存储过程的名称并给出需要的参数来调用存储过程中的语句。

用户可以将经常执行的特定操作写成存储过程，每次需要时调用该存储过程，一个存储过程的可以多次调用，实现了程序的模块化设计。因为存储过程是预编译的，所以可以加快执行速度。

存储过程由声明式 SQL 语句（如 SELECT、INSERT、UPDATE 等语句）和过程式 SQL 语句（如 IF…THEN…ELSE 等流程控制语句）组成，可用于处理较为复杂的问题。

以查询某个学生的班级为例，必须在 SELECT 语句中指定具体的姓名，如"李华"。

```
mysql> SELECT classno FROM student WHERE sname = "李华";
```

如果需要查询"王刚"的班级，则必须修改 SELECT 语句并重新执行。

```
mysql> SELECT classno FROM student WHERE sname = "王刚";
```

每查询一个学生的班级都要重新编写并执行 SELECT 语句，不能重复使用原来的 SELECT 语句。为了提高复用性，可以创建一个按照学生姓名查询班级的存储过程 p_class，将其编译后存储在数据库中。

在 MySQL 命令行输入如下命令语句，执行结果如下。

```
mysql> CREATE PROCEDURE p_class(IN vsname CHAR(20))
    -> SELECT classno FROM student WHERE sname = vsname;
Query OK, 0 rows affected (0.02 sec)
```

当需要查询时，可以使用不同的姓名调用该存储过程，无须修改存储过程本身。这样就实现了一次定义、多次调用，提高了效率和灵活性，可以实现动态查询。以"李华"为输入参数，调用存储过程 p_class。在 MySQL 命令行输入如下命令语句。

```
mysql> CALL p_class("李华");
```

存储过程的执行结果如下。

```
+----------+
| classno  |
+----------+
| 电气 2111 |
+----------+
```

以"王刚"为输入参数，调用存储过程 p_class。在 MySQL 命令行输入如下命令语句。

```
mysql> CALL p_class("王刚");
```

存储过程的执行结果如下。

```
+----------+
| classno  |
+----------+
| 计算 2101 |
+----------+
```

8.2.1　创建存储过程

可以使用 CREATE PROCEDURE 语句创建存储过程，其语法格式如下。

```
CREATE PROCEDURE 存储过程名（[ 参数 1 [ ，参数 2 … ] ]）
[ 特征 ]
存储过程体
```

8-3　创建存储
过程

说明如下。

（1）存储过程名：用户自定义的存储过程的名称。

（2）参数：存储过程中的参数是形式参数，简称形参，调用存储过程时使用的参数是实际参数，简称实参。形参有输入参数 IN、输出参数 OUT、输入输出参数 INOUT 共 3 种，形式为：[IN | OUT | INOUT] 参数名　数据类型。

① IN：将实参的值传递给形参，作为存储过程的输入值。

② OUT：作为存储过程的输出值，存储过程结束后将形参的结果传递给实参。

③ INOUT：既是输入值也是输出值，调用存储过程时将实参传递给形参，存储过程结束后将形参传递给实参。

存储过程可以有 0 个或多个参数。没有参数时，存储过程名后的括号必须保留；当有多个参数时，各个参数之间用英文逗号分隔。

（3）存储过程体：调用存储过程时将要执行的 SQL 语句，这部分总是以 BEGIN 开始、以 END 结束。当存储过程体中只有一条 SQL 语句时，可以省略 BEGIN 和 END。

（4）特征的格式如下。

```
| LANGUAGE SQL
| [ NOT ] DETERMINISTIC
| { CONTAINS SQL | NO SQL | READS SQL DATA | MODIFIES SQL DATA }
| SQL SECURITY { DEFINER | INVOKER }
| COMMENT 'STRING'
```

① LANGUAGE SQL：说明存储过程体部分由 SQL 语句组成。

② [NOT] DETERMINISTIC：指明存储过程的执行结果是不是确定的。DETERMINISTIC 表示结果是确定的，不同用户输入相同的数据会得到相同的输出结果；NOT DETERMINISTIC 表示结果不是确定的，不同用户输入相同的数据可能会得到不同的输出结果。

③ { CONTAINS SQL | NO SQL | READS SQL DATA | MODIFIES SQL DATA }：指明子程序使用 SQL 语句的限制。CONTAINS SQL 表示子程序包含 SQL 语句，但不包含读或写数据的语句，是默认值；NO SQL 表示子程序不包含 SQL 语句；READS SQL DATA 表示子程序包含读数据的语句；MODIFIES SQL DATA 表示子程序包含写数据的语句。

④ SQL SECURITY { DEFINER | INVOKER }：指明执行权限。DEFINER 表示只有定义者才能执行，是默认值；INVOKER 表示调用者可以执行。

⑤ COMMENT 'STRING'：注释信息，用来描述存储过程的功能。

 　　当存储过程包含多条 SQL 语句时，需要使用 DELIMITER 命令将 SQL 语句的结束标志修改为其他符号，如 DELIMITER $$。

8.2.2　调用存储过程

创建存储过程后，可以在程序、触发器或其他存储过程中使用 CALL 语句调用该存储过程。其语法格式如下。

```
CALL 存储过程名( [ 参数1 [ , 参数2 … ] ] );
```

说明如下。

（1）参数是指调用存储过程使用的实参。

（2）实参的个数必须与存储过程定义的形参个数相同。

【例 8-14】创建无参数的存储过程 p_count，统计学生表 student 中的学生人数。

在 MySQL 命令行输入如下命令语句创建存储过程。

8-4　调用存储过程

```
CREATE PROCEDURE p_count()
SELECT COUNT(sno) AS 学生人数 FROM student;
```

 　　存储过程是数据库中的程序，从这个例子开始，后面所有的存储过程和存储函数的程序都省略 "mysql>" 提示符。

在 MySQL 命令行输入如下命令语句调用存储过程。

```
mysql> CALL p_count();
```

执行结果如下。

```
+----------+
| 学生人数 |
+----------+
```

```
|     15 |
+----------+
1 row in set (0.00 sec)
```

【例 8-15】创建带输入参数的存储过程 p_countsex，统计学生表 student 中指定性别的学生人数。

在 MySQL 命令行输入如下命令语句创建存储过程，该存储过程包含了一个输入参数。

```
CREATE PROCEDURE p_countsex(IN vsex CHAR(1))
SELECT Count(sno) AS 人数 FROM student WHERE sex = vsex;
```

在 MySQL 命令行输入如下命令语句调用存储过程，将实参"女"传递给形参 vsex。

```
mysql> CALL p_countsex ("女");
```

执行结果如下。

```
+----------+
| 人数     |
+----------+
|      7 |
+----------+
1 row in set (0.00 sec)
```

【例 8-16】创建带输入参数和输出参数的存储过程 p_avggrade，判断某门课程的平均成绩是否达到预期效果。如果大于等于 80，则输出"该课程成绩达到预期效果"；否则输出"该课程成绩没有达到预期效果"。

因为其中有多条语句，所以需要先用 DELIMITER 语句将 SQL 语句的结束标志转换为"$$"，然后在 BEGIN 和 END 之间编写存储过程体，最后用 DELIMITER 语句将 SQL 语句的结束标志恢复为英文分号";"。在 MySQL 命令行输入如下命令语句创建存储过程。

```
DELIMITER $$
CREATE PROCEDURE p_avggrade(IN vcname CHAR(50), OUT evaluate CHAR(50))
BEGIN
    DECLARE vavg FLOAT;
    SELECT AVG(grade) INTO vavg
    FROM course JOIN score ON course.cno = score.cno
    JOIN student ON student.sno = score.sno
    WHERE cname = vcname;
    IF vavg >= 80 THEN
        SET evaluate = "该课程成绩达到预期效果";
    ELSE
        SET evaluate = "该课程成绩没有达到预期效果";
    END IF;
END $$
DELIMITER ;
```

调用这个存储过程时使用用户变量@eval 作为实参得到输出的结果，实参必须是用户变量，这样才能查询到结果。如果定义为局部变量，则存储过程执行后，不能查询到该局部变量的结果。调用该存储过程统计"数据库应用"课程的平均成绩。在 MySQL 命令行输入如下命令语句，执行结果如下。

```
mysql> CALL p_avggrade("数据库应用", @eval);
Query OK, 1 row affected (0.00 sec)
```

该存储过程的输出结果保存在用户变量@eval 中，可通过 SELECT 语句查看结果。

```
mysql> SELECT @eval;
```

查询用户变量@eval 的结果如下。

```
+----------------------+
| @eval                |
+----------------------+
| 该课程成绩达到预期效果 |
+----------------------+
1 row in set (0.00 sec)
```

8.2.3　删除存储过程

当不再需要存储过程时，为了释放其占用的存储空间，可以使用 DROP PROCEDURE 语句删除该存储过程。其语法格式如下。

```
DROP PROCEDURE [ IF EXISTS] 存储过程名;
```

说明如下。

（1）存储过程名：需要删除的存储过程的名称。

（2）IF EXISTS：可选项，检测指定的存储过程名是否存在，存在时才执行删除操作。这样可以避免因存储过程名不存在而引起的错误。

【例 8-17】删除存储过程 p_count。

在 MySQL 命令行输入如下命令语句删除存储过程，执行结果如下。

```
mysql> DROP PROCEDURE p_count;
Query OK, 0 rows affected (0.02 sec)
```

8.2.4　使用游标

SELECT 语句的执行后得到一个结果集。例如，查询学生表 student 中全部学生的学号 sno、姓名 sname 和入学总分 enterscore 的语句执行后会得到全部学生的结果集。如果要根据每个学生入学总分 enterscore 的值显示不同的奖励等级，就需要使用游标功能来逐条处理结果集中每个学生的记录。使用游标能从结果集中每次提取一条记录进行处理，游标类似于指针，一次指向一条记录，能够遍历结果集的全部记录。游标不能单独在查询中使用，一定要在存储过程或存储函数中使用。

1．声明游标

使用游标之前要先声明游标，定义 SELECT 语句的结果集，其语法格式如下。

```
DECLARE 游标名 CURSOR FOR SELECT 语句;
```

说明如下。

（1）使用 SELECT 语句查询出来的结果构成结果集。

（2）由于声明游标时，定义的 SELECT 语句还没有执行，尚未产生结果集，因此声明游标之后必须打开游标。

8-5　使用游标

2．打开游标

打开游标即执行与之对应的 SELECT 语句，得到结果集，其语法格式如下。

```
OPEN 游标名;
```

3．提取数据

提取数据可以获取游标所指向的结果集中的当前记录，并将各个字段值传送给一组对应的变量，变量的个数必须与 SELECT 语句返回的字段个数一致，其语法格式如下。

```
FETCH 游标名 INTO 变量列表;
```

说明如下。

（1）FETCH 语句每次执行时只能从结果集中提取一条记录。

（2）如果需要逐条提取结果集中的全部记录，则必须将 FETCH 语句放置在循环语句中。

4．关闭游标

游标使用结束后需要及时关闭，这样可以释放游标占用的内存空间，其语法格式如下。

```
CLOSE 游标名;
```

5．游标错误处理程序

使用 FETCH 语句提取到结果集中的最后一条记录后，再执行 FETCH 语句会产生错误，其提示信息为"ERROR 1329(02000):no data to FETCH"，所以需要使用游标错误处理程序，其语法格式如下。

```
DECLARE 错误处理类型 HANDLE FOR NOT FOUND 错误处理程序;
```

说明如下。

（1）错误处理程序：表示发生错误后，MySQL 会立即执行错误处理程序中的 SQL 语句。

（2）错误处理类型：类型的取值为 CONTINUE 或 EXIT。CONTINUE 表示错误发生后，MySQL 立即执行错误处理程序，然后忽略该错误继续执行其他 MySQL 语句；EXIT 表示错误发生后，MySQL 立即执行错误处理程序，并立刻停止执行其他 MySQL 语句。

使用游标的流程示意图如图 8-1 所示。

【例 8-18】创建一个包含游标的存储过程 p_award，根据入学总分显示奖励的等级，若入学总分为 680 分及以上，则输出"特等奖"，若入学总分为 660～679，则输出"优秀奖"，其他分数段不显示奖励的等级，最后统计获得"特等奖"和"优秀奖"的人数。

可以用游标获得包含学号 sno、姓名 sname、入学总分 enterscore 这 3 个字段的结果集，然后逐一从结果集中取出当前记录的 3 个字段值存入对应的 3 个变量中，用条件判断语句按照设定的条件执行不同的操作，并分别累加获奖学生人数，结果集中的记录全部取出后，显示最终获得"特等奖"和"优秀奖"的人数。在 MySQL 命令行输入如下命令语句创建存储过程。

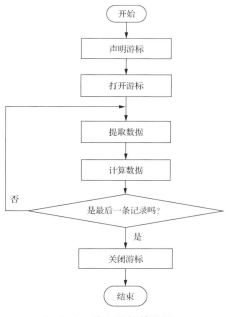

图 8-1　使用游标的流程图

```
DELIMITER $$
CREATE PROCEDURE p_award()
BEGIN
    DECLARE done INT DEFAULT 0;
    DECLARE vno CHAR(12);
    DECLARE vname, vaward CHAR(50);
    DECLARE vscore, n1, n2 INT;
    DECLARE scorecursor CURSOR FOR SELECT sno, sname, enterscore FROM student;
    DECLARE CONTINUE HANDLER FOR NOT FOUND SET done = 1;
    SET n1 = 0, n2= 0;
    OPEN scorecursor;
    REPEAT
        FETCH scorecursor INTO vno, vname, vscore;
        IF done = 0 THEN
            IF vscore >= 680 THEN
                SET vaward = "特等奖";
                SET n1 = n1 + 1;
                SELECT vno AS 学号, vname AS 姓名, vaward AS 奖励等级;
            ELSEIF vscore >= 660 THEN
                SET vaward = "优秀奖";
                SET n2 = n2 + 1;
                SELECT vno AS 学号, vname AS 姓名, vaward AS 奖励等级;
            ELSE
                SET vaward = NULL;
            END IF;
        END IF;
    UNTIL done = 1
    END REPEAT;
    CLOSE scorecursor;
    SELECT n1 AS 特等奖人数, n2 AS 优秀奖人数;
END $$
DELIMITER ;
```

在 MySQL 命令行输入如下命令语句调用存储过程。

```
mysql> CALL p_award();
```

执行结果如下。

```
+-------------+--------+----------+
| 学号        | 姓名   | 奖励等级  |
+-------------+--------+----------+
| 120211010103 | 宋洪博 | 特等奖   |
+-------------+--------+----------+
1 row in set (0.00 sec)
+-------------+--------+----------+
| 学号        | 姓名   | 奖励等级  |
+-------------+--------+----------+
| 120211050101 | 张函   | 优秀奖   |
+-------------+--------+----------+
1 row in set (0.01 sec)
+-------------+--------+----------+
| 学号        | 姓名   | 奖励等级  |
+-------------+--------+----------+
| 120211060104 | 王刚   | 优秀奖   |
+-------------+--------+----------+
1 row in set (0.01 sec)
+-----------+-----------+
| 特等奖人数 | 优秀奖人数 |
+-----------+-----------+
|     1     |     2     |
+-----------+-----------+
1 row in set (0.01 sec)
Query OK, 0 rows affected (0.01 sec)
```

【例 8-19】创建一个包含游标的存储过程 p_avgage，计算学生表 student 中学生的平均年龄。

学生表 student 中只有出生日期 birthdate 字段，可以用游标取得包含全部学生的出生日期 birthdate 字段结果集，然后逐一从结果集中取出记录，分别用日期函数计算出每个学生的年龄并进行累加，统计学生人数，结果集中的记录全部取出后，用年龄的累加结果除以学生人数得到平均年龄。在 MySQL 命令行输入如下命令语句创建存储过程。

```
DELIMITER $$
CREATE PROCEDURE p_avgage()
BEGIN
    DECLARE done INT default 0;
    DECLARE VAGE date;
    DECLARE vavgage FLOAT DEFAULT 0;
    DECLARE n INT DEFAULT 0;
    DECLARE agecursor CURSOR FOR SELECT birthdate FROM student;
    DECLARE CONTINUE HANDLER FOR NOT FOUND SET done = 1;
    OPEN agecursor;
    REPEAT
        FETCH agecursor INTO vage;
        IF done = 0 THEN
            SET vavgage = vavgage + Year(NOW()) - Year(vage);
            SET n = n + 1;
        END IF;
    UNTIL done = 1
    END REPEAT;
    SET vavgage = vavgage/n;
    SELECT vavgage AS 学生平均年龄;
    CLOSE agecursor;
END $$
DELIMITER ;
```

在 MySQL 命令行输入如下命令语句调用存储过程。

```
mysql> CALL p_avgage();
```

执行结果如下。

```
+--------------+
| 学生平均年龄  |
+--------------+
|      19.3333 |
+--------------+
1 row in set (0.00 sec)
Query OK, 0 rows affected (0.00 sec)
```

8.3　存储函数

MySQL 的存储函数与存储过程的作用和格式有许多相似之处，都由声明式 SQL 语句和过程式 SQL 语句组成。存储函数与存储过程主要有以下区别。

（1）因为存储函数有返回值，所以没有输出参数。

（2）不能使用 CALL 语句来调用存储函数，它的调用类似于系统的内置函数的调用，即在表达式、赋值语句中实现调用。

（3）存储函数必须包含一条 RETURN 语句。

8-6　创建存储函数

8.3.1　创建存储函数

可以使用 CREATE FUNCTION 语句创建存储函数，其语法格式如下。

```
CREATE FUNCTION 存储函数名（ [ 参数1 [ , 参数2 … ] ] ）
RETURNS 数据类型
DETERMINISTIC
存储函数体
```

说明如下。

（1）存储函数名：用户自定义的存储函数名称。

（2）参数：用于指定存储函数的参数，参数只有参数名和参数类型。不能为参数指定 IN、OUT 或 INOUT 的形式。

（3）RETURNS 子句：用于声明存储函数返回值的数据类型。

（4）DETERMINISTIC：表示存储函数的结果是确定的，不同用户输入相同的数据会返回相同的结果。

（5）存储函数体：存储函数体必须包含一条 RETURN value 语句，value 用于指定存储函数的返回值；在存储过程中适用的 SQL 语句在存储函数中也适用，包括流程控制语句、游标等，多条语句需要存放在以 BEGIN 开始、以 END 结束的语句块中。

8.3.2　调用存储函数

存储函数的调用类似于系统内置函数的调用，可以使用 SELECT 关键字实现调用，其语法格式如下。

```
SELECT 存储函数名（ [ 参数1 [ , 参数2 … ] ] ）;
```

【例 8-20】创建无参数的存储函数 f_count，统计学生表 student 中学生的人数。

在 MySQL 命令行输入如下命令语句创建存储函数，RETURN 语句将返回学生人数。

```
DELIMITER $$
CREATE FUNCTION f_count()
RETURNS INT
DETERMINISTIC
BEGIN
    RETURN (SELECT COUNT(sno) FROM student);
```

```
END$$
DELIMITER ;
```

当 RETURN 语句中包含 SELECT 语句时，SELECT 语句的返回结果只能是一行且只能有一列值，即返回的是单个值。

在 MySQL 命令行输入如下命令语句调用存储函数 f_count，虽然该存储函数没有参数，但是调用时必须包含括号。

```
mysql> SELECT f_count();
```

执行结果如下。

```
+-----------+
| f_count() |
+-----------+
|        15 |
+-----------+
1 row in set (0.02 sec)
```

【例 8-21】创建带参数的存储函数 f_deptname，实现输入学生姓名 sname，返回该学生所在院系的名称 deptname。

在 MySQL 命令行输入如下命令语句创建存储函数，以输入的学生姓名为参数，执行 SELECT 语句，返回该学生所在院系的名称 deptname。

8-7　调用存储
函数

```
DELIMITER $$
CREATE FUNCTION f_deptname(vsname CHAR(50))
RETURNS CHAR(50)
DETERMINISTIC
BEGIN
    RETURN (SELECT deptname
    FROM department JOIN student ON department.deptno=student.deptno
    WHERE sname=vsname);
END$$
DELIMITER ;
```

在 MySQL 命令行输入如下命令语句调用存储函数 f_deptname，以"李华"为参数。

```
mysql> SELECT f_deptname("李华");
```

执行结果如下。

```
+---------------------+
|f_deptname ("李华")  |
+---------------------+
| 电气与电子工程学院   |
+---------------------+
1 row in set (0.01 sec)
```

再次调用存储函数 f_deptname，以"刘向志"为参数。

```
mysql> SELECT f_deptname("刘向志");
```

执行结果如下。

```
+---------------------+
| f_deptname ("刘向志") |
+---------------------+
| 外国语学院           |
+---------------------+
1 row in set (0.00 sec)
```

8.3.3　删除存储函数

当不再需要存储函数时，可以使用 DROP FUNCTION 语句删除存储函数，其语法格式如下。

```
DROP FUNCTION [ IF EXISTS ] 存储函数名;
```

说明如下。

（1）存储函数名：需要删除的存储函数的名称。

（2）IF EXISTS：可选项，检测指定的存储函数名是否存在，存在时才执行删除操作。这样可以避免因存储函数不存在而引起的错误。

【例 8-22】删除存储函数 f_count。

在 MySQL 命令行输入如下命令语句，执行结果如下。

```
mysql> DROP FUNCTION IF EXISTS f_count;
Query OK, 0 rows affected (0.03 sec)
```

针对一个具体的问题，可以采用存储过程或者存储函数来编写程序。一般情况下，如果需要得到一个值，可以选择使用存储函数，这样编写的程序更直观清晰。

8.4　触发器

触发器是一种特殊的存储过程，用于保护表中的数据，以确保数据库的数据完整性。它不需要使用 CALL 语句调用，也不需要直接写出触发器名来调用。当有操作影响到触发器保护的数据时，触发器会自动被激活并执行。

例如，当修改学生表 student 中某个学生的学号 sno 字段时，为了保证数据的一致性，该学生在选修成绩表 score 中的对应学号 sno 字段也要同时更新；在学生表 student 中删除某个学生的记录时，该学生在选修成绩表 score 中的所有对应记录也要同时删除，否则将会出现成绩没有隶属学生的数据不一致的情况。

8.4.1　创建触发器

可以使用 CREATE TRIGGER 语句创建触发器，其语法格式如下。

```
CREATE TRIGGER 触发器名 触发时间 触发事件
ON 表名 FOR EACH ROW 触发器动作;
```

8-8　创建触发器

说明如下。

（1）触发器名：用户自定义的触发器名称。

（2）触发时间：触发器被激活的时刻，有 BEFORE 和 AFTER 两个选项，分别表示触发动作在触发事件之前执行和触发动作在触发事件之后执行。如果想在触发事件之前验证新数据是否满足使用的限制，则使用 BEFORE。如果想在触发事件之后执行更多改变操作，则通常使用 AFTER；

（3）触发事件：激活触发器程序的语句包括 INSERT、UPDATE 和 DELETE，即当在表中插入、修改和删除记录时激活触发器。

（4）表名：与触发器相关的表名，该表上发生触发事件时才会激活触发器。

（5）FOR EACH ROW：用于指定每一行都可以激活触发器。

（6）触发器动作：触发器的主体，包含触发器激活时将要执行的语句。如果要执行多条语句，则需要放置在以 BEGIN 开始、以 END 结束的语句块中。

只允许为表中每个事件的不同触发时间分别创建一个触发器，即每条 INSERT、UPDATE 和 DELETE 语句前后均可创建一个触发器，每张表最多可以创建 6 个触发器，分别为 BEFORE INSERT、AFTER INSERT、BEFORE UPDATE、AFTER UPDATE、BEFORE DELETE 和 AFTER DELETE。

触发器不能返回任何结果，也不能被调用。可以返回结果的是存储过程或存储函数，为了阻止触发器返回结果，触发器的定义中最好不包含 SELECT 语句。

【例 8-23】在课程表 course 中创建一个触发器 t_courseadd，每插入一条记录，就将用户变量@str 赋值为"添加一门课程"。

① 创建触发器 t_courseadd。

在 MySQL 命令行输入如下命令语句，执行结果如下。

```
mysql> CREATE TRIGGER t_courseadd AFTER INSERT
    -> ON course FOR EACH ROW
    -> SET @str = "添加一门课程";
Query OK, 0 rows affected (0.03 sec)
```

147

② 在课程表 course 中插入一条新记录。

在 MySQL 命令行输入如下命令语句，执行结果如下。

```
mysql> INSERT INTO course VALUES("12345678","操作系统",64);
Query OK, 1 row affected (0.03 sec)
```

③ 查询用户变量@str，验证触发器的执行结果。

```
mysql> SELECT @str;
```

查询结果如下。

```
+--------------+
| @str         |
+--------------+
| 添加一门课程  |
+--------------+
1 row in set (0.00 sec)
```

从结果可以看出，当向课程表 course 中插入一条新记录时，INSERT 语句激活并执行了将用户变量@str 赋值为"添加一门课程"的触发器。

8.4.2　使用触发器

在触发器的 SQL 语句中可以引用表中的任何字段，为了避免系统混淆，不可以直接使用字段名称，而要使用"OLD.字段名称"或"NEW.字段名称"。"OLD.字段名称"表示引用被修改或删除前的值，"NEW.字段名称"表示引用新插入或修改后的值。

对于 INSERT 语句，只有 NEW 是合法的；对于 DELETE 语句，只有 OLD 是合法的；而对于 UPDATE 语句，NEW 和 OLD 都是合法的。

1. INSERT 触发器

8-9　使用触发器

【例 8-24】在学生表 student 中创建一个触发器 t_studentadd，每插入一条记录，就显示所插入记录的学生的姓名。

① 创建触发器 t_studentadd，将新插入的记录的 sname 值赋给用户变量@str。

在 MySQL 命令行输入如下命令语句，执行结果如下。

```
mysql> CREATE TRIGGER t_studentadd AFTER INSERT
    -> ON student FOR EACH ROW
    -> SET @str = NEW.sname;
Query OK, 0 rows affected (0.03 sec)
```

② 在学生表 student 中插入一条新记录。

在 MySQL 命令行输入如下命令语句，执行结果如下。

```
mysql> INSERT INTO student VALUES("120211010123","赵红","女","2002-12-23",
NULL,NULL, "101",670,NULL);
Query OK, 1 row affected (0.02 sec)
```

③ 查询用户变量@str，验证触发器的执行结果。

```
mysql> SELECT @str;
```

查询结果如下。

```
+------+
| @str |
+------+
| 赵红 |
+------+
1 row in set (0.00 sec)
```

2. UPDATE 触发器

【例 8-25】在学生表 student 中创建一个触发器 t_sname，在修改一条学生记录前，要保证外籍学生的姓名 sname 字段是大写的。

① 创建触发器 t_sname，修改学生表 student 的一条记录前，将 sname 字段转换为大写。

在 MySQL 命令行输入如下命令语句，执行结果如下。

```
mysql> CREATE TRIGGER t_sname BEFORE UPDATE
    -> ON student FOR EACH ROW
    -> SET NEW.sname = UPPER(NEW.sname);
Query OK, 0 rows affected (0.03 sec)
```

② 将学生表 student 中姓名 sname 为 "赵红" 的记录的姓名修改为 "mary"。

在 MySQL 命令行输入如下命令语句，执行结果如下。

```
mysql> UPDATE student SET sname = "mary" WHERE sname = "赵红";
Query OK, 1 row affected (0.01 sec)
Rows matched: 1  Changed: 1  Warnings: 0
```

③ 查询学生表 student 中该记录的修改情况，验证触发器。

```
mysql> SELECT sno, sname, sex FROM student;
```

查询结果如下。

```
mysql> SELECT sno, sname, sex FROM student;
+--------------+--------+------+
| sno          | sname  | sex  |
+--------------+--------+------+
| 120211010103 | 宋洪博  | 男   |
| 120211010105 | 刘向志  | 男   |
| 120211010123 | MARY   | 女   |
| 120211010230 | 李媛媛  | 女   |
| 120211030110 | 王琦    | 男   |
| 120211030409 | 张虎    | 男   |
| 120211040101 | 王晓红  | 女   |
| 120211040108 | 李明    | 男   |
| 120211041102 | 李华    | 女   |
| 120211041129 | 侯明斌  | 男   |
| 120211050101 | 张函    | 女   |
| 120211050102 | 唐明卿  | 女   |
| 120211060104 | 王刚    | 男   |
| 120211060206 | 赵壮    | 男   |
| 120211070101 | 李淑子  | 女   |
| 120211070106 | 刘丽    | 女   |
+--------------+--------+------+
16 rows in set (0.00 sec)
```

3. DELETE 触发器

【例 8-26】在学生表 student 中创建一个触发器 t_studentdel，在删除一条学生记录前，将所删除的记录保存到表 student_archive 中。表 student_archive 的结构与表 student 基本相同，但增加了具有自增属性的字段 id，且该字段是主键。

① 创建 student_archive 表。

在 MySQL 命令行输入如下命令语句，执行结果如下。

```
mysql> CREATE TABLE student_archive
    -> (
    -> id INT PRIMARY KEY AUTO_INCREMENT,
    -> sno CHAR(12),
    -> sname VARCHAR(50),
    -> sex CHAR(1),
    -> birthdate DATE,
    -> party VARCHAR(50),
    -> classno VARCHAR(20),
    -> deptno CHAR(3),
    -> enterscore INT,
    -> awards TEXT
    -> );
Query OK, 0 rows affected (0.01 sec)
```

② 创建触发器 t_studentdel，在删除一条学生记录前，将该记录插入表 student_archive 中。

在 MySQL 命令行输入如下命令语句，执行结果如下。

```
mysql> CREATE TRIGGER t_studentdel BEFORE DELETE
    -> ON student FOR EACH ROW
    -> INSERT INTO student_archive(sno,sname,sex,birthdate,party,classno,
deptno,enterscore,awards)
    -> VALUES(OLD.sno,OLD.sname,OLD.sex,OLD.birthdate,OLD.party,OLD.classno,
OLD.deptno, OLD.enterscore,OLD.awards);
Query OK, 0 rows affected (0.01 sec)
```

③ 删除表 student 中学号 sno 为 120211010123 的学生。

在 MySQL 命令行输入如下命令语句，执行结果如下。

```
mysql> DELETE FROM student WHERE sno = "120211010123";
Query OK, 1 row affected (0.00 sec)
```

④ 查询表 student_archive 的记录，以验证触发器。

```
mysql> SELECT * FROM student_archive;
```

查询结果如下。

```
+---+------------+-------+-----+-----------+-----+-------+------+----------+-------+
|id | sno        | sname | sex | birthdate |party|classno|deptno|enterscore|awards |
+---+------------+-------+-----+-----------+-----+-------+------+----------+-------+
| 1 |120211010123| MARY  | 女  | 2002-12-23| NULL| NULL  | 101  |    670   | NULL  |
+---+------------+-------+-----+-----------+-----+-------+------+----------+-------+
1 row in set (0.00 sec)
```

8.4.3　查看触发器

查看触发器是指查看数据库中已经存在的触发器的定义、状态和语法信息等，可以通过以下两种方法查看触发器。

（1）使用 SHOW TRIGGER 语句查看触发器

SHOW TRIGGER 语句用于查看当前数据库中的所有触发器，其语法格式如下。

```
SHOW TRIGGERS;
```

（2）在表 triggers 中查看触发器

在 MySQL 中，所有触发器的定义都保存在数据库 information_schema 的表 triggers 中，可以使用 SELECT 语句查看触发器的详细信息。

查看所有触发器的详细信息。

```
SELECT * FROM information_schema.triggers;
```

查看指定触发器的详细信息。

```
SELECT * FROM information_schema.triggers WHERE trigger_name = "触发器名称";
```

例如，使用 SELECT 语句查看触发器 t_studentadd 的详细信息的语句如下。

```
SELECT * FROM information_schema.triggers WHERE trigger_name = "t_studentadd";
```

8.4.4　删除触发器

可以使用 DROP 语句删除触发器，其语法格式如下。

```
DROP TRIGGER [ IF EXISTS ] [ 数据库名. ]触发器名;
```

如果没有指定数据库的名称，则默认为当前数据库。当删除一张表时，该表中的触发器同时被自动删除。

【例 8-27】删除触发器 t_studentdel。

在 MySQL 命令行输入如下命令语句删除触发器，执行结果如下。

```
mysql> DROP TRIGGER t_studentdel;
Query OK, 0 rows affected (0.02 sec)
```

8.5　事件

事件是在指定时刻才被执行的过程式数据库对象，被称为临时性触发器。一个事件可以在事件调度器的管理下周期性地启动。

事件和触发器的区别在于触发器是被每张表产生的某个操作（插入、修改、删除等）触发的，而事件是在特定的时间被触发的。

事件调度器必须是开启状态才可以使用。创建事件前可以用 "SELECT @@EVENT_SCHEDULER;" 命令语句查看事件调度器的状态，ON 表示开启，OFF 表示关闭。

如果事件调度器处于关闭状态，可以使用 "SET GLOBAL EVENT_SCHEDULER=1;" 命令语句将其开启。

8.5.1　创建事件

可以使用 CREATE EVENT 语句创建事件，其语法格式如下。

```
CREATE EVENT 事件名
ON SCHEDULE 时间调度
DO 触发事件;
```

说明如下。

（1）事件名：用户自定义的事件名称。

（2）时间调度：指定事件在何时发生或每隔多久发生一次，有以下两种取值方式。

① AT 时间点 [+INTERVAL 时间间隔]：表示事件在指定的时间点发生，如果有时间间隔，则表示事件在这个时间间隔后发生。

② EVERY 时间间隔 [STARTS 时间点 [+INTERVAL 时间间隔]] [END 时间点 [+INTERVAL 时间间隔]]：表示事件在指定的时间区间内，每间隔多长时间发生一次。其中，STARTS 指定开始时间，END 指定结束时间。

（3）触发事件：包含事件被激活时要执行的语句。可以是一条 SQL 语句，也可以是一个 BEGIN…END 语句块或者一个存储过程。

【例 8-28】创建立即执行的事件 e_createtb，完成创建表 timetb 的操作。

在 MySQL 命令行输入如下命令语句创建事件，执行结果如下。

```
mysql> CREATE EVENT e_createtb
    -> ON SCHEDULE AT NOW()
    -> DO
    -> CREATE TABLE timetb
    -> (
    -> no INT PRIMARY KEY AUTO_INCREMENT,
    -> timefd TIME
    -> );
Query OK, 0 rows affected (0.01 sec)
```

在 MySQL 命令行输入如下命令语句查询事件执行后所创建的表 timetb。查询结果如下，当前表 timetb 中没有任何记录。

```
mysql> SELECT * FROM timetb;
Empty set (0.01 sec)
```

【例 8-29】创建事件 e_instb，每隔 10 秒向表 timetb 中插入一条当前时间数据。

在 MySQL 命令行输入如下命令语句创建事件，执行结果如下。

```
mysql> CREATE EVENT e_instb
    -> ON SCHEDULE EVERY 10 SECOND
    -> DO
    -> INSERT INTO timetb (timefd) VALUES(CURTIME());
Query OK, 0 rows affected (0.02 sec)
```

在 MySQL 命令行输入如下命令语句查询表 timetb。

```
mysql> SELECT * FROM timetb;
```

查询结果如下。

```
+----+----------+
| no | timefd   |
```

```
+----+----------+
|  1 | 13:58:27 |
|  2 | 13:58:37 |
|  3 | 13:58:47 |
|  4 | 13:58:57 |
|  5 | 13:59:07 |
+----+----------+
5 rows in set (0.00 sec)
```

8.5.2　管理事件

1．修改事件

使用 ALTER EVENT 语句可以修改事件时间调度、事件名，其语法格式如下。

```
ALTER EVENT 事件名
[ ON SCHEDULE 时间调度 ]
[ RENAME TO 新事件名 ]
DO 触发事件;
```

【例 8-30】将事件 e_instb 的名称改为 e_instimetb。

在 MySQL 命令行输入如下命令语句，执行结果如下。

```
mysql> ALTER EVENT e_instb
    -> RENAME TO e_instimetb;
Query OK, 0 rows affected (0.03 sec)
```

2．关闭事件

可以使用 ALTER EVENT 语句临时关闭某个事件，其语法格式如下。

```
ALTER EVENT 事件名 DISABLE;
```

【例 8-31】关闭事件 e_instimetb。

在 MySQL 命令行输入如下命令语句，执行结果如下。

```
mysql> ALTER EVENT e_instimetb DISABLE;
Query OK, 0 rows affected (0.01 sec)
```

3．启动事件

可以使用 ALTER EVENT 语句再次启动某个事件，其语法格式如下。

```
ALTER EVENT 事件名 ENABLE;
```

【例 8-32】再次启动事件 e_instimetb。

在 MySQL 命令行输入如下命令语句，执行结果如下。

```
mysql> ALTER EVENT e_instimetb ENABLE;
Query OK, 0 rows affected (0.03 sec)
```

8.5.3　删除事件

可以使用 DROP EVENT 语句删除已经创建的事件，其语法格式如下。

```
DROP EVENT [ IF EXISTS ] 事件名;
```

【例 8-33】删除事件 e_instimetb。

在 MySQL 命令行输入如下命令语句，执行结果如下。

```
mysql> DROP EVENT e_ instimetb;
Query OK, 0 rows affected (0.02 sec)
```

8.6　课堂案例：学生成绩管理数据库的编程

本节综合应用常用的系统内置函数、存储过程、存储函数、游标和触发器等实现学生成绩管理数据库的编程。

1．系统内置函数的应用

（1）查询学生的院系班级名称。

院系班级名称是由院系名称 deptname 和班级 classno 连接构成的，如使用字符串连接函数

CONCAT 连接"外国语学院"与"英语 2101"，得到"外国语学院英语 2101"。

在 MySQL 命令行输入如下命令语句。

```
mysql> SELECT sno AS 学号, sname AS 姓名, CONCAT(deptname,classno) AS 院系班级名称
    -> FROM department JOIN student ON department.deptno = student.deptno;
```

查询结果如下。

```
+--------------+--------+-----------------------------------+
| 学号         | 姓名   | 院系班级名称                      |
+--------------+--------+-----------------------------------+
| 120211010103 | 宋洪博 | 外国语学院英语 2101               |
| 120211010105 | 刘向志 | 外国语学院英语 2101               |
| 120211010230 | 李媛媛 | 外国语学院英语 2102               |
| 120211030110 | 王琦   | 能源动力与机械工程学院机械 2101  |
| 120211030409 | 张虎   | 能源动力与机械工程学院机械 2104  |
| 120211040101 | 王晓红 | 电气与电子工程学院电气 2101      |
| 120211040108 | 李明   | 电气与电子工程学院电气 2101      |
| 120211041102 | 李华   | 电气与电子工程学院电气 2111      |
| 120211041129 | 侯明斌 | 电气与电子工程学院电气 2111      |
| 120211050101 | 张函   | 经济与管理学院财务 2101          |
| 120211050102 | 唐明卿 | 经济与管理学院财务 2101          |
| 120211060104 | 王刚   | 控制与计算机工程学院计算 2101    |
| 120211060206 | 赵壮   | 控制与计算机工程学院计算 2102    |
| 120211070101 | 李淑子 | 数理学院物理 2101               |
| 120211070106 | 刘丽   | 数理学院物理 2101               |
+--------------+--------+-----------------------------------+
15 rows in set (0.00 sec)
```

（2）将"数据库应用"课程的成绩 grade 开平方根再乘以 10，结果保留一位小数。

在 MySQL 命令行输入如下命令语句。

```
mysql> SELECT student.sno AS 学号, sname AS 姓名, ROUND(SQRT(grade)*10,1) AS 成绩
    -> FROM student JOIN score ON student.sno = score.sno JOIN course ON
course.cno = score.cno
    -> WHERE cname = "数据库应用";
```

查询结果如下。

```
+--------------+--------+------+
| 学号         | 姓名   | 成绩 |
+--------------+--------+------+
| 120211010103 | 宋洪博 | 93.8 |
| 120211010105 | 刘向志 | 94.9 |
| 120211010230 | 李媛媛 | 87.2 |
| 120211030110 | 王琦   | 94.3 |
| 120211041102 | 李华   | 94.9 |
| 120211041129 | 侯明斌 | 93.8 |
| 120211050101 | 张函   | 97.5 |
+--------------+--------+------+
7 rows in set (0.00 sec)
```

（3）查询年龄为 20 岁的学生的学号 sno 和姓名 sname。

采用日期函数表达式"YEAR(NOW())-YEAR(birthdate)"求出学生的年龄。

在 MySQL 命令行输入如下命令语句。

```
mysql> SELECT sno AS 学号, sname AS 姓名
    -> FROM student
    -> WHERE YEAR(NOW()) - YEAR(birthdate) = 20;
```

查询结果如下。

```
+--------------+--------+
| 学号         | 姓名   |
+--------------+--------+
| 120211010105 | 刘向志 |
| 120211040101 | 王晓红 |
```

```
| 120211040108 | 李明   |
| 120211041129 | 侯明斌 |
| 120211050102 | 唐明卿 |
| 120211070106 | 刘丽   |
+--------------+--------+
6 rows in set (0.00 sec)
```

（4）查询 3 月出生学生的学号 sno、姓名 sname 和出生日期 birthdate。

可以使用日期函数 MONTH 求出出生日期 birthdate 中的月份。

在 MySQL 命令行输入如下命令语句。

```
mysql> SELECT sno AS 学号, sname AS 姓名, birthdate AS 出生日期
    -> FROM student
    -> WHERE MONTH(birthdate) = 3;
```

查询结果如下。

```
+--------------+------+------------+
| 学号         | 姓名 | 出生日期   |
+--------------+------+------------+
| 120211050101 | 张函 | 2003-03-07 |
| 120211060206 | 赵壮 | 2003-03-13 |
+--------------+------+------------+
2 rows in set (0.00 sec)
```

2. 存储过程的应用

（1）创建无参数的存储过程 p_count，比较男生、女生的人数。

在 MySQL 命令行输入如下命令语句创建存储过程。

```
DELIMITER $$
CREATE PROCEDURE p_count()
BEGIN
    DECLARE vmale, vfemale INT;
    SELECT COUNT(sno) INTO vmale FROM student WHERE sex = "男";
    SELECT COUNT(sno) INTO vfemale FROM student WHERE sex = "女";
    IF vmale > vfemale THEN
        SELECT "男生多于女生" AS 男女生人数比较结果;
    ELSEIF vmale < vfemale THEN
        SELECT "男生少于女生" AS 男女生人数比较结果;
    ELSE
        SELECT "男生与女生人数相同" AS 男女生人数比较结果;
    END IF;
END $$
DELIMITER ;
```

在 MySQL 命令行输入如下命令语句调用存储过程。

```
mysql> CALL p_count();
```

执行结果如下。

```
+--------------------+
| 男女生人数比较结果 |
+--------------------+
| 男生多于女生       |
+--------------------+
1 row in set (0.00 sec)
```

（2）创建带输入参数的存储过程 p_grade，输入姓名和课程名称，查询课程的成绩评价，90 分及以上的成绩评价为"优秀"、60 分以下的成绩评价为"不及格"、其他分数的成绩评价为"通过"。

在 MySQL 命令行输入如下命令语句创建存储过程。

```
DELIMITER $$
CREATE PROCEDURE p_grade(IN vsname CHAR(50), IN vcname CHAR(50))
BEGIN
    DECLARE vscore INT;
    SELECT grade INTO vscore
    FROM course JOIN score ON course.cno = score.cno JOIN student ON student.sno
```

```
= score.sno
        WHERE sname = vsname AND cname = vcname;
        IF vscore >= 90 THEN
            SELECT "优秀" AS 成绩评价;
        ELSEIF vscore >= 60 THEN
            SELECT "通过" AS 成绩评价;
        ELSE
            SELECT "不及格" AS 成绩评价;
        END IF;
END $$
DELIMITER ;
```

在 MySQL 命令行输入如下命令语句调用存储过程。

```
mysql> CALL p_grade("李华","数据库应用");
```

执行结果如下。

```
+----------+
| 成绩评价  |
+----------+
| 优秀     |
+----------+
1 row in set (0.00 sec)
```

（3）创建带输入参数和输出参数的存储过程 p_classyear，输入姓名，根据查询到的班级设置学生对应的级。

将【例 8-10】不能独立执行的代码放在如下存储过程中，使之可以执行得到结果。

```
DELIMITER $$
CREATE PROCEDURE p_classyear(IN vname CHAR(50), OUT vclassyear CHAR(5))
BEGIN
    DECLARE vclass CHAR(2);
    SELECT SUBSTRING(classno,3,2) INTO vclass
    FROM student
    WHERE sname = vname;
    CASE vclass
        WHEN "21" THEN SET vclassyear = "2021级";
        WHEN "20" THEN SET vclassyear = "2020级";
        WHEN "19" THEN SET vclassyear = "2019级";
        WHEN "18" THEN SET vclassyear = "2018级";
    END CASE;
END $$
DELIMITER ;
```

在 MySQL 命令行输入如下命令语句调用存储过程。输出实参必须是用户变量，执行后才能得到结果。

```
mysql> CALL p_classyear ("李华",@classyear);
Query OK, 1 row affected (0.00 sec)
```

查看用户变量的结果如下。

```
mysql> SELECT @classyear;
+------------+
| @classyear |
+------------+
| 2021级     |
+------------+
1 row in set (0.00 sec)
```

3．存储函数的应用

（1）创建带参数的存储函数 f_credit，输入学生姓名，查询该学生已取得的学分。

获取学分的条件是成绩 grade 大于等于 60 分，1 学分等于 16 学时。在 MySQL 命令行输入如下命令语句创建存储函数。

```
DELIMITER $$
CREATE FUNCTION f_credit(vname CHAR(50))
RETURNS FLOAT(5,2)
DETERMINISTIC
BEGIN
    RETURN (SELECT sum(hours/16)
    FROM student JOIN score ON student.sno = score.sno JOIN course ON course.cno
= score.cno
    WHERE grade >= 60 AND sname = vname);
END$$
DELIMITER ;
```

使用这个存储函数查询"李华"同学已取得的学分，在 MySQL 命令行输入如下命令语句。

```
mysql> SELECT f_credit("李华");
```

查询结果如下。

```
+------------------+
| f_credit("李华") |
+------------------+
|            13.50 |
+------------------+
1 row in set (0.00 sec)
```

使用这个存储函数查询"王刚"同学已取得的学分。

```
mysql> SELECT f_credit("王刚");
```

查询结果如下。

```
+------------------+
| f_credit("王刚") |
+------------------+
|             4.00 |
+------------------+
1 row in set (0.00 sec)
```

（2）创建带参数的存储函数 f_grants，输入教师姓名，存储函数返回该教师的课时补助。

设定每课时补助的标准为：讲师 60 元、副教授 80 元、教授 100 元。如果总额超过 3 万元，则按 3 万元计算。在 MySQL 命令行输入如下命令语句创建存储函数。

```
DELIMITER $$
CREATE FUNCTION f_grants(vname CHAR(50))
RETURNS INT
DETERMINISTIC
BEGIN
    DECLARE vhours, vgrants INT;
    DECLARE vtitle CHAR(5);
    SELECT SUM(hours) INTO vhours
    FROM teacher JOIN teaching ON teaching.tno = teacher.tno
    JOIN course ON teaching.cno = course.cno
    WHERE tname = vname;
    SELECT title INTO vtitle FROM teacher WHERE tname = vname;
    CASE vtitle
        WHEN "讲师" THEN SET vgrants = vhours*60;
        WHEN "副教授" THEN SET vgrants = vhours*80;
        WHEN "教授" THEN SET vgrants = vhours*100;
    END CASE;
    IF vgrants > 30000 THEN
      SET vgrants = 30000;
    END IF;
    RETURN vgrants;
END $$
DELIMITER ;
```

使用这个存储函数查询教师"李亚明"的课时补助。

```
mysql> SELECT f_grants("李亚明");
```

查询结果如下。

```
+--------------------+
| f_grants("李亚明") |
+--------------------+
|               6720 |
+--------------------+
1 row in set (0.00 sec)
```

使用这个存储函数查询教师"赵晓丽"的课时补助。

```
mysql> SELECT f_grants("赵晓丽");
```

查询结果如下。

```
+--------------------+
| f_grants("赵晓丽") |
+--------------------+
|              10240 |
+--------------------+
1 row in set (0.00 sec)
```

4. 游标的应用

可以在存储函数和存储过程中使用游标。

（1）创建存储函数 f_gratotal，计算所有教师的课时补助总金额。

在存储函数中，可以输入教师姓名求出课时补助金额，如果要求出所有教师的课时补助总金额，则需要将每个教师的课时补助累加。可以使用游标的方法，先用 SELECT 语句求出教师的职称和总课时的结果集，然后从结果集中逐一取出总课时，按照不同职称计算出对应的课时补助，累加到总金额中，直到遍历完成结果集，最后返回总金额。在 MySQL 命令行输入如下命令语句创建包含游标的存储函数。

```
DELIMITER $$
CREATE FUNCTION f_gratotal()
RETURNS INT
DETERMINISTIC
BEGIN
    DECLARE done INT DEFAULT 0;
    DECLARE vhours, vgrants, vtotal INT;
    DECLARE vtitle CHAR(5);
    DECLARE gracursor CURSOR FOR SELECT title, SUM(hours)
    FROM teacher JOIN teaching ON teaching.tno = teacher.tno
    JOIN course ON teaching.cno = course.cno
    GROUP BY title;
    DECLARE CONTINUE HANDLER FOR NOT FOUND SET done = 1;
    SET vtotal = 0;
    OPEN gracursor;
    REPEAT
        FETCH gracursor INTO vtitle, vhours;
        IF done = 0 THEN
            CASE vtitle
                WHEN "讲师" THEN SET vgrants = vhours*60;
                WHEN "副教授" THEN SET vgrants = vhours*80;
                WHEN "教授" THEN SET vgrants = vhours*100;
            END CASE;
            IF vgrants > 30000 THEN
                SET vgrants = 30000;
            END IF;
            SET vtotal = vtotal + vgrants;
        END IF;
    UNTIL done = 1
    END REPEAT;
    RETURN vtotal;
```

```
    CLOSE gracursor;
END $$
DELIMITER ;
```

在 SELECT 语句中使用这个存储函数。

```
mysql> SELECT f_gratotal();
```

执行结果如下。

```
+--------------+
| f_gratotal() |
+--------------+
|        80480 |
+--------------+
1 row in set (0.00 sec)
```

（2）创建带输入参数和输出参数的存储过程 p_gpa，输入学生姓名，查询该学生的平均学分绩点。

学生每学年或毕业时可能需要查询自己的平均学分绩点 GPA，平均学分绩点可作为评定奖学金、毕业、保送研究生的依据。平均学分绩点的计算方法如下。

$$平均学分绩点=\frac{\Sigma（课程学分\times绩点）}{\Sigma课程学分}=\frac{各门课程绩点之和}{各门课程学分之和}$$

其中，绩点是根据每门课程的成绩计算得到的，常用的规则是：90 分及以上绩点算 4，80 分到 89 分绩点算 3，70 分到 79 分绩点算 2，60 分到 69 分绩点算 1，60 分以下绩点算 0；课程学分 = 学时/16。

在存储过程中使用游标的方法，先用 SELECT 语句求出指定学生已经取得的全部成绩和对应学时的结果集，然后从结果集中逐一取出成绩和学时，按照不同的成绩设置绩点，并累加学分和绩点，直到遍历完结果集。最后计算出 GPA 作为输出参数。在 MySQL 命令行输入如下命令语句创建包含游标的存储过程。

```
DELIMITER $$
CREATE PROCEDURE p_gpa(IN vname CHAR(50), OUT gpa FLOAT)
BEGIN
    DECLARE done INT DEFAULT 0;
    DECLARE vhours, vgrade, vgradeclass INT;
    DECLARE vcredit, vsumcredit FLOAT DEFAULT 0;
    DECLARE gpacursor CURSOR FOR SELECT grade, hours
    FROM course JOIN score ON course.cno = score.cno
    JOIN student ON student.sno = score.sno
    WHERE sname = vname;
    DECLARE CONTINUE HANDLER FOR NOT FOUND SET done = 1;
    SET gpa = 0;
    OPEN gpacursor;
    REPEAT
        FETCH gpacursor INTO vgrade, vhours;
        IF done = 0 THEN
            SET vcredit = vhours/16;
            IF vgrade >= 90 THEN
                SET vgradeclass = 4;
            ELSEIF vgrade >= 80 THEN
                SET vgradeclass = 3;
            ELSEIF vgrade >= 70 THEN
                SET vgradeclass = 2;
            ELSEIF vgrade >= 60 THEN
                SET vgradeclass = 1;
            ELSE
                SET vgradeclass = 0;
            END IF;
        END IF;
        SET gpa = gpa + vgradeclass * vcredit;
        SET vsumcredit = vsumcredit + vcredit;
```

```
    UNTIL done = 1
    END REPEAT;
    SET gpa = ROUND(gpa/vsumcredit,2);
    CLOSE gpacursor;
END $$
DELIMITER ;
```

以"宋洪博"为输入参数，调用存储过程计算并显示 GPA。

```
mysql> CALL p_gpa("宋洪博", @gpa);
Query OK, 0 rows affected (0.00 sec)
```

查看用户变量的结果如下。

```
mysql> SELECT ROUND(@gpa,2);
+---------------+
| ROUND(@gpa,2) |
+---------------+
|          2.66 |
+---------------+
1 row in set (0.00 sec)
```

以"王琦"为输入参数，调用存储过程计算并显示 GPA。

```
mysql> CALL p_gpa("王琦", @gpa);
Query OK, 0 rows affected (0.00 sec)
```

查看用户变量的结果如下。

```
mysql> SELECT ROUND(@gpa,2);
+---------------+
| ROUND(@gpa,2) |
+---------------+
|          3.53 |
+---------------+
1 row in set (0.00 sec)
```

5. 触发器的应用

在教师表 teacher 中创建一个触发器 teacher_archive，在修改一条教师记录前，先将该记录保存到表 teacher_archive 中。表 teacher_archive 的结构与教师表 teacher 基本相同，但增加了具有自增属性的字段 id，且该字段是主键。

① 创建表 teacher_archive。

```
mysql> CREATE TABLE teacher_archive
    -> (
    -> id INT PRIMARY KEY AUTO_INCREMENT,
    -> tno CHAR(8),
    -> tname VARCHAR(50),
    -> sex CHAR(1),
    -> title VARCHAR(5),
    -> deptno CHAR(3)
    -> );
Query OK, 0 rows affected (0.01 sec)
```

② 创建触发器 t_teacher，在修改教师表 teacher 的一条记录前，将原始记录插入表 teacher_archive 中。

```
mysql> CREATE TRIGGER t_teacher BEFORE UPDATE
    -> ON teacher FOR EACH ROW
    -> INSERT INTO teacher_archive(tno, tname, sex, title,deptno)
    -> VALUES(OLD.tno, OLD.tname, OLD.sex, OLD.title, OLD.deptno);
Query OK, 0 rows affected (0.00 sec)
```

③ 将表 teacher 中所有"讲师"的职称 title 修改为"副教授"。

```
mysql> UPDATE teacher SET title = "副教授" WHERE title = "讲师";
Query OK, 3 rows affected (0.01 sec)
Rows matched: 3  Changed: 3  Warnings: 0
```

④ 查询表 teacher_archive 的记录，以验证触发器。

```
mysql> SELECT * FROM teacher_archive;
```

查询结果如下。

```
+----+----------+--------+------+-------+--------+
| id | tno      | tname  | sex  | title | deptno |
+----+----------+--------+------+-------+--------+
|  1 | 10611295 | 马丽    | 女   | 讲师   | 106    |
|  2 | 10631218 | 李亚明  | 男   | 讲师   | 106    |
|  3 | 10701274 | 孟凯彦  | 男   | 讲师   | 107    |
+----+----------+--------+------+-------+--------+
3 rows in set (0.00 sec)
```

【习题】

一、单项选择题

1. 存储过程和存储函数的优点不包括（　　）。
   A. 提高了代码的复用性　　　　　　　　B. 提高了数据操作效率
   C. 可以实现复杂的业务　　　　　　　　D. 保证了数据的一致性

2. 存储过程中不能使用的循环语句是（　　）语句。
   A. WHILE　　　　　　B. FOR　　　　　　C. REPEAT　　　　　　D. LOOP

3. 正确调用存储过程的方法是（　　）。
   A. CALL 存储过程名　　　　　　　　　B. USE 存储过程名
   C. OPEN 存储过程名　　　　　　　　　D. CREATE 存储过程名

4. 定义触发器的主要目的是（　　）。
   A. 提高数据查询速度　　　　　　　　　B. 加强数据安全性
   C. 加强数据共享性　　　　　　　　　　D. 保证表间数据一致性

5. 触发器主要针对（　　）语句创建。
   A. INSERT、UPDATE、DELETE　　　　　B. INSERT、CREATE、DELETE
   C. SELECT、UPDATE、DELETE　　　　　D. INSERT、UPDATE、DROP

二、填空题

1. 函数 CONCAT("AB", "XYZ")的运算结果是＿＿＿＿＿＿。
2. 存储函数中必须包含一条＿＿＿＿＿＿语句。
3. 游标中用＿＿＿＿＿＿语句每次从结果集中提取一条记录。
4. 触发器的触发时间有＿＿＿＿＿＿和＿＿＿＿＿＿两个选项。
5. 存储过程形式参数的关键字有 IN、OUT 和＿＿＿＿＿＿。
6. 在指定时间才被执行的过程式数据库对象是＿＿＿＿＿＿。

【项目实训】图书馆借还书管理数据库的编程

一、实训目的

（1）掌握常用的系统内置函数。
（2）掌握编写简单存储过程的方法。
（3）掌握编写简单存储函数的方法。
（4）掌握游标的使用方法。
（5）掌握编写简单触发器代码的方法。

二、实训内容

（1）将图书表 book 中存放位置 position 字段分成楼层和区，查询结果包含图书编号、书名、作者、出版社、楼层和区的信息。

（2）查询读者类别为学生且借阅超期（超过 60 天）读者的信息，结果包含读者姓名、书名、借阅日期和超期天数。（提示：结果与系统的当前日期相关，在不同的日期下执行会得到不同的结果。）

（3）创建带输入参数的存储过程，输入书名，查询借阅了该书读者的信息，结果包含读者编号、读者姓名、书名和借阅日期，然后调用该存储过程查询借阅了图书"数学分析习题演练"的读者的信息。

（4）创建带输入参数的存储过程，输入姓名，显示是否逾期未还图书，学生的借阅天数超 60 天、教师的借阅天数超 90 天则为逾期读者，结果包含读者姓名、读者类别、书名、借阅日期和超期天数，然后调用存储过程查询"宋洪博"的图书逾期信息。

（5）创建带输入参数的存储过程，当需要在借还书表 borrow 中插入一条记录时调用该存储过程，要求先检查图书表 book 中库存数量 total 字段值是否满足要求，如果满足，则插入记录并将图书表 book 中的库存数量 total 字段值减 1，否则不能插入记录，然后显示是否插入成功的提示信息。

（6）创建带参数的存储函数，输入读者姓名，查询该读者借阅图书的数量，然后使用这个存储函数查询"杨丽"借阅图书的数量。

（7）创建带参数的存储函数，输入读者姓名，查询该读者的尚未归还图书的总价格，如果没有未归还图书的情况，则总价格为 0，然后分别使用这个存储函数查询"赵晓丽"和"李淑子"的尚未归还图书的总价格。

（8）创建包含游标的存储函数，输入书名，查询该书的平均借阅天数，然后使用这个存储函数查询图书"数学分析习题演练"的平均借阅天数。

（9）创建一个触发器，每当还书时，即在借还书表 borrow 中更新一条记录的 returntime 字段的值时，就同时更新图书表 book 中相应图书的库存数量 total 字段值，即 total 字段值应该加 1。

第 9 章　事务

事务是一组数据库操作命令语句的集合，它能够保证其中的所有数据库操作命令语句要么全部执行，要么全部不执行，目的是保证数据库的数据完整性。

【学习目标】
- 了解事务的概念和事务的基本特性。
- 掌握事务控制语句。
- 了解事务并发会引起的问题。
- 了解事务隔离级别与锁机制之间的关系。

9.1　事务概述

在 MySQL 数据库中，只有使用了 InnoDB 存储引擎的数据表才支持事务。

9-1　事务的概念

9.1.1　事务的概念

在 MySQL 数据库中，事务是一个不可分割的程序执行单元，由一条或多条数据库操作命令语句组成。这些数据库操作命令语句要么全部执行，要么全部不执行。只要有一条操作命令语句执行失败，整个事务都将撤销（回滚），所有被影响的数据都将恢复到事务开始前的状态。

与事务相关的数据库操作命令语句包括 INSERT、UPDATE 和 DELETE 语句。在 MySQL 中，通过日志文件来记录数据库的所有变化，为事务回滚提供依据。

事务处理机制在程序编写过程中有非常重要的作用，可以使整个系统更加安全。以银行转账为例，要将 1000 元资金从 A 账户转到 B 账户，在账户余额充足的条件下，需要从 A 账户中减去需要转出的 1000 元，然后向 B 账户中增加转入的 1000 元。该事务主要包括以下 3 个步骤。

① 查询 A 账户的余额是否足够。
② A 账户减去 1000 元。
③ B 账户增加 1000 元。

在银行办理转账业务时，如果 A 账户中的资金已经转出，但 B 账户由于发生故障未转入资金；或者 A 账户中的资金由于网络故障未转出，而 B 账户却已经完成了资金转入，这会给个人和银行带来重大经济损失。采用事务处理机制后，一旦在转账过程中发生意外，整个转账业务将全部撤销，使 A 账户和 B 账户都恢复到转账前的状态，从而保证数据的完整性。

9.1.2　事务的基本特性

事务由一条或多条数据库操作命令语句组成，但并不是任意的数据库操作命令语句序列都能成为事务。事务必须具有 4 个基本特性，分别是原子性（Atomicity）、一致性（Consistency）、隔离性

（Isolation）和持久性（Durability），简称 ACID。

1. 原子性

原子性是指事务中的所有数据库操作命令语句，要么全部执行，要么全部不执行。事务在执行过程中发生任何错误，都会回滚到事务开始前的状态，就像这个事务从来没有执行过一样。以银行转账为例，一旦在转账过程中发生意外，整个转账业务将回滚到转账前。

2. 一致性

一致性是指事务必须保证数据库的状态保持一致，即在事务开始前和事务结束后，数据库的完整性没有被破坏。以银行转账为例，A 账户和 B 账户的金额总计不会发生改变。

3. 隔离性

隔离性是指多个并发事务可以独立执行，彼此不会产生影响。隔离性可以防止多个事务并发执行时因交叉执行而导致数据不一致。例如，对任意两个并发的事务 1 和事务 2，在事务 1 看来，事务 2 要么在事务 1 开始之前已经结束，要么在事务 1 结束后才开始。隔离性使得每个事务都感觉不到有其他事务在并发执行。

4. 持久性

持久性是指事务完成后，对数据的修改是永久的，即便系统发生故障也不会丢失。例如，提交一个事务后，计算机瘫痪或者数据库因故障受到破坏，重启计算机后，该事务的执行结果依然存在。

9.2 单个事务控制

在 MySQL 中，默认情况下系统变量 AUTOCOMMIT 设置为 1，即事务都是自动提交的，而且一条数据库操作命令语句就是一个事务。每执行一条数据库操作命令语句，该语句对数据库的修改就立即被提交成持久性修改保存到磁盘上，一个事务也就结束了。使用下面的 SET 语句可以关闭事务的自动提交功能。

9-2　单个事务控制

```
SET AUTOCOMMIT=0;
```

关闭事务的自动提交功能后，用户必须显式地对单个事务的开始和结束进行控制。

1. 开始事务

可以使用 START TRANSACTION 或 BEGIN WORK 语句来显式地开始一个事务，其语法格式如下。

```
START TRANSACTION | BEGIN WORK;
```

在 MySQL 中，事务是不允许嵌套的。在第 1 个事务开始后，如果使用 START TRANSACTION 或 BEGIN WORK 语句开始新事务，则系统会自动提交并结束第 1 个事务。

2. 完成数据库操作命令语句

事务开始成功后，就可以完成事务中包含的所有数据库操作命令语句。

【例 9-1】开始一个事务，使用每次插入一条记录的方式向课程表 course 中插入两门课程（10600150，软件工程，40）和（10600710，数据结构，64）。

① 开始事务。

```
START TRANSACTION;
```

② 插入第 1 门课程。

```
INSERT INTO course VALUES("10600150","软件工程",40);
```

③ 插入第 2 门课程。

```
INSERT INTO course VALUES("10600710","数据结构",64);
```

④ 使用 SELECT 语句查看记录是否插入成功。

```
SELECT * FROM course WHERE cno = "10600150" OR cno = "10600710";
```

在 MySQL 命令行输入如下命令语句，执行结果如下。

```
mysql> START TRANSACTION;
Query OK, 0 rows affected (0.01 sec)

mysql> INSERT INTO course VALUES("10600150","软件工程",40);
Query OK, 1 row affected (0.01 sec)

mysql> INSERT INTO course VALUES("10600710","数据结构",64);
Query OK, 1 row affected (0.01 sec)

mysql> SELECT * FROM course WHERE cno = "10600150" OR cno = "10600710";
+----------+----------+-------+
| cno      | cname    | hours |
+----------+----------+-------+
| 10600150 | 软件工程  |    40 |
| 10600710 | 数据结构  |    64 |
+----------+----------+-------+
2 rows in set (0.01 sec)
```

在这个时候，只有当前用户可以看到新记录插入成功，其他用户使用 SELECT 语句查不到这两条记录。

3．结束事务

提交事务或撤销事务都标志着一个事务的结束。

（1）提交事务

事务具有隔离性，在未提交事务之前，其他用户连接 MySQL 并使用 SELECT 语句查询时，查询结果不会显示未提交的事务，这使得正在处理的事务对其他用户不可见。因此，其他用户查不到"软件工程"和"数据结构"这两门课程，只有在成功提交事务后，其他用户才能查询到。

在数据库操作命令语句执行完成之后，可以使用 COMMIT 语句提交事务，其语法格式如下。

```
COMMIT;
```

【例 9-2】开始一个事务，使用每次插入一条记录的方式向课程表 course 中插入两门课程（10600151，软件工程 1，40）和（10600711，数据结构 1，64），最后提交事务。

在 MySQL 命令行输入如下命令语句，执行结果如下。

```
mysql> START TRANSACTION;
Query OK, 0 rows affected (0.01 sec)

mysql> INSERT INTO course VALUES("10600151","软件工程1",40);
Query OK, 1 row affected (0.01 sec)

mysql> INSERT INTO course VALUES("10600711","数据结构1",64);
Query OK, 1 row affected (0.01 sec)

mysql> COMMIT;
Query OK, 0 rows affected (0.01 sec)
```

当前事务提交后，其他用户就可以使用 SELECT 语句查询到相同结果。

```
mysql> SELECT * FROM course WHERE cno = "10600151" OR cno = "10600711";
+----------+----------+-------+
| cno      | cname    | hours |
+----------+----------+-------+
| 10600151 | 软件工程1 |    40 |
| 10600711 | 数据结构1 |    64 |
+----------+----------+-------+
2 rows in set (0.01 sec)
```

MySQL 不允许事务嵌套。开始第 1 个事务后，当开始第 2 个事务时，系统会自动提交第 1 个事务。此外，执行下面这些语句时都会隐式地执行一条 COMMIT 命令。

```
DROP DATABASE
DROP TABLE
CREATE INDEX
DROP INDEX
ALTER TABLE
RENAME TABLE
```

（2）撤销事务

撤销事务又称回滚事务，用户开始了一个事务，完成了数据库操作命令语句，尚未使用 COMMIT 提交事务，如果用户想撤销刚才的数据库操作命令语句，可以使用 ROLLBACK 语句进行撤销，数据库将恢复到事务开始前的状态，ROLLBACK 语句的语法格式如下。

```
ROLLBACK;
```

【例 9-3】开始一个事务，使用每次插入一条记录的方式向课程表 course 中插入两门课程（10600152，软件工程 2，40）和（10600712，数据结构 2，64），最后撤销事务。

在 MySQL 命令行输入如下命令语句，执行结果如下。

```
mysql> START TRANSACTION;
Query OK, 0 rows affected (0.01 sec)

mysql> INSERT INTO course VALUES("10600152","软件工程2",40);
Query OK, 1 row affected (0.01 sec)

mysql> INSERT INTO course VALUES("10600712","数据结构2",64);
Query OK, 1 row affected (0.01 sec)

mysql> ROLLBACK;
Query OK, 0 rows affected (0.01 sec)
```

当前事务回滚后，使用 SELECT 语句查询，可以看到新记录不存在，数据库恢复到事务开始前的状态。

```
mysql> SELECT * FROM course WHERE cno = "10600152" OR cno = "10600712";
Empty set (0.01 sec)
```

（3）保存点

除了撤销整个事务，用户还可以使事务回滚到某个点，但前提是在前面使用 SAVEPOINT 语句设置了保存点，其语法格式如下。

```
SAVEPOINT 保存点名称;
```

设置保存点后，可以使用 ROLLBACK TO SAVEPOINT 语句回滚到该保存点，其语法格式如下。

```
ROLLBACK TO SAVEPOINT 保存点名称;
```

当事务回滚到某个保存点后，在该保存点之后设置的所有保存点将被自动删除。如果要手动删除某个保存点，可以使用 RELEASE SAVEPOINT 语句，其语法格式如下。

```
RELEASE SAVEPOINT 保存点名称;
```

【例 9-4】开始一个事务，向课程表 course 中插入一门课程（10600153，软件工程 3，40）后设置一个保存点 sp1，然后向课程表 course 中插入另一门课程（10600713，数据结构 3，64），最后将事务回滚到保存点 sp1 并提交。

在 MySQL 命令行输入如下命令语句，执行结果如下。

```
mysql> START TRANSACTION;
Query OK, 0 rows affected (0.01 sec)

mysql> INSERT INTO course VALUES("10600153","软件工程3",40);
Query OK, 1 row affected (0.01 sec)
```

```
mysql> SAVEPOINT sp1;
Query OK, 0 rows affected (0.01 sec)

mysql> INSERT INTO course VALUES("10600713","数据结构 3",64);
Query OK, 1 row affected (0.01 sec)

mysql> ROLLBACK TO SAVEPOINT sp1;
Query OK, 0 rows affected (0.01 sec)

mysql> COMMIT;
Query OK, 0 rows affected (0.01 sec)
```

当前事务回滚到保存点 sp1 后提交，使用 SELECT 语句查询，可以看到实际上只插入了一门课程，保存点 sp1 后的 INSERT 语句被撤销了。

```
mysql> SELECT * FROM course WHERE cno = "10600153" OR cno = "10600713";
+----------+----------+-------+
| cno      | cname    | hours |
+----------+----------+-------+
| 10600153 | 软件工程 3 |    40 |
+----------+----------+-------+
1 row in set (0.00 sec)
```

> 使用 START TRANSACTION 开始一个事务后，如果既没有提交事务，也没有开始其他事务，则 MySQL 默认是自动回滚状态，即不保存该事务的所有操作结果。

这里通过下面 9 条语句总结一下单个事务控制的处理过程。

① START TRANSACTION;
② INSERT … ;
③ DELETE … ;
④ UPDATE … ;
⑤ SAVEPOINT sp1 ;
⑥ DELETE … ;
⑦ ROLLBACK TO SAVEPOINT sp1;
⑧ INSERT … ;
⑨ COMMIT;

在这 9 条语句中，第 1 条语句开始了一个事务；第 2～4 条语句对数据库进行了修改（未提交）；第 5 条语句设置了一个保存点；第 6 条语句对数据库进行了修改（未提交）；第 7 条语句将事务回滚到保存点 sp1（撤销了第 6 条语句的操作）；第 8 条语句对数据库进行了修改（未提交）；第 9 条语句提交并结束事务，最终第 2～4 条和第 8 条语句对数据库的修改被持久化。

9.3　事务并发控制

当多个用户同时访问同一个数据库对象时，在一个用户修改数据的过程中，可能其他用户也要修改该数据，因此，为了保证数据的一致性，需要对事务并发操作进行控制。

9.3.1　事务并发会引起的问题

在 MySQL 中，当事务与事务之间存在并发操作时，如果不进行控制，就可能产生数据不一致的问题。

9-3　事务并发会引起的问题

例如，事务 1 和事务 2 针对同一个银行账户的并发取款操作。假定当前账户的存款余额为 1000 元，事务 1 取出 100 元，事务 2 取出 200 元。正常情况下，事务 1 执行完成后再执行事务 2，最终存款余额应该是 700 元。但是如果按照下面的顺序使事务 1 和事务 2 并发执行，则会有不同的结果。

① 事务 1 读取存款余额得到 1000 元。

② 事务 2 读取存款余额得到 1000 元。

③ 事务 1 取出 100 元，并修改数据库中的存款余额为 900 元。

④ 事务 2 取出 200 元，并修改数据库中的存款余额为 800 元。

结果两个事务共取出 300 元，但是数据库中实际只少了 200 元，导致数据不一致。事务并发操作导致数据的不一致问题主要有丢失更新、脏读、不可重复读和幻读 4 种。

1. 丢失更新（lost update）

丢失更新分为两类：一类是回滚丢失更新，另一类是覆盖丢失更新。

回滚丢失更新是指后一个事务回滚时覆盖了前一个事务提交的数据更新所造成的数据丢失。例如，事务 1 和事务 2 针对同一个银行账户的并发取款操作，按表 9-1 所示的顺序并发执行事务将引起回滚丢失更新，因为在 T8 时刻事务 2 回滚，覆盖了事务 1 对数据库的更新。

表 9-1　　　　　　　　　　　　并发取款操作引起的回滚丢失更新

时间顺序	事务 1	存款余额	事务 2
T1	开始事务	1000 元	
T2	读取存款余额 1000 元		
T3			开始事务
T4			读取存款余额 1000 元
T5	UPDATE 存款余额为 900 元（取出 100 元）		
T6	提交事务	900 元	
T7			UPDATE 存款余额为 800 元（取出 200 元）
T8		1000 元	回滚事务，存款余额恢复为 1000 元（回滚丢失更新）

覆盖丢失更新是指后一个事务提交的数据更新覆盖了前一个事务提交的数据更新所造成的数据丢失。例如，事务 1 和事务 2 针对同一个银行账户的并发取款操作，按表 9-2 所示的顺序并发执行事务将引起覆盖丢失更新，因为在 T8 时刻事务 2 覆盖了事务 1 对数据库的更新。

表 9-2　　　　　　　　　　　　并发取款操作引起的覆盖丢失更新

时间顺序	事务 1	存款余额	事务 2
T1	开始事务	1000 元	
T2	读取存款余额 1000 元		
T3			开始事务
T4			读取存款余额 1000 元
T5	UPDATE 存款余额为 900 元（取出 100 元）		
T6	提交事务	900 元	
T7			UPDATE 存款余额为 800 元（取出 200 元）
T8		800 元	提交事务（覆盖丢失更新）

2. 脏读（dirty read）

脏读是指一个事务读取了另一个事务未提交的数据。例如，事务 1 和事务 2 针对同一个银行账户的并发存取款操作，按表 9-3 所示的顺序并发执行事务将引起脏读，因为 T5 时刻事务 2 读取到了事务 1 未提交的数据更新，T6 时刻事务 1 回滚，存款余额恢复为 1000 元，导致出错。这里将未提交且随后又被撤销的数据称为脏数据。

表 9-3　　　　　　　　　　　　　　　并发存取款操作引起的脏读

时间顺序	事务 1	存款余额	事务 2
T1	开始事务	1000 元	
T2	读取存款余额 1000 元		
T3	UPDATE 存款余额为 900 元（取出 100 元）		
T4		900 元	开始事务
T5			读取存款余额 900 元（脏读）
T6	回滚事务，存款余额恢复为 1000 元	1000 元	
T7			UPDATE 存款余额为 1000 元（存入 100 元）
T8		1000 元	提交事务

3. 不可重复读（non-repeatable read）

不可重复读是指同一个事务前后两次读取的数据不同。这是由于在两次读取数据之间，有其他事务修改了数据。例如，事务 1 和事务 2 针对同一个银行账户的并发取款操作，按表 9-4 所示的顺序并发执行事务将引起不可重复读，因为事务 1 在 T2 时刻读取到的存款余额为 1000 元，但事务 2 在 T6 时刻将存款余额修改为 0 元，所以事务 1 在 T7 时刻读取到的存款余额为 0 元，导致两次读取的存款余额不一致。

表 9-4　　　　　　　　　　　　　　　并发取款操作引起的不可重复读

时间顺序	事务 1	存款余额	事务 2
T1	开始事务	1000 元	
T2	读取存款余额 1000 元		
T3			开始事务
T4			读取存款余额 1000 元
T5			UPDATE 存款余额为 0 元（取出 1000 元）
T6		0 元	提交事务
T7	读取存款余额 0 元（不可重复读）		

4. 幻读（phantom read）

幻读是指同一个事务前后两次使用相同查询统计语句的执行结果不同。这是因为在两次统计之间，有其他事务插入或删除了数据。例如，事务 1 和事务 2 针对同一个银行账户的并发存取款操作，按表 9-5 所示的顺序并发执行事务将引起幻读。假定事务 1 在 T2 时刻统计得到的账户存取款记录数为 100 条，但事务 2 在 T4 和 T5 时刻分别完成了一次存款操作，分别存入了 100 元和 200 元，在 T6 时刻完成了一次取款操作，取出了 50 元，所以事务 1 在 T8 时刻重新统计账户存取款记录数为

103 条，导致两次统计记录数的结果不一致。

表 9-5　　　　　　　　　　　　　并发存取款操作引起的幻读

时间顺序	事务 1	存款余额	事务 2
T1	开始事务	1000 元	
T2	统计账户存取款记录数为 100 条		
T3			开始事务
T4			存入 100 元（插入一条存款记录）
T5			存入 200 元（插入一条存款记录）
T6			取出 50 元（插入一条取款记录）
T7		1250 元	提交事务
T8	统计账户存取款记录数为 103 条（幻读）		

事务并发操作引起的这些问题可以通过数据库的事务隔离机制来解决。

9.3.2　事务隔离级别

为了解决事务并发操作可能引起的丢失更新、脏读、不可重复读和幻读问题，数据库提供了不同级别的事务隔离，以保证多个事务的并发执行，使事务之间不会产生干扰和影响。MySQL 提供了以下 4 种事务隔离级别。

9-4　事务隔离级别

1．未提交读（read uncommitted）

该级别提供了事务之间最小限度的隔离，所有事务都可以看到其他未提交事务的执行结果。不能解决丢失更新、脏读、不可重复读和幻读问题，在实际中很少应用。

2．提交读（read committed）

该级别满足隔离性的定义，即一个事务只能看到已提交事务所做的数据修改。可以解决回滚丢失更新和脏读问题，但不能解决不可重复读、覆盖丢失更新和幻读问题。

3．可重复读（repeatable read）

该级别是 MySQL 默认的事务隔离级别，可以确保同一个事务内相同的查询语句的查询结果一致。可以解决回滚丢失更新、脏读、不可重复读和覆盖丢失更新问题，但不能解决幻读问题。

4．序列化（serializable）

该级别提供了严格的事务隔离，它要求所有事务序列化地执行，即事务只能一个接着一个地执行，不能并发执行。这样就能保证事务之间最大限度的隔离。可以解决丢失更新、脏读、不可重复读和幻读问题。

低级别的事务隔离可以提高事务的并发执行性能，但会导致丢失更新、脏读、不可重复读和幻读等并发问题；高级别的事务隔离可以有效避免并发问题，但会降低事务的并发执行性能。4 种隔离级别的对比如表 9-6 所示。

表 9-6　　　　　　　　　　　　　4 种隔离级别的对比

隔离级别	回滚丢失更新	脏读	不可重复读	覆盖丢失更新	幻读
未提交读	不能解决	不能解决	不能解决	不能解决	不能解决
提交读	可以解决	可以解决	不能解决	不能解决	不能解决
可重复读	可以解决	可以解决	可以解决	可以解决	不能解决
序列化	可以解决	可以解决	可以解决	可以解决	可以解决

系统变量 TRANSACTION_ISOLATION 中存储了事务的隔离级别，可以使用下面的语句来查看当前隔离级别。

```
SELECT @@TRANSACTION_ISOLATION;
```

MySQL 默认的事务隔离级别是可重复读，可以使用 SET TRANSACTION 语句来修改事务的隔离级别，其语法格式如下。

```
SET [ GLOBAL | SESSION ] TRANSACTION ISOLATION LEVEL
{ READ UNCOMMITTED | READ COMMITTED | REPEATABLE READ | SERIALIZABLE };
```

说明如下。

（1）GLOBAL：隔离级别适用于所有用户。

（2）SESSION：隔离级别仅适用于当前的会话和连接。

9.3.3 锁机制

锁机制是实现事务并发控制的主要方法和重要手段。在 MySQL 中，不同的事务隔离级别是通过锁机制来实现的，而且是由数据库自动完成的，不需要人为干预。

9-5 锁机制

1. 锁的类型

按照不同的划分方式，可以把锁划分为不同的类型。

按照锁的共享策略，可将锁划分为共享锁（Share Lock）和排他锁（Exclusive Lock）两种。

（1）共享锁：S 锁，也称读锁（read lock）。一个事务对数据加读锁后，其他事务只能读取这些数据，不能修改。共享锁的作用主要是支持并发读取数据，在读取数据时不支持修改，可以避免不可重复读问题。

（2）排他锁：X 锁，也称写锁（write lock）。一个事务对数据加写锁后，只有该事务可以操作这些数据，其他的事务既不能读，也不能修改。排他锁的作用是在修改数据时，不允许其他人读取和修改，可以避免脏读问题。

按照对数据操作的粒度，可将锁划分为表级锁、行级锁和页级锁 3 种。

（1）表级锁：锁定整张表，其他事务访问同一张表时将受到限制。

（2）行级锁：只锁定所使用的一条或多条记录行，当其他事务访问同一张表时，只有被锁定的记录不能访问，其他的记录可以正常访问。

（3）页级锁：介于表级锁和行级锁之间，是 MySQL 独特的一种锁机制，它锁定表中相邻的一组记录行作为页来实现控制。

2. 隔离级别与锁的关系

（1）在未提交读级别下，在读取数据时不加锁；在修改数据的过程中，对需要更新的数据加行级共享锁，使其他事务不能修改，但是可以读取数据，直到事务结束。因此，其他事务可以读取到未提交的数据，不能避免脏读问题。

（2）在提交读级别下，在读取数据时加行级共享锁，读取结束就释放；在修改数据的过程中，对需要更新的数据加行级排他锁，直到事务结束。这样可有效防止其他事务读取到未提交的数据。但由于读取数据后就立即释放了行级共享锁，因此可能会出现从同一事务中读取到的数据前后不一致的情况，不能避免不可重复读问题。

（3）在可重复读级别下，在读取数据时加行级共享锁，直到事务结束；在修改数据的过程中，对需要更新的数据加行级排他锁，直到事务结束。因此不会出现从同一事务中读取到的数据前后不一致的情况。

（4）在序列化级别下，在读取数据时加表级共享锁，直到事务结束；在修改数据时加表级排他锁，直到事务结束。因此其他事务不能读写该表中的任何数据，可以避免由事务并发操作引起的任何问题。

9.4 课堂案例：学生成绩管理数据库的事务控制

本节基于学生成绩管理数据库中的数据表，在存储过程中实现对数据库操作的事务控制。

1. 新开课程事务控制

要求编写存储过程，使用每次插入一条记录的方式将两门新课程（10500260，国际金融学，48）和（10400350，电路理论，56）插入课程表 course 中。

（1）不使用事务控制的存储过程的定义如下。

```
DELIMITER $$
CREATE PROCEDURE p_insert_course()
BEGIN
    INSERT INTO course VALUES("10500260","国际金融学",48);
    INSERT INTO course VALUES("10400350","电路理论",56);
END $$
DELIMITER ;
```

调用存储过程前，课程表 course 中的记录如下。

```
mysql> SELECT * FROM course;
+----------+------------------+-------+
| cno      | cname            | hours |
+----------+------------------+-------+
| 10101400 | 学术英语         |    64 |
| 10101410 | 通用英语         |    48 |
| 10300710 | 现代控制理论     |    40 |
| 10400350 | 模拟电子技术基础 |    56 |
| 10500131 | 证券投资学       |    32 |
| 10600200 | 高级语言程序设计 |    56 |
| 10600450 | 无线网络安全     |    32 |
| 10600611 | 数据库应用       |    56 |
| 10700053 | 大学物理         |    56 |
| 10700140 | 高等数学         |    64 |
| 10700462 | 线性代数         |    48 |
+----------+------------------+-------+
11 rows in set (0.01 sec)
```

调用存储过程，执行结果如下。

```
mysql> Call p_insert_course();
ERROR 1062 (23000): Duplicate entry '10400350' for key 'course.PRIMARY'
```

课程编号为 10400350 的课程已经存在，插入第 2 条记录时违反了课程编号的主键约束，导致错误。

调用存储过程后，课程表 course 中的数据如下。

```
mysql> SELECT * FROM course;
+----------+------------------+-------+
| cno      | cname            | hours |
+----------+------------------+-------+
| 10101400 | 学术英语         |    64 |
| 10101410 | 通用英语         |    48 |
| 10300710 | 现代控制理论     |    40 |
| 10400350 | 模拟电子技术基础 |    56 |
| 10500131 | 证券投资学       |    32 |
| 10500260 | 国际金融学       |    48 |
| 10600200 | 高级语言程序设计 |    56 |
| 10600450 | 无线网络安全     |    32 |
| 10600611 | 数据库应用       |    56 |
| 10700053 | 大学物理         |    56 |
```

```
| 10700140 | 高等数学          |    64 |
| 10700462 | 线性代数          |    48 |
+----------+------------------+-------+
12 rows in set (0.00 sec)
```

最终只有第 1 条记录插入成功了。如果要求两条记录都插入成功，才提交，否则回滚，则需要加入事务控制。

（2）使用事务控制的存储过程的定义如下。开启事务后，根据两条 INSERT 语句执行时是否发生错误，选择进行回滚或提交操作。

```
DELIMITER $$
CREATE PROCEDURE p_insert_course()
BEGIN
    DECLARE hasError INT DEFAULT FALSE;
    DECLARE CONTINUE HANDLER FOR SQLEXCEPTION SET hasError = TRUE;
    START TRANSACTION;
    INSERT INTO course VALUES("10500260","国际金融学",48);
    INSERT INTO course VALUES("10400350","电路理论",56);
    IF hasError = TRUE THEN
        ROLLBACK;
        SELECT "失败" AS 插入结果;
    ELSE
        COMMIT;
        SELECT "成功" AS 插入结果;
    END IF;
END $$
DELIMITER ;
```

删除前面插入的第 1 条记录后，调用存储过程，执行结果如下。

```
mysql> DELETE FROM course WHERE cno = "10500260";
Query OK, 1 row affected (0.01 sec)

mysql> call p_insert_course();
+----------+
| 插入结果  |
+----------+
| 失败      |
+----------+
1 row in set (0.00 sec)

Query OK, 0 rows affected (0.00 sec)
```

调用存储过程后，课程表 course 中的记录如下。

```
mysql> SELECT * FROM course;
+----------+------------------+-------+
| cno      | cname            | hours |
+----------+------------------+-------+
| 10101400 | 学术英语          |    64 |
| 10101410 | 通用英语          |    48 |
| 10300710 | 现代控制理论      |    40 |
| 10400350 | 模拟电子技术基础  |    56 |
| 10500131 | 证券投资学        |    32 |
| 10600200 | 高级语言程序设计  |    56 |
| 10600450 | 无线网络安全      |    32 |
| 10600611 | 数据库应用        |    56 |
| 10700053 | 大学物理          |    56 |
| 10700140 | 高等数学          |    64 |
```

```
| 10700462 | 线性代数            |   48 |
+----------+--------------------+------+
11 rows in set (0.00 sec)
```

可以看出，调用存储过程前和调用存储过程后课程表 course 中的记录没有发生变化，与期望结果一致，两条 INSERT 语句都回滚了，新课程插入失败。

2. 修改院系代码事务控制

要求在存储过程中定义事务，修改院系表 department 中某个学院的院系代码 deptno，将原来的 old_deptno 修改为新的 new_deptno。为了保证数据的一致性，还需要同步修改学生表 student 和教师表 teacher 中与该学院相关的学生和教师的院系代码 deptno。只有这些修改操作都成功，才提交，否则回滚。存储过程的定义如下。

```
DELIMITER $$
CREATE PROCEDURE p_deptno(IN old_deptno CHAR(3), IN new_deptno CHAR(3) )
BEGIN
    DECLARE hasError INT DEFAULT FALSE;
    DECLARE CONTINUE HANDLER FOR SQLEXCEPTION SET hasError = TRUE;
    START TRANSACTION;
    UPDATE department SET deptno =new_deptno WHERE deptno = old_deptno;
    UPDATE student SET deptno = new_deptno WHERE deptno = old_deptno;
    UPDATE teacher SET deptno = new_deptno WHERE deptno = old_deptno;
    IF hasError = TRUE THEN
        ROLLBACK;
        SELECT "失败" AS 修改结果;
    ELSE
        COMMIT;
        SELECT "成功" AS 修改结果;
    END IF;
END $$
DELIMITER ;
```

（1）模拟异常情况。调用存储过程，将院系代码 deptno 由 106 修改为 101。

调用存储过程前，院系表 department，以及学生表 student 和教师表 teacher 中 106 学院的相关数据如下。

```
mysql> SELECT * FROM department;
+--------+------------------------+----------+
| deptno | deptname               | director |
+--------+------------------------+----------+
| 101    | 外国语学院              | 李大国    |
| 102    | 可再生能源学院          | 张国庆    |
| 103    | 能源动力与机械工程学院   | 王莱      |
| 104    | 电气与电子工程学院       | 马逊      |
| 105    | 经济与管理学院          | 周海明    |
| 106    | 控制与计算机工程学院     | 姜尚      |
| 107    | 数理学院                | 董蔚来    |
+--------+------------------------+----------+
7 rows in set (0.01 sec)

mysql> SELECT * FROM student WHERE deptno = "106";
+--------------+-------+-----+------------+-------+----------+--------+------------+--------+
| sno          | sname | sex | birthdate  | party | classno  | deptno | enterscore | awards |
+--------------+-------+-----+------------+-------+----------+--------+------------+--------+
| 120211060104 | 王刚  | 男  | 2004-01-12 | 团员  | 计算2101 | 106    |        678 |        |
| 120211060206 | 赵壮  | 男  | 2003-03-13 | 团员  | 计算2102 | 106    |        605 |        |
+--------------+-------+-----+------------+-------+----------+--------+------------+--------+
2 rows in set (0.01 sec)
```

```
mysql> SELECT * FROM teacher WHERE deptno = "106";
+----------+--------+------+-------+--------+
| tno      | tname  | sex  | title | deptno |
+----------+--------+------+-------+--------+
| 10610910 | 王平   | 男   | 教授  | 106    |
| 10611295 | 马丽   | 女   | 讲师  | 106    |
| 10631218 | 李亚明 | 男   | 讲师  | 106    |
+----------+--------+------+-------+--------+
3 rows in set (0.01 sec)
```

调用存储过程，执行结果如下。

```
mysql> CALL p_deptno("106", "101");
+----------+
| 修改结果 |
+----------+
| 失败     |
+----------+
1 row in set (0.00 sec)
Query OK, 0 rows affected (0.01 sec)
```

调用存储过程后，院系表 department，以及学生表 student 和教师表 teacher 中 106 学院的相关数据如下。

```
mysql> SELECT * FROM department;
+--------+------------------------+----------+
| deptno | deptname               | director |
+--------+------------------------+----------+
| 101    | 外国语学院             | 李大国   |
| 102    | 可再生能源学院         | 张国庆   |
| 103    | 能源动力与机械工程学院 | 王莱     |
| 104    | 电气与电子工程学院     | 马逊     |
| 105    | 经济与管理学院         | 周海明   |
| 106    | 控制与计算机工程学院   | 姜尚     |
| 107    | 数理学院               | 董蔚来   |
+--------+------------------------+----------+
7 rows in set (0.01 sec)
```

```
mysql> SELECT * FROM student WHERE deptno = "106";
+--------------+-------+------+------------+-------+----------+--------+-----------+--------+
| sno          | sname | sex  | birthdate  | party | classno  | deptno | enterscore | awards |
+--------------+-------+------+------------+-------+----------+--------+-----------+--------+
| 120211060104 | 王刚  | 男   | 2004-01-12 | 团员  | 计算2101 | 106    | 678       |        |
| 120211060206 | 赵壮  | 男   | 2003-03-13 | 团员  | 计算2102 | 106    | 605       |        |
+--------------+-------+------+------------+-------+----------+--------+-----------+--------+
2 rows in set (0.01 sec)
```

```
mysql> SELECT * FROM teacher WHERE deptno = "106";
+----------+--------+------+-------+--------+
| tno      | tname  | sex  | title | deptno |
+----------+--------+------+-------+--------+
| 10610910 | 王平   | 男   | 教授  | 106    |
| 10611295 | 马丽   | 女   | 讲师  | 106    |
| 10631218 | 李亚明 | 男   | 讲师  | 106    |
+----------+--------+------+-------+--------+
3 rows in set (0.01 sec)
```

在院系表 department 中，由于院系代码 101 已经存在且不能重复，因此第 1 条 UPDATE 语句出错，导致数据修改失败。可以看出，调用存储过程前和调用存储过程后各表中的数据没有发生变化，与期望结果一致，3 条 UPDATE 语句都回滚了。

（2）模拟正常情况。调用存储过程，将院系代码 deptno 由 106 修改为 888。

调用存储过程，执行结果如下。

```
mysql> CALL p_deptno("106", "888");
+----------+
| 修改结果 |
+----------+
| 成功     |
+----------+
1 row in set (0.00 sec)
Query OK, 0 rows affected (0.01 sec)
```

调用存储过程后，院系表 department，以及学生表 student 和教师表 teacher 中 888 学院的相关数据如下。

```
mysql> SELECT * FROM department;
+--------+------------------------+----------+
| deptno | deptname               | director |
+--------+------------------------+----------+
| 101    | 外国语学院              | 李大国   |
| 102    | 可再生能源学院          | 张国庆   |
| 103    | 能源动力与机械工程学院    | 王莱     |
| 104    | 电气与电子工程学院       | 马逊     |
| 105    | 经济与管理学院          | 周海明   |
| 107    | 数理学院               | 董蔚来   |
| 888    | 控制与计算机工程学院     | 姜尚     |
+--------+------------------------+----------+
7 rows in set (0.01 sec)

mysql> SELECT * FROM student WHERE deptno = "888";
+------------+-------+-----+------------+-------+----------+--------+------------+--------+
| sno        | sname | sex | birthdate  | party | classno  | deptno | enterscore | awards |
+------------+-------+-----+------------+-------+----------+--------+------------+--------+
| 120211060104 | 王刚 | 男  | 2004-01-12 | 团员  | 计算 2101 | 888    | 678        |        |
| 120211060206 | 赵壮 | 男  | 2003-03-13 | 团员  | 计算 2102 | 888    | 605        |        |
+------------+-------+-----+------------+-------+----------+--------+------------+--------+
2 rows in set (0.01 sec)

mysql> SELECT * FROM teacher WHERE deptno = "888";
+----------+-------+------+-------+--------+
| tno      | tname | sex  | title | deptno |
+----------+-------+------+-------+--------+
| 10610910 | 王平  | 男   | 教授  | 888    |
| 10611295 | 马丽  | 女   | 讲师  | 888    |
| 10631218 | 李亚明 | 男   | 讲师  | 888    |
+----------+-------+------+-------+--------+
3 rows in set (0.01 sec)
```

在院系表 department 中，由于院系代码 888 不存在，所以数据修改成功。可以看出，调用存储过程后 3 张表中相应的数据都已经修改为 888，与期望结果一致，3 条 UPDATE 语句都提交了。

【习题】

一、单项选择题

1. 以下关于事务的说法，错误的是（　　）。

    A. 数据库事务是并发控制的基本单位

    B. 数据库事务必须由用户显式地定义

    C. 数据库事务具有 ACID 特性

    D. COMMIT 和 ROLLBACK 都代表数据库事务的结束

2. 下列选项中，（　　）语句用于回滚事务。

    A. COMMIT   B. ROLLBACK   C. START   D. SAVEPOINT

3. 下列选项中，（　　）语句用于提交事务。
   A．COMMIT　　　　　　B．ROLLBACK　　　　　C．START　　　　　　D．SAVEPOINT

4. 数据库事务具有 ACID 特性，其中不包括（　　）。
   A．原子性　　　　　　　B．隔离性　　　　　　　C．一致性　　　　　　D．共享性

5. 数据库事务具有 ACID 特性，其中 C 是指（　　）。
   A．原子性　　　　　　　B．隔离性　　　　　　　C．一致性　　　　　　D．共享性

6. 事务的隔离级别不包括（　　）。
   A．未提交读　　　　　　B．提交读　　　　　　　C．脏读　　　　　　　D．可重复读

7. 下列事务的隔离级别中，不能避免脏读问题的是（　　）。
   A．未提交读　　　　　　B．提交读　　　　　　　C．序列化　　　　　　D．可重复读

8. 下列事务的隔离级别中，可以解决幻读问题的是（　　）。
   A．未提交读　　　　　　B．提交读　　　　　　　C．序列化　　　　　　D．可重复读

9. 如果一个事务获得了对某个数据行的排他锁，则该事务对此数据行（　　）。
   A．只能读不能写　　　　B．只能写不能读　　　　C．既可读又可写　　　　D．既不能读也不能写

10. （　　）隔离级别在读取数据时不需要申请读锁。
    A．未提交读　　　　　　B．提交读　　　　　　　C．序列化　　　　　　D．可重复读

二、填空题

1. 在 MySQL 数据库中，只有使用了_____存储引擎的表才支持事务。

2. 事务中的所有数据库操作命令语句，要么全部执行，要么全部不执行，这是事务的_____特性。

3. _____语句可以显式地表示一个新事务的开始。

4. 在事务并发操作会引起的问题中，一个事务读取了另一个事务未提交的数据属于_____问题。

5. MySQL 默认的事务隔离级别是_____。

【项目实训】图书馆借还书管理数据库的事务控制

一、实训目的

（1）了解事务的概念和事务的 ACID 特性。

（2）掌握在存储过程中使用事务控制语句的方法。

二、实训内容

（1）修改读者类别编号事务控制。要求在存储过程中定义事务，通过输入参数 old_no 和 new_no 修改读者类别表 readertype 中学生的类别编号 typeno，将其由原来的 old_no 修改为新的 new_no。为了保证数据的一致性，还需要同步修改读者表 reader 中相关的读者类别。只有这些修改操作都成功，才提交，否则回滚。分别模拟正常和异常情况下的修改结果。

（2）借阅图书事务控制。要求在存储过程中定义事务，根据给定的读者编号 readerno 和图书编号 bookno 实现图书借阅，借书日期填写当前日期。为了保证数据的一致性，如果该读者已借阅的图书数量没有达到最大可借数量，不仅要在借还书表 borrow 中插入一条借还书记录，还要在图书表 book 中修改该图书的库存数量为 total 减 1。只有在借还书表 borrow 中插入借还书记录和在图书表 book 中修改该图书的库存数量的操作都成功，才提交，否则回滚，输出借阅是否成功的提示信息。

（3）归还图书事务控制。要求在存储过程中定义事务，根据给定的读者编号 readerno 和图书编号 bookno 实现图书归还，还书日期填写当前日期。为了保证数据的一致性，不仅要在借还书表 borrow 中修改该借还书记录的还书日期，还要在图书表 book 中修改该图书的库存数量为 total 加 1。只有在借还书表 borrow 中修改借还书记录和在图书表 book 中修改该图书的库存数量的操作都成功，才提交，否则回滚，输出归还图书是否成功的提示信息。

第 **10** 章　数据安全

数据共享提高了数据的使用效率，但数据的安全性也不容忽视。MySQL 提供了有效的数据访问、多用户数据共享、数据备份与数据恢复等数据安全机制。本章将从用户和数据权限管理、数据备份与数据恢复及日志文件等方面讲解如何保证数据安全。

【学习目标】
● 掌握用户和数据权限的管理方法。
● 掌握备份和恢复数据的方法。
● 了解日志文件。

10.1　用户和数据权限管理

为了保证数据库的安全性与完整性，MySQL 要求只有拥有相应权限的用户可以访问数据库中相应的对象，执行相应的合法操作，用户应对他们需要的数据具有适当的访问权。

10.1.1　MySQL 的权限系统

MySQL 的权限系统主要用来验证用户及用户对数据库中数据的操作权限。

1. 权限系统的工作过程

当用户登录到 MySQL 时，MySQL 的权限系统通过下面两个阶段进行认证。

（1）连接核实阶段

对登录到 MySQL 的用户进行身份认证，判断该用户是否属于合法用户。若是合法用户，则通过认证；若是不合法用户，则拒绝连接。

（2）请求核实阶段

用户登录成功之后，MySQL 进入请求核实阶段。针对该用户的每一个请求，MySQL 都会检查它要执行什么操作，以及用户是否有权限来执行这些操作。

2. 权限表

MySQL 的权限信息分别保存在 user 表、db 表、tables_priv 表、columns_priv 表和 procs_priv 表这 5 个权限表中，这些权限表都存放在名为 mysql 的系统数据库中。

（1）user 表：存储的是可以登录 MySQL 的所有用户的信息。user 表中列出的权限是全局权限，适用于所有数据库。

（2）db 表：存储的是用户对数据库的操作权限，决定了用户能操作哪些数据库。

（3）tables_priv 表：存储的是用户对数据表的操作权限，决定了用户能操作哪些数据表。

（4）columns_priv 表：存储的是用户对数据表中字段的操作权限，决定了用户能操作哪些字段。

（5）procs_priv 表：存储的是用户对存储过程和存储函数的操作权限，决定了用户是否能够创建、修改、删除或执行存储过程和存储函数。

各个权限表的具体结构可以使用 DSEC 语句进行查看。例如，user 表的结构可以使用 DESC mysql.user 语句进行查看。

10.1.2　用户管理

用户要访问 MySQL 数据库，必须先拥有登录 MySQL 的用户名和密码。前面都是使用安装 MySQL 时系统创建的 root 用户名及密码登录的，root 用户被赋予了操作和管理 MySQL 数据库的所有权限。在实际操作中，为了避免恶意用户使用 root 账号控制数据库，通常需要添加一系列具有适当权限的用户，尽可能不用或少用 root 账号登录 MySQL，以确保安全访问数据库。

1．添加用户

MySQL 的所有用户信息都存储在其自带的数据库 mysql 的 user 表中。使用 CREATE USER 语句可以添加一个或多个用户，如果 user 表中该用户已经存在，则不允许添加。其最基本的语法格式如下。

10-1　用户管理

```
CREATE USER 用户名 1 [ IDENTIFIED BY "密码 1"] [ , 用户名 2
[ IDENTIFIED BY "密码 2"] …];
```

说明如下。

（1）用户名：指定添加的用户账号，格式为 user_name@host_name，其中 user_name 是用户名，host_name 是主机名。如果未指定主机名，则主机名默认是“%”，表示一组主机。

（2）IDENTIFIED BY 子句：指定密码，密码必须用英文单引号或双引号引起来。

【例 10-1】添加用户 test1，主机名是 localhost，密码为 123。

在 MySQL 命令行输入如下命令语句，执行结果如下。

```
mysql> CREATE USER test1@localhost IDENTIFIED BY "123";
Query OK, 0 rows affected (0.01 sec)
```

这里的用户名后面声明了主机名是 localhost。如果两个用户具有相同的用户名但主机名不同，则 MySQL 会将其视为不同的用户。如果没有指定密码，则 MySQL 允许该用户不使用密码登录，但考虑到安全问题，不推荐这种做法。

【例 10-2】添加用户 test2，主机名是 localhost，密码为 456；添加用户 test3，主机名是 localhost，密码为 111；添加用户 test4，主机名是 localhost，密码为 666。

在 MySQL 命令行输入如下命令语句，执行结果如下。

```
mysql> CREATE USER test2@localhost IDENTIFIED BY "456",
    -> test3@localhost IDENTIFIED BY "111",
    -> test4@localhost IDENTIFIED BY "666";
Query OK, 0 rows affected (0.01 sec)
```

2．删除用户

使用 DROP USER 语句可以删除一个或多个用户，其语法格式如下。

```
DROP USER 用户名 1 [ , 用户名 2 … ];
```

【例 10-3】删除用户 test4。

在 MySQL 命令行输入如下命令语句，执行结果如下。

```
mysql> DROP USER test4@localhost;
Query OK, 0 rows affected (0.00 sec)
```

3．修改用户名

使用 RENAME USER 语句可以修改一个或多个已经存在的用户名，其语法格式如下。

```
RENAME USER 原用户名 1 TO 新用户名 1 [ , 原用户名 2 TO 新用户名 2 … ];
```

说明如下。

（1）原用户名：已经存在的用户名。

（2）新用户名：新的用户名。

（3）如果原用户名不存在或新用户名已经存在，则会出现错误提示信息，不允许修改。

【例 10-4】将用户 test3 的名称修改为 test。

在 MySQL 命令行输入如下命令语句，执行结果如下。

```
mysql> RENAME USER test3@localhost TO test@localhost;
Query OK, 0 rows affected (0.01 sec)
```

4．修改用户密码

使用 SET PASSWORD 语句可以修改用户密码，其语法格式如下。

```
SET PASSWORD [ FOR 用户名 ] = "新密码";
```

说明如下。

（1）省略 FOR 子句，表示修改当前用户的密码。

（2）新密码必须用英文单引号或双引号引起来。

【例 10-5】将用户 test 的密码修改为 123456。

在 MySQL 命令行输入如下命令语句，执行结果如下。

```
mysql> SET PASSWORD FOR test@localhost = "123456";
Query OK, 0 rows affected (0.01 sec)
```

10.1.3　权限管理

新添加的用户拥有的权限很少，只被允许进行不需要权限的操作。例如，可以登录 MySQL，使用 SHOW CHARACTER SET 语句查看 MySQL 支持的所有字符集；但不能使用 USE 语句把已经创建好的任何数据库切换成为当前数据库，因此也不能访问这些数据库中的表。

根据权限的作用范围，可以把 MySQL 的权限划分为全局管理级、数据库级、数据库对象级和字段级等 4 个级别。

（1）全局管理级：作用于 MySQL 中的所有数据库。例如，使用 SHOW DATABASES 语句查看所有数据库名的权限。

（2）数据库级：作用于指定数据库中的所有对象。例如，在数据库 scoredb 中使用 CREATE TABLE 语句创建新表的权限。

（3）数据库对象级：作用于指定数据库中的某个对象（如某张表、视图或索引等）。例如，使用 DELETE 语句删除学生表 student 中的数据的权限。

（4）字段级：作用于指定表中的某个具体字段。例如，使用 UPDATE 语句修改学生表 student 中性别 sex 字段的值的权限。

MySQL 中的主要权限名称及说明如表 10-1 所示。

表 10-1　　　　　　　　　　　MySQL 中的主要权限名称及说明

权限名称	说明
ALL/ALL PRIVILEGES	所有权限
USAGE	登录数据库的权限
SELECT	使用 SELECT 语句查看数据的权限
INSERT	使用 INSERT 语句插入数据的权限
DELETE	使用 DELETE 语句删除数据的权限
UPDATE	使用 UPDATE 语句修改数据的权限
CREATE	创建新的数据库或表的权限
ALTER	使用 ALTER TABLE 语句修改表结构的权限
REFERENCE	创建外键的权限
CREATE ROUTINE	创建存储过程或存储函数的权限
ALTER ROUTINE	修改和删除存储过程或存储函数的权限
INDEX	创建和删除索引的权限

续表

权限名称	说明
DROP	删除数据库、表或视图的权限
CREATE TEMPORARY TABLES	创建临时表的权限
CREATE VIEW	创建视图的权限
EXECUTE	执行存储过程或存储函数的权限
CREATE USER	创建、修改、删除和重命名用户的权限
GRANT OPTION	授权权限
RELOAD	执行 FLUSH 语句的权限
SHOW DATABASES	使用 SHOW DATABASES 语句查看所有数据库的权限
TRIGGER	创建、删除、执行和显示触发器的权限

1. 授予权限

合理的权限设置可以保证数据库的安全。使用 GRANT 语句可以授予已有用户权限，其语法格式如下。

10-2 授予权限

```
GRANT 权限 1 [（字段列表 1）] [，权限 2 [（字段列表 2）] … ]
ON [ 目标 ] { 表名 | * | *.* | 数据库名.* }
TO 用户 1 [，用户 2 … ]
[ WITH GRANT OPTION ];
```

说明如下。

（1）权限：指定权限名称，如 INSERT、DELETE 等，不同的对象可授予的权限不同。

（2）字段列表：指定权限作用于哪些字段上，字段之间用英文逗号隔开。不指定的情况下，默认为所有字段。

（3）ON 子句：指定权限作用的对象范围。

（4）目标：可以是 TABLE、FUNCTION 或 PROCEDURE。

（5）表名：表示权限作用于指定的数据表。

（6）*.*：表示权限作用于所有数据库和所有数据表。

（7）*：如果未指定当前数据库，则其含义与*.*相同，否则权限作用于当前数据库中的所有数据表。

（8）数据库名.*：表示权限作用于指定数据库中的所有数据表。

（9）TO 子句：指定要授予权限的一个或多个用户。

（10）WITH GRANT OPTION：含义是可以将自己的权限授予其他用户。

【例 10-6】使用 GRANT 语句将数据库 scoredb 中学生表 student 的 SELECT 权限，以及姓名 sname 和性别 sex 字段的 UPDATE 权限授予用户 test2。

在 MySQL 命令行输入如下命令语句，执行结果如下。

```
mysql> GRANT SELECT,UPDATE(sname, sex) ON scoredb.student TO test2@localhost;
Query OK, 0 rows affected (0.00 sec)
```

下面分别利用 test1 和 test2 两个用户验证学生表 student 中的姓名 sname 和性别 sex 字段的 SELECT 和 UPDATE 权限。

（1）以用户 test2 登录 MySQL 进行验证。

打开 Windows 命令提示符窗口，以用户 test2 登录 MySQL，将学生表 student 中姓名 sname 为"张函"的学生的性别 sex 字段值修改为"男"。

① 在 Windows 命令提示符下使用 cd 命令切换到 MySQL 安装目录的 bin 文件夹。

```
cd C:\Program Files\MySQL\MySQL Server 8.0\bin
```

② 在 Windows 命令提示符下使用 mysql 命令以用户 test2 登录 MySQL。

```
mysql -u test2 -p
```

③ 在"mysql>"提示符下使用 USE 命令选择数据库 scoredb。

```
USE scoredb;
```

④ 在"mysql>"提示符下使用 UPDATE 语句修改"张函"的性别 sex 字段值。

```
UPDATE student SET sex = "男" WHERE sname = "张函";
```

执行结果如图 10-1 所示。

从图 10-1 可以看出，由于用户 test2 具有相应的权限，所以"张函"的性别 sex 字段值修改成功。

（2）以用户 test1 登录 MySQL 进行验证。

以用户 test1 登录 MySQL 进行同样的验证，执行结果如图 10-2 所示。

图 10-1　用户 test2 修改"张函"的性别 sex 字段值　　图 10-2　用户 test1 修改"张函"的性别 sex 字段值

从图 10-2 可以看出，由于用户 test1 没有任何权限，选择数据库 scoredb 时就已经被拒绝访问，更不用说修改"张函"的性别 sex 字段值了。

【例 10-7】使用 GRANT 语句授予用户 test1 对数据库 scoredb 中的教师表 teacher 的查询 SELECT 和插入 INSERT 权限。

在 MySQL 命令行输入如下命令语句，执行结果如下。

```
mysql> GRANT SELECT,INSERT ON scoredb.teacher TO test1@localhost;
Query OK, 0 rows affected (0.01 sec)
```

【例 10-8】使用 GRANT 语句将数据库 scoredb 的所有权限授予用户 test。

在 MySQL 命令行输入如下命令语句，执行结果如下。

```
mysql> GRANT ALL ON scoredb.* TO test@localhost;
Query OK, 0 rows affected (0.01 sec)
```

2. 查看权限

可以使用 SHOW GRANTS 语句查看指定用户的权限信息，其语法格式如下。

```
SHOW GRANTS FOR 用户名;
```

【例 10-9】使用 SHOW GRANTS 语句查看用户 test1 的权限信息。

在 MySQL 命令行输入如下命令语句，执行结果如下。

```
mysql> SHOW GRANTS FOR test1@localhost;
+--------------------------------------------------------------------+
| Grants for test1@localhost                                         |
+--------------------------------------------------------------------+
| GRANT USAGE ON *.* TO `test1`@`localhost`                          |
| GRANT SELECT, INSERT ON `scoredb`.`teacher` TO `test1`@`localhost` |
+--------------------------------------------------------------------+
2 rows in set (0.01 sec)
```

可以看到，除了前面给用户 test1 授予的 SELECT 和 INSERT 权限外，用户 test1 还多了一个 USAGE 权限。它是登录 MySQL 的权限，该权限只能用于 MySQL 登录，不能执行任何操作。MySQL 中每添加一个用户，就会自动授予该用户 USAGE 权限。

3. 转移权限

在 GRANT 语句中，将 WITH 子句指定为 WITH GRANT OPTION，表示 TO 子句中所指定的所有用户都具有将自己所拥有的权限授予其他用户的权利。

【例 10-10】使用 GRANT 语句将数据库 scoredb 中所有表的 CREATE、ALTER 和 DROP 权限授予用户 test1，并允许用户 test1 将这些权限授予其他用户。

在 MySQL 命令行输入如下命令语句，执行结果如下。

```
mysql> GRANT CREATE, ALTER, DROP ON scoredb.* TO test1@localhost WITH GRANT
OPTION;
Query OK, 0 rows affected (0.01 sec)
```

获得 GRANT OPTION 权限后，用户 test1 就可以将 CREATE、ALTER 和 DROP 权限授予其他用户，否则用户 test1 是不能给其他用户授予权限的。

4．收回权限

收回权限是取消已经授予用户的某些权限。取消用户不必要的权限在一定程度上可以保证数据的安全性。可以使用 REVOKE 语句来实现收回权限，其语法格式有两种：一种是收回用户的所有权限，另一种是收回用户特定的权限。

（1）收回用户的所有权限

收回用户的所有权限的语法格式如下。

```
REVOKE ALL PRIVILEGES, GRANT OPTION FROM 用户 1 [ ，用户 2 … ];
```

说明如下。

① ALL PRIVILEGES：表示所有权限。

② GRANT OPTION：表示授权权限。

【例 10-11】使用 REVOKE 语句收回用户 test1 的所有权限。

① 查看用户 test1 的权限。

在 MySQL 命令行输入如下命令语句，执行结果如下。

```
mysql> SHOW GRANTS FOR test1@localhost;
+-----------------------------------------------------------------------------+
| Grants for test1@localhost                                                  |
+-----------------------------------------------------------------------------+
| GRANT USAGE ON *.* TO `test1`@`localhost`                                   |
| GRANT CREATE, DROP, ALTER ON `scoredb`.* TO `test1`@`localhost` WITH GRANT OPTION |
| GRANT SELECT, INSERT ON `scoredb`.`teacher` TO `test1`@`localhost`          |
+-----------------------------------------------------------------------------+
3 rows in set (0.01 sec)
```

② 收回用户 test1 的所有权限。

在 MySQL 命令行输入如下命令语句，执行结果如下。

```
mysql> REVOKE ALL PRIVILEGES, GRANT OPTION FROM test1@localhost;
Query OK, 0 rows affected (0.01 sec)
```

③ 再次查看用户 test1 的权限。

在 MySQL 命令行输入如下命令语句，执行结果如下。

```
mysql> SHOW GRANTS FOR test1@localhost;
+-------------------------------------------+
| Grants for test1@localhost                |
+-------------------------------------------+
| GRANT USAGE ON *.* TO `test1`@`localhost` |
+-------------------------------------------+
1 row in set (0.01 sec)
```

可以看出，MySQL 自动授予的 USAGE 权限是不能被收回的。

（2）收回特定的权限

收回特定的权限的语法格式如下。

```
REVOKE 权限 1 [（字段列表 1 ）] [ ，权限 2 [（字段列表 2 ）] … ]
ON [ 目标 ] { 表名 | * | *.* | 数据库名.* }
FROM 用户 1 [ ，用户 2 … ];
```

REVOKE 语句和 GRANT 语句的语法格式相似，但是效果相反。

【**例 10-12**】使用 REVOKE 语句收回用户 test2 对数据库 scoredb 学生表 student 中性别 sex 字段的 UPDATE 权限。

① 查看用户 test2 的权限。

在 MySQL 命令行输入如下命令语句，执行结果如下。

```
mysql> SHOW GRANTS FOR test2@localhost;
+--------------------------------------------------------------------------------+
| Grants for test2@localhost                                                     |
+--------------------------------------------------------------------------------+
| GRANT USAGE ON *.* TO `test2`@`localhost`                                      |
| GRANT SELECT, UPDATE (`sex`, `sname`) ON `scoredb`.`student` TO `test2`@`localhost` |
+--------------------------------------------------------------------------------+
2 rows in set (0.01 sec)
```

② 收回用户 test2 对数据库 scoredb 学生表 student 中性别 sex 字段的 UPDATE 权限。

在 MySQL 命令行输入如下命令语句，执行结果如下。

```
mysql> REVOKE UPDATE(sex) ON scoredb.student FROM test2@localhost;
Query OK, 0 rows affected (0.01 sec)
```

③ 再次查看用户 test2 的权限。

在 MySQL 命令行输入如下命令语句，执行结果如下。

```
mysql> SHOW GRANTS FOR test2@localhost;
+--------------------------------------------------------------------------------+
| Grants for test2@localhost                                                     |
+--------------------------------------------------------------------------------+
| GRANT USAGE ON *.* TO `test2`@`localhost`                                      |
| GRANT SELECT, UPDATE (`sname`) ON `scoredb`.`student` TO `test2`@`localhost`   |
+--------------------------------------------------------------------------------+
2 rows in set (0.01 sec)
```

可以看到，UPDATE 权限只剩下 sname 字段，sex 字段的 UPDATE 权限已经被收回。

10.2　数据备份与数据恢复

为了防止人为操作和自然灾害等导致数据丢失或损坏，需要定期对数据库进行备份，以便出现意外并造成数据库数据丢失或损坏时，可以使用备份的数据进行恢复，将不良影响和损失降到最低。数据备份和数据恢复是数据库管理中常用的操作。

10.2.1　数据备份

数据备份是通过导出数据或复制数据表文件等方式来制作数据库的副本。mysqldump 是 MySQL 提供的一个非常有用的数据库备份命令，该命令对应的文件存储在 MySQL 安装目录下的 bin 文件夹中，默认路径为 "C:\Program Files\MySQL\MySQL Server 8.0\bin"。要使用 mysqldump 命令，必须以 Windows 管理员身份打开命令提示符窗口，并且使用 "cd C:\Program Files\MySQL\MySQL Server 8.0\bin" 命令切换到 mysqldump 命令文件所在的文件夹，如图 10-3 所示。

10-3　数据备份

图 10-3　切换到 mysqldump 命令所在的文件夹

mysqldump 命令用于将数据库中的数据备份成一个文本文件，各个数据库及数据表的结构和数据都存储在该文本文件中。mysqldump 命令的工作原理是：先将需要备份的数据库及数据表的结构转换成相应的 CREATE 语句，然后将每张数据表中的数据转换成一条 INSERT 语句。以后在恢复数据时，直接使用这些 CREATE 和 INSERT 语句创建数据库及数据表并插入数据。

1. 使用 mysqldump 命令备份数据表

mysqldump 命令用于备份数据库中的一张或多张数据表，其语法格式如下。

```
mysqldump -u 用户名 -p[ 密码 ] 数据库名 表名 1 [ 表名 2 … ] > 文件名.sql
```

说明如下。

（1）用户名：备份数据的用户名称。

（2）密码：登录密码，与"-p"之间不能有空格。如果不输入密码，则在命令执行时会提示用户输入密码。

（3）数据库名：需要备份的数据库的名称。

（4）表名：需要备份的数据表的名称，多张数据表通过空格分隔。

（5）文件名.sql：备份文件名，以.sql 为扩展名，可以包含文件的存储路径，存储的是相关的可执行 SQL 语句。

【例 10-13】以用户 root 的身份使用 mysqldump 命令将数据库 scoredb 中的课程表 course 备份到 D:\backup 文件夹（该文件夹已经创建）中，备份文件名为 course.sql。

在 Windows 命令提示符下输入命令"mysqldump -uroot -p scoredb course > D:\backup\course.sql"，执行结果如图 10-4 所示。

图 10-4　备份课程表 course

由于命令中只给出了用户名 root，没有提供密码，因此执行该命令时提示输入密码。备份成功后，可以利用记事本程序打开 D:\backup 文件夹中的 course.sql 文件进行查看。course.sql 文件的主要内容如图 10-5 所示，可以看到该文件包含一条创建课程表 course 的 CREATE 语句和一条插入课程数据的 INSERT 语句。

图 10-5　course.sql 文件的主要内容

2. 使用 mysqldump 命令备份数据库

mysqldump 命令用于备份一个或多个数据库，需要用到--databases 参数，其语法格式如下。

```
mysqldump -u 用户名 -p[ 密码 ] --databases 数据库名 1 [ 数据库名 2 … ] > 文件名.sql
```

说明如下。

（1）多个数据库之间用空格分隔。

（2）其他参数与备份数据表的含义一样。

【例 10-14】以用户 root 的身份使用 mysqldump 命令将数据库 scoredb 备份到 D:\backup 文件夹中，备份文件名为 scoredb.sql。

在 Windows 命令提示符下输入命令"mysqldump -uroot -p --databases scoredb > D:\backup\scoredb.sql"，执行结果如图 10-6 所示。

图 10-6　备份数据库 scoredb

备份成功后，可以利用记事本程序打开 D:\backup 文件夹中的 scoredb.sql 文件进行查看。scoredb.sql 文件的部分内容如图 10-7 所示，可以看到该文件包含创建学生成绩管理数据库 scoredb 和课程表 course 的 CREATE 语句。

3. 使用 mysqldump 命令备份全部数据库

mysqldump 命令用于备份全部数据库，需要用到 --all-databases 参数，其语法格式如下。

```
mysqldump -u用户名 -p[ 密码 ] --all-databases
> 文件名.sql
```

图 10-7　scoredb.sql 文件的部分内容

【例 10-15】以用户 root 的身份使用 mysqldump 命令将全部数据库备份到 D:\backup 文件夹中，备份文件名为 wholedb.sql。

在 Windows 命令提示符下输入命令"mysqldump -uroot -p --all-databases > D:\backup\wholedb.sql"，执行结果如图 10-8 所示。

图 10-8　备份全部数据库

图 10-9　wholedb.sql 文件的部分内容

备份成功后，可以利用记事本程序打开 D:\backup 文件夹中的 wholedb.sql 文件进行查看。wholedb.sql 文件的部分内容如图 10-9 所示，可以看到该文件包含创建系统数据库 mysql 和权限表 columns_priv 的 CREATE 语句。

10.2.2　数据恢复

数据恢复是当数据库出现故障或受到破坏时，将备份的数据库加载到系统中，从而使数据库恢复到

10-4　数据恢复

备份时的状态。

对于使用 mysqldump 命令备份形成的.sql 文件，可以使用 mysql 命令将其导入数据库中，其语法格式如下。

```
mysql -u用户名 -p [ 数据库名 ] < 文件名.sql
```

说明如下。

（1）数据库名：如果使用 mysqldump 命令备份的是数据库，则不需要指定数据库名；如果备份的是数据表，则必须指定数据库名。

（2）文件名.sql：备份文件名，以.sql 为扩展名，可以包含文件的存储路径。

　　　　mysql 命令和 mysqldump 命令一样，必须直接在 Windows 命令提示符下执行。

【例 10-16】新建一个数据库 testdb，以用户 root 的身份使用 mysql 命令将 D:\backup\course.sql 文件中备份的课程表 course 导入（恢复到）数据库 testdb 中。

① 使用 CREATE DATABASE 语句创建一个新数据库 testdb。

在 MySQL 命令行输入如下命令语句，执行结果如下。

```
mysql> CREATE DATABASE testdb;
Query OK, 1 row affected (0.01 sec)
```

② 使用 mysql 命令恢复课程表 course。

在 Windows 命令提示符下输入命令"mysql -uroot -p testdb < D:\backup\course.sql"，执行结果如图 10-10 所示。

图 10-10　恢复课程表 course

③ 使用 SHOW TABLES 语句查看数据库 testdb 中的表。

在 MySQL 命令行输入如下命令语句，执行结果如下。

```
mysql> USE testdb;
Database changed
mysql> SHOW TABLES;
+-----------------+
| Tables_in_testdb |
+-----------------+
| course          |
+-----------------+
1 row in set (0.01 sec)
```

可以看到课程表 course 已经恢复到数据库 testdb 中了。

需要在 Windows 命令提示符窗口和 MySQL 命令行窗口之间交替执行。

【例 10-17】删除已经创建好的数据库 scoredb 后，以用户 root 的身份使用 mysql 命令将 D:\backup\ scoredb.sql 文件中备份的数据库 scoredb 恢复。

① 使用 DROP DATABASE 命令删除数据库 scoredb。

在 MySQL 命令行输入如下命令语句，执行结果如下。

```
mysql> DROP DATABASE scoredb;
Query OK, 6 rows affected (0.03 sec)
mysql> SHOW DATABASES;
+--------------------+
| Database           |
+--------------------+
| information_schema |
| librarydb          |
| mysql              |
| performance_schema |
| sys                |
| testdb             |
+--------------------+
6 rows in set (0.01 sec)
```

可以看到数据库 scoredb 已经不存在。

② 使用 mysql 命令恢复数据库 scoredb。

在 Windows 命令提示符下输入命令"mysql -uroot -p < D:\backup\scoredb.sql"，执行结果如图 10-11 所示。

图 10-11　恢复数据库 scoredb

③ 使用 SHOW DATABASES 查看数据库。

在 MySQL 命令行输入如下命令语句，执行结果如下。

```
mysql> SHOW DATABASES;
+--------------------+
| Database           |
+--------------------+
| information_schema |
| librarydb          |
| mysql              |
| performance_schema |
| scoredb            |
| sys                |
| testdb             |
+--------------------+
7 rows in set (0.01 sec)
```

可以看到数据库 scoredb 已经恢复。

10.3　日志文件

日志文件是数据库的重要组成部分，日志文件中记录了 MySQL 的运行情况、用户操作和错误信息等。例如，当一个用户登录到 MySQL 时，日志文件中就会记录该用户的登录时间和执行的操作等，或者当 MySQL 在某个时间点出现异常时，异常信息也会被记录在日志文件中。MySQL 主要有 4 个不同的日志文件，表 10-2 所示为 MySQL 的日志文件及其说明。

表 10-2　　　　　　　　　　　　　MySQL 的日志文件及其说明

日志文件	说明
错误日志	记录 MySQL 服务的启动、停止和运行等过程中出现的错误信息
通用查询日志	记录用户登录和查询的语句信息
二进制日志	以二进制文件的形式记录所有更改数据的语句信息
慢查询日志	记录所有执行时间超过指定时间的查询或不使用索引的查询

默认情况下，所有日志文件都保存在隐藏文件夹 ProgramData 下的 MySQL 数据目录中。默认的数据目录是 "C:\ProgramData\MySQL\MySQL Server 8.0\data" 文件夹。启用日志功能会降低 MySQL 数据库的性能，因为记录日志需要花费时间，同时日志文件也会占用大量的存储空间。对于用户量巨大且操作非常频繁的数据库，日志文件需要的存储空间有可能比数据库文件需要的存储空间还要大。

在实际操作中，用户和系统管理员不可能随时备份数据，当数据丢失或数据库文件损坏时，使用备份文件只能恢复到备份文件的时间点，无法恢复在这之后修改的数据。解决这个问题的办法是使用二进制日志文件。利用二进制日志文件可以查看用户执行了哪些操作、对数据库文件做了哪些修改等，然后根据这些日志信息来修复数据库。

10.3.1　二进制日志文件

二进制日志文件主要记录数据库的变化情况，包含所有修改了数据和潜在修改了数据的语句，以及每条语句的执行时间信息，但不包含没有修改任何数据的语句。语句以"事件"的形式保存，以描述对数据的更改。二进制日志文件的主要作用是帮助用户最大限度地恢复数据，因为它记录了用户对数据库进行的所有修改。

1. 二进制日志文件的配置

从 MySQL 8.0 开始，二进制日志功能默认是开启的，可以使用 SHOW VARIABLES LIKE "LOG_BIN%"语句来查询二进制日志文件的相关参数。

在 MySQL 命令行输入如下命令语句，执行结果如下。

```
mysql> SHOW VARIABLES LIKE "LOG_BIN%";
+----------------------------------+----------------------------------------------------------------+
|Variable_name                     |Value                                                           |
+----------------------------------+----------------------------------------------------------------+
|log_bin                           |ON                                                             |
|log_bin_basename                  |C:\ProgramData\MySQL\MySQL Server 8.0\Data\DESKTOP-AGMQ460-bin  |
|log_bin_index                     |C:\ProgramData\MySQL\MySQL Server 8.0\Data\DESKTOP-AGMQ460-bin.index |
|log_bin_trust_function_creators   |OFF                                                            |
|log_bin_use_v1_row_events         |OFF                                                            |
+----------------------------------+----------------------------------------------------------------+
5 rows in set, 1 warning (0.01 sec)
```

（1）log_bin：变量的值为 ON，表明二进制日志功能已经开启。

（2）log_bin_basename：变量的值为日志文件的路径和文件名前缀，日志文件名前缀默认采用数据库服务器的主机名和 bin 组合，其中 DESKTOP-AGMQ460 是主机名。实际的日志文件名为"日志文件名前缀.000001""日志文件名前缀.000002"等按顺序编号的一系列文件名。默认情况下，单个日志文件的大小限制是 1GB，"日志文件名前缀.000001"的内容大小超出这个值或者重启 MySQL，都会关闭该日志文件，并重新创建一个新的"日志文件名前缀.000002"文件，以此类推。

（3）log_bin_index：变量的值为索引文件名，后缀为.index。其内容为所有二进制日志文件的清单，可以使用 Windows 的记事本程序打开查看。

（4）log_bin_trust_function_creators：变量的值表明是否允许用户创建可能导致不安全的函数，默认值为 OFF。

（5）log_bin_use_v1_row_events：变量用于指定二进制日志文件的版本信息。因为 MySQL 的二进制日志格式在不同的版本下是不一样的，MySQL 8.0 默认值为 OFF。

2. 查看二进制日志文件列表

使用 SHOW BINARY LOGS 语句可以查看当前的二进制日志文件列表，其语法格式如下。

```
SHOW BINARY LOGS;
```

在 MySQL 命令行输入如下命令语句，执行结果如下。

```
mysql> SHOW BINARY LOGS;
+----------------------------+-----------+-----------+
| Log_name                   | File_size | Encrypted |
+----------------------------+-----------+-----------+
| DESKTOP-AGMQ460-bin.000001 |       214 | No        |
| DESKTOP-AGMQ460-bin.000002 |       214 | No        |
| DESKTOP-AGMQ460-bin.000003 |       214 | No        |
| DESKTOP-AGMQ460-bin.000004 |      7716 | No        |
| DESKTOP-AGMQ460-bin.000005 |       180 | No        |
| DESKTOP-AGMQ460-bin.000006 |     19711 | No        |
| DESKTOP-AGMQ460-bin.000007 |     31768 | No        |
| DESKTOP-AGMQ460-bin.000008 |       180 | No        |
| DESKTOP-AGMQ460-bin.000009 |       180 | No        |
| DESKTOP-AGMQ460-bin.000010 |       157 | No        |
+----------------------------+-----------+-----------+
10 rows in set (0.01 sec)
```

可以看出，当前已经创建了 10 个二进制日志文件。

3. 暂停二进制日志功能

如果 MySQL 开启了二进制日志功能，则 MySQL 会一直记录二进制日志。使用 SET 语句可以暂停或者启动二进制日志功能，其语法格式如下。

```
SET SQL_LOG_BIN = { 0 | 1 };
```

说明如下。

（1）0：暂停二进制日志功能。

（2）1：启动暂停的二进制日志功能。

4．删除二进制日志文件

二进制日志文件可以配置为自动删除，同时 MySQL 也提供了安全的手动删除二进制日志文件的方法。

（1）删除比指定编号小的所有二进制日志文件

使用 PURGE MASTER LOGS 或者 PURGE BINARY LOGS 语句可以只删除比指定编号小的二进制日志文件，其语法格式如下。

```
PURGE { MASTER | BINARY } LOGS TO "二进制日志文件名";
```

【例 10-18】删除所有编号小于 000005 的二进制日志文件。

在 MySQL 命令行输入如下命令语句，执行结果如下。

```
mysql> PURGE MASTER LOGS TO "DESKTOP-AGMQ460-bin.000005";
Query OK, 0 rows affected (0.01 sec)

mysql> SHOW BINARY LOGS;
+---------------------------+-----------+-----------+
| Log_name                  | File_size | Encrypted |
+---------------------------+-----------+-----------+
| DESKTOP-AGMQ460-bin.000005 |       180 | No        |
| DESKTOP-AGMQ460-bin.000006 |     19711 | No        |
| DESKTOP-AGMQ460-bin.000007 |     31768 | No        |
| DESKTOP-AGMQ460-bin.000008 |       180 | No        |
| DESKTOP-AGMQ460-bin.000009 |       180 | No        |
| DESKTOP-AGMQ460-bin.000010 |       157 | No        |
+---------------------------+-----------+-----------+
6 rows in set (0.00 sec)
```

执行 PURGE MASTER LOGS 语句后，使用 SHOW BINARY LOGS 语句查看删除后的二进制日志文件列表。可以看出，编号比 000005 小的所有二进制日志文件都已经被删除。

（2）删除指定日期以前的所有二进制日志文件

使用 PURGE MASTER LOGS 或者 PURGE BINARY LOGS 语句还可以删除指定日期和时间以前的二进制日志文件，其语法格式如下。

```
PURGE { MASTER | BINARY} LOGS BEFORE "日期和时间";
```

【例 10-19】删除 2022 年 9 月 30 日 23:00:00 之前的二进制日志文件。

在 MySQL 命令行输入如下命令语句，执行结果如下。

```
mysql> PURGE MASTER LOGS BEFORE "2022-09-30 23:00:00";
Query OK, 0 rows affected (0.01 sec)

mysql> SHOW BINARY LOGS;
+---------------------------+-----------+-----------+
| Log_name                  | File_size | Encrypted |
+---------------------------+-----------+-----------+
| DESKTOP-AGMQ460-bin.000007 |     31768 | No        |
| DESKTOP-AGMQ460-bin.000008 |       180 | No        |
| DESKTOP-AGMQ460-bin.000009 |       180 | No        |
| DESKTOP-AGMQ460-bin.000010 |       157 | No        |
+---------------------------+-----------+-----------+
2 rows in set (0.01 sec)
```

执行 PURGE MASTER LOGS 语句后，使用 SHOW BINARY LOGS 语句查看删除后的二进制日志文件列表。可以看出，编号为 000005 和 000006 的日志文件被删除了，说明这两个文件满足日期要求。

（3）删除所有二进制日志文件

使用 RESET MASTER 语句可以删除所有二进制日志文件并重新创建二进制日志文件，其语法格式如下。

```
RESET MASTER;
```

【例 10-20】删除所有二进制日志文件。

在 MySQL 命令行输入如下命令语句，执行结果如下。

```
mysql> RESET MASTER;
Query OK, 0 rows affected (0.03 sec)

mysql> SHOW BINARY LOGS;
+----------------------------+-----------+-----------+
| Log_name                   | File_size | Encrypted |
+----------------------------+-----------+-----------+
| DESKTOP-AGMQ460-bin.000001 |       157 | No        |
+----------------------------+-----------+-----------+
1 row in set (0.00 sec)
```

执行 RESET MASTER 语句后，使用 SHOW BINARY LOGS 语句查看删除后的二进制日志文件列表。可以看出，执行完该语句后，所有二进制日志文件都被删除了，并且 MySQL 重新创建了二进制日志文件，新的二进制日志文件名从 000001 开始编号。

5. 使用二进制日志文件恢复数据库

如果开启了二进制日志功能，则在数据库出现意外丢失数据时，可以在 Windows 命令提示符下使用 mysqlbinlog 命令从指定的二进制日志文件中恢复数据。在恢复数据之前，需要先查看二进制日志文件的内容以确定恢复的时间点或位置。使用 mysqlbinlog 命令查看二进制日志文件内容的语法格式如下。

```
mysqlbinlog [ 选项 ] 日志文件名 [ > 文本文件名.txt ]
```

说明如下。

（1）选项：比较重要的有两对，--start-date 和--stop-date 可以指定起始时间点和结束时间点，--start-position 和--stop-position 可以指定起始位置和结束位置。

（2）文本文件名：可以将二进制日志文件的内容写入文本文件中，然后通过记事本程序查看。

使用 mysqlbinlog 命令从指定的日志文件中恢复数据的语法格式如下。

```
mysqlbinlog [ 选项 ] 日志文件名 | mysql -u用户名 -p[ 密码 ]
```

可以理解为先使用 mysqlbinlog 命令读取二进制日志文件中的内容，再使用 mysql 命令将这些内容还原到数据库中。

　　二进制日志文件虽然可以用来恢复 MySQL 数据库，但是其占用的存储空间非常大。因此，在备份 MySQL 数据库之后，应该删除备份之前的所有二进制日志文件。如果备份之后发生异常，造成数据库的数据损失，则可以通过备份之后创建的二进制日志文件进行还原。

【例 10-21】假定已经完成了数据库 scoredb 备份，备份文件为 scoredb.sql，并且删除了所有的二进制日志文件。创建全新的二进制日志文件后，在课程表 course 中插入了一门新课程，在学生表 student 中删除了一名退学的学生。就在刚才，数据库崩溃了，请将数据库恢复。

下面来模拟这个过程。

第一步，备份数据库 scoredb。在 Windows 命令提示符下输入命令"mysqldump -uroot -p --databases scoredb > D:\backup\scoredb.sql"，执行结果如图 10-12 所示。

图 10-12　备份数据库 scoredb

第二步，删除所有二进制日志文件，创建全新的二进制日志文件。

在 MySQL 命令行输入如下命令语句，执行结果如下。

```
mysql> RESET MASTER;
Query OK, 0 rows affected (0.02 sec)
```

第三步，在课程表 course 中插入一门新课程（10611092，计算机密码学，48），在学生表 student 中删除学号 sno 为 120211030409 的退学学生。

在 MySQL 命令行输入如下命令语句，执行结果如下。

```
mysql> INSERT INTO course VALUES("10611092","计算机密码学",48);
Query OK, 1 row affected (0.00 sec)

mysql> DELETE FROM student WHERE sno="120211030409";
Query OK, 1 row affected (0.00 sec)
```

第四步，模拟数据库崩溃，删除数据库 scoredb。

在 MySQL 命令行输入如下命令语句，执行结果如下。

```
mysql> DROP DATABASE scoredb;
Query OK, 6 rows affected (0.03 sec)
```

第五步，使用 mysql 命令利用备份文件 scoredb.sql 恢复数据库到备份时的状态。

在 Windows 命令提示符下输入命令"mysql -uroot -p < D:\backup\scoredb.sql"，执行结果如图 10-13 所示。

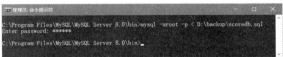

图 10-13　恢复数据库 scoredb 到备份时的状态

恢复成功后，可以查看数据库 scoredb。在 MySQL 命令行输入如下命令语句，执行结果如下。

```
mysql> use scoredb;
Database changed
mysql> SELECT * FROM course WHERE cno = "10611092";
Empty set (0.00 sec)

mysql> SELECT * FROM student WHERE sno = "120211030409";
+--------------+------+-----+------------+------+---------+-------+-----------+----------------------+
|sno           |sname |sex  |birthdate   |party |classno  |deptno |enterscore |awards                |
+--------------+------+-----+------------+------+---------+-------+-----------+----------------------+
|120211030409  |张虎  |男   |2003-07-18  |群众  |机械2104 |103    |       650 |北京市数学建模一等奖  |
+--------------+------+-----+------------+------+---------+-------+-----------+----------------------+
1 row in set (0.00 sec)
```

可以看出，用这种方式恢复数据库后，课程表 course 中并未插入新课程，学生表 student 中也没有删除学号 sno 为 120211030409 的退学学生。数据已经恢复到了备份时的状态，但是备份后做的操作却都丢失了。接下来就需要使用二进制日志文件恢复数据。

第六步，使用二进制日志文件恢复数据。

使用二进制日志文件恢复数据有两种方法：一种是根据时间点恢复数据，另一种是根据位置恢复数据。

（1）根据时间点恢复数据

根据时间点恢复数据，需要确定起始时间点和结束时间点，这就需要查看二进制日志文件的内容。由于恢复数据过程中的相关操作也会被记录到二进制日志文件中，因此这里先将当前的二进制日志文件 DESKTOP-AGMQ460-bin.000001 复制到 D:\backup 文件夹中，然后使用 mysqlbinlog 命令将该二进制日志文件的内容写入文本文件 binlog.txt，以便通过记事本程序查看。

在 Windows 命令提示符下输入命令 "mysqlbinlog D:\backup\DESKTOP-AGMQ460-bin.000001 > D:\backup\binlog.txt"，执行结果如图 10-14 所示。

用记事本程序打开 binlog.txt 文本文件，可以查看日志文件内容。由于备份后创建了全新的二进制日志文件，因此起始时间点就在二进制日志文件的最开始部分，从图 10-15 中标注的信息可以看出起始时间点为 2022 年 10 月 03 日 16 时 14 分 50 秒。

（图片：命令提示符窗口）

```
C:\Program Files\MySQL\MySQL Server 8.0\bin>mysqlbinlog D:\backup\DESKTOP-AGMQ460-bin.000001 > D:\backup\binlog.txt

C:\Program Files\MySQL\MySQL Server 8.0\bin>
```

图 10-14　将日志文件的内容写入文本文件 binlog.txt

结束时间点选取离删除数据库操作最近的时间，从图 10-16 中标注的信息可以看出离 DROP DATABASE 语句最近的时间点是 2022 年 10 月 03 日 16 时 15 分 49 秒。

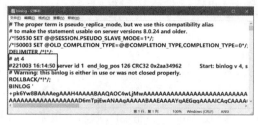

图 10-15　起始时间点

图 10-16　结束时间点

使用 mysqlbinlog 命令恢复数据。在 Windows 命令提示符下输入命令"mysqlbinlog --start-datetime="22-10-3 16:14:50" --stop-datetime="22-10-3 16:15:49" "D:\backup\DESKTOP-AGMQ460-bin.000001" | mysql -uroot -p"，执行结果如图 10-17 所示。

（图片：命令提示符窗口）

```
C:\Program Files\MySQL\MySQL Server 8.0\bin>mysqlbinlog --start-datetime="22-10-3 16:14:50" --stop-datetime="22-10-3 16:15:49"
"D:\backup\DESKTOP-AGMQ460-bin.000001" | mysql -uroot -p
Enter password: ******

C:\Program Files\MySQL\MySQL Server 8.0\bin>
```

图 10-17　根据时间点恢复数据

恢复成功后，可以查看课程表 course 和学生表 student 中的相关数据。在 MySQL 命令行输入如下命令语句，执行结果如下。

```
mysql> SELECT * FROM course WHERE cno = "10611092";
+----------+--------------+-------+
| cno      | cname        | hours |
+----------+--------------+-------+
| 10611092 | 计算机密码学  |    48 |
+----------+--------------+-------+
1 row in set (0.00 sec)

mysql> SELECT * FROM student WHERE sno = "120211030409";
Empty set (0.00 sec)
```

可以看到，成功恢复了插入的新课程，并且删除了退学的学生的记录。

（2）根据位置恢复数据

根据位置恢复数据，需要确定起始位置和结束位置，同样需要查看二进制日志文件的内容。从图 10-15 中标注的信息可以看出起始时间点对应的起始位置是 4。从图 10-16 中标注的信息可以看出结束时间点对应的结束位置是 951。

删除数据库 scoredb，利用备份文件 scoredb.sql 恢复数据库到备份时的状态后，使用 mysqlbinlog 命令恢复数据。在 Windows 命令提示符下输入命令"mysqlbinlog --start-position=4 --stop-position=951 "D:\backup\DESKTOP-AGMQ460-bin.000001" | mysql -uroot -p"，执行结果如图 10-18 所示。

恢复成功后，查询课程表 course 和学生表 student，可以看到成功恢复了删除前的数据库 scoredb。

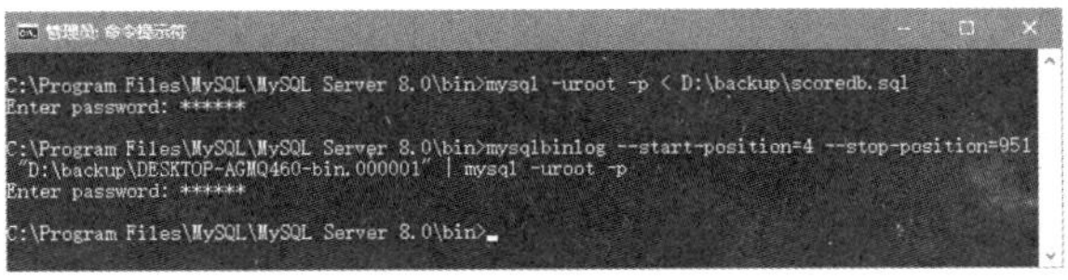

图 10-18 根据位置恢复数据

10.3.2 错误日志文件

在 MySQL 数据库中，错误日志功能默认是开启的，并且无法被关闭。默认情况下，MySQL 会将启动和停止数据库的信息以及一些错误信息记录到错误日志文件中。

1. 错误日志文件的配置

默认情况下，错误日志文件名的形式为"主机名.err"。例如，若当前的主机名为 DESKTOP-AGMQ460，则错误日志文件名为 DESKTOP-AGMQ460.err。

2. 查看错误日志文件

错误日志文件里记录了 MySQL 的启动和关闭时间，以及数据库运行过程中出现的异常信息，利用错误日志文件可以掌握 MySQL 数据库的运行状态。由于错误日志文件是以文本文件形式进行存储的，因此可以通过记事本程序查看错误日志文件。这样便于数据库管理员对 MySQL 数据库进行管理并对问题进行定位分析。

3. 删除错误日志文件

MySQL 的错误日志文件可以直接删除。但是由于在运行状态下删除错误日志文件后，MySQL 并不会自动创建新的错误日志文件，因此，在删除错误日志文件之后，需要重新创建错误日志文件。可以在 Windows 命令提示符下输入如下命令。

```
mysqladmin -u root -p flush-logs
```

或者在 MySQL 命令行输入如下命令语句。

```
FLUSH LOGS;
```

10.3.3 通用查询日志文件

通用查询日志文件记录了 MySQL 中所有的用户操作，包括启动与关闭 MySQL 服务、执行查询和修改的语句等。

1. 通用查询日志文件的配置

默认情况下，通用查询日志功能是关闭的。在 MySQL 命令行输入下面的 SET 语句可以开启或关闭通用查询日志功能。

```
SET @@GLOBAL.GENERAL_LOG = { 0 | 1 };
```

说明如下。

（1）0：关闭通用查询日志功能。

（2）1：开启通用查询日志功能。

默认情况下，通用查询日志文件名的形式为"主机名.log"。例如，若当前的主机名为 DESKTOP-AGMQ460，则通用查询日志文件名为 DESKTOP-AGMQ460.log。

2. 查看通用查询日志文件

通过查看通用查询日志文件，可以了解用户对 MySQL 数据库进行了哪些操作。由于通用查询日志文件是以文本文件形式进行存储的，因此可以通过记事本程序查看通用查询日志文件。

3. 删除通用查询日志文件

MySQL 的通用查询日志文件也可以直接删除。但是在删除后不重启 MySQL 服务的情况下，不会自动创建新的通用查询日志文件。手动重新创建通用查询日志文件的方法与重新创建错误日志文件相同。

10.3.4　慢查询日志文件

慢查询日志文件主要用来记录执行时间超过 LONG_QUERY_TIME 参数值的查询语句。

1. 慢查询日志文件的配置

默认情况下，慢查询日志功能是关闭的。在 MySQL 命令行输入下面的 SET 语句可以开启或关闭慢查询日志功能。

```
SET @@GLOBAL.SLOW_QUERY_LOG = { 0 | 1 };
```

说明如下。

（1）0：关闭慢查询日志功能。

（2）1：开启慢查询日志功能。

在 MySQL 命令行输入下面的 SET 语句可以设置参数 LONG_QUERY_TIME 的值。

```
SET GLOBAL LONG_QUERY_TIME = n;
```

其中 n 是时间值，单位是秒。默认的时间是 10 秒。如果某条查询语句的查询时间超过了 n，这个查询就会被记录到慢查询日志文件中。

默认情况下，慢查询日志文件名的形式为"主机名-slow.log"。例如，若当前的主机名为 DESKTOP-AGMQ460，则慢查询日志文件名为 DESKTOP-AGMQ460-slow.log。

2. 查看慢查询日志文件

通过查看慢查询日志文件，可以找出执行时间较长、效率低下的查询语句，然后进行优化。由于慢查询日志文件是以文本文件形式进行存储的，因此可以通过记事本程序查看慢查询日志文件。

3. 删除慢查询日志文件

同样，MySQL 的慢查询日志文件也可以直接删除。但是在删除后不重启 MySQL 服务的情况下，不会自动创建新的慢查询日志文件。手动重新创建慢查询日志文件的方法与重新创建错误日志文件相同。

10.4　课堂案例：学生成绩管理数据库的数据安全

为了避免恶意用户使用 root 账号控制数据库 scoredb，需要添加一系列具有适当权限的用户，以确保数据库的安全访问。另外，需要定期对数据库进行备份，以便出现意外并造成数据库数据丢失或损坏时，将不良影响和损失降到最低。

1. 用户管理

（1）添加用户 user1、user2 和 user3，主机名是 localhost，密码均为 123。

在 MySQL 命令行输入如下命令语句，执行结果如下。

```
mysql> CREATE USER user1@localhost IDENTIFIED BY "123",
    -> user2@localhost IDENTIFIED BY "123",
    -> user3@localhost IDENTIFIED BY "123";
Query OK, 0 rows affected (0.02 sec)
```

（2）将用户 user3 的名称修改为 user。

在 MySQL 命令行输入如下命令语句，执行结果如下。

```
mysql> RENAME USER user3@localhost TO user@localhost;
Query OK, 0 rows affected (0.00 sec)
```

（3）将用户 user 的密码修改为 123456。

在 MySQL 命令行输入如下命令语句，执行结果如下。

```
mysql> SET PASSWORD FOR user@localhost = "123456";
Query OK, 0 rows affected (0.00 sec)
```

（4）删除用户 user。

在 MySQL 命令行输入如下命令语句，执行结果如下。

```
mysql> DROP USER user@localhost;
Query OK, 0 rows affected (0.00 sec)
```

2. 权限管理

（1）将数据库 scoredb 中课程表 course 的课程名称 cname 和学时 hours 字段的 UPDATE 权限授予用户 user1。

在 MySQL 命令行输入如下命令语句，执行结果如下。

```
mysql> GRANT UPDATE (cname, hours) ON scoredb.course TO user1@localhost;
Query OK, 0 rows affected (0.01 sec)
```

（2）将数据库 scoredb 中选修成绩表 score 的 INSERT 和 DELETE 权限授予用户 user1。

在 MySQL 命令行输入如下命令语句，执行结果如下。

```
mysql> GRANT INSERT, DELETE ON scoredb.score TO user1@localhost;
Query OK, 0 rows affected (0.00 sec)
```

（3）授予用户 user2 对数据库 scoredb 拥有所有操作权限，并允许用户 user2 将这些权限授予其他用户。

在 MySQL 命令行输入如下命令语句，执行结果如下。

```
mysql> GRANT ALL ON scoredb.* TO user2@localhost WITH GRANT OPTION;
Query OK, 0 rows affected (0.00 sec)
```

（4）查看用户 user1 拥有的权限。

在 MySQL 命令行输入如下命令语句，执行结果如下。

```
mysql> SHOW GRANTS FOR user1@localhost;
+--------------------------------------------------------------------------------+
| Grants for user1@localhost                                                     |
+--------------------------------------------------------------------------------+
| GRANT USAGE ON *.* TO `user1`@`localhost`                                      |
| GRANT UPDATE (`cname`, `hours`) ON `scoredb`.`course` TO `user1`@`localhost`   |
| GRANT INSERT, DELETE ON `scoredb`.`score` TO `user1`@`localhost`              |
+--------------------------------------------------------------------------------+
3 rows in set (0.00 sec)
```

（5）收回用户 user1 对数据库 scoredb 中选修成绩表 score 的 DELETE 操作权限。

在 MySQL 命令行输入如下命令语句，执行结果如下。

```
mysql> REVOKE DELETE ON scoredb.score FROM user1@localhost;
Query OK, 0 rows affected (0.00 sec)
```

3. 数据备份和数据恢复

（1）以用户 root 的身份将数据库 scoredb 中的学生表 student 和教师表 teacher 备份到 D 盘中，备份文件名为 stu-tea-bk.sql。

在 Windows 命令提示符下输入命令 "mysqldump -uroot -p scoredb student teacher > D:\stu-tea-bk.sql"，按提示输入密码，执行结果如图 10-19 所示。

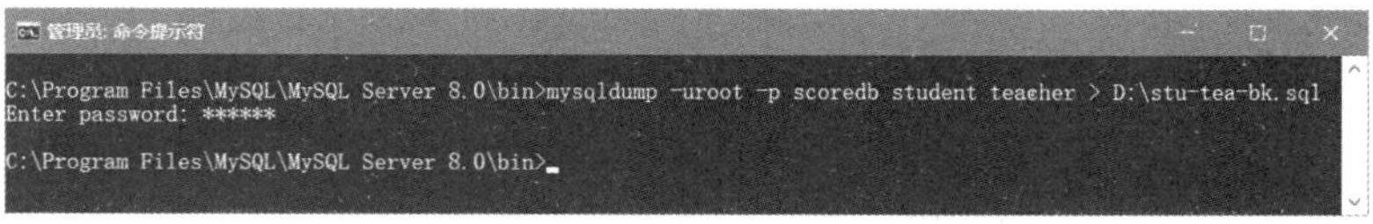

图 10-19 备份学生表 student 和教师表 teacher

（2）以用户 root 的身份将数据库 scoredb 备份到 D 盘中，备份文件名为 scoredb.sql。

在 Windows 命令提示符下输入命令 "mysqldump -uroot -p --databases scoredb > D:\scoredb.sql"，按提示输入密码，执行结果如图 10-20 所示。

图 10-20 备份数据库 scoredb

（3）创建一个新数据库 testdb，将 D 盘的备份文件 stu-tea-bk.sql 中的学生表 student 和教师表 teacher 导入该数据库中。

在 MySQL 命令行输入如下命令语句，执行结果如下。

```
mysql> CREATE DATABASE testdb;
Query OK, 1 row affected (0.00 sec)
```

创建数据库 testdb 后，在 Windows 命令提示符下输入命令"mysql -uroot -p testdb < D:\stu-tea-bk.sql"，按提示输入密码，执行结果如图 10-21 所示。

图 10-21　导入学生表 student 和教师表 teacher

恢复成功后，可以选择数据库 testdb，使用 SHOW TABLES 语句检查是否导入了学生表 student 和教师表 teacher。在 MySQL 命令行输入如下命令语句，执行结果如下。

```
mysql> USE testdb;
Database changed
mysql> SHOW TABLES;
+------------------+
| Tables_in_testdb |
+------------------+
| student          |
| teacher          |
+------------------+
2 rows in set (0.00 sec)
```

【习题】

一、单项选择题

1. MySQL 自带的数据库中，（　　）存储了系统的权限信息。

    A. information_schema　　B. mysql　　　　　　C. performance_schema D. sys

2. 在 MySQL 中，存储用户全局权限的表是（　　）。

    A. user　　　　　　　B. db　　　　　　　C. procs_priv　　　　　D. tables_priv

3. 删除用户账号的命令是（　　）。

    A. DROP USER　　　　　　　　　　B. DROP TABLE USER

    C. DELETE USER　　　　　　　　　 D. TRUNCATE FROM USER

4. 在 MySQL 中，预设的拥有最高权限的用户名是（　　）。

    A. test　　　　　　　B. administrator　　C. user　　　　　　　D. root

5. 如果要修改用户密码为 123456，正确的语句是（　　）。

    A. CREATE PASSWORD = "123456"

    B. SET PASSWORD = "123456"

    C. UPDATE PASSWORD = "123456"

    D. CHANGE PASSWORD = "123456"

6. 如果要收回用户 jack 的 DELETE 权限，正确的语句是（　　）。

    A. REVOKE DELETE ON *.* FROM jack@localhost;

    B. DELETE ON *.* FROM jack@localhost;

    C. DROP DELETE ON *.* FROM jack@localhost;

    D. CHANGE DELETE ON *.* FROM jack@localhost;

7．备份数据库的命令是（　　　）。

  A．mysql   B．mysqldump   C．mysqlimport D．backup

8．如果要备份所有数据库，正确的命令是（　　　）。

  A．mysqldump -u root -p mysql user > mysql-user.sql

  B．mysqldump -u root -p auth > auth.sql

  C．mysqldump -u root -p --all-databases > all-db.sql

  D．mysqldump -u root -p --databases > all-db.sql

9．下面的 MySQL 日志文件中，可以用来修复数据库的是（　　　）文件。

  A．二进制日志   B．错误日志   C．通用查询日志   D．慢查询日志

10．下列关于 MySQL 二进制日志文件的叙述中，错误的是（　　　）。

  A．二进制日志文件包含数据库中所有操作语句的执行时间信息

  B．二进制日志文件可以用于恢复数据

  C．MySQL8.0 默认开启二进制日志功能

  D．开启二进制日志功能后，系统的性能会有所降低

二、填空题

1．MySQL 的权限控制分为两个阶段：连接核实阶段和＿＿＿＿＿＿＿。

2．使用＿＿＿＿＿＿＿语句可以给已有用户授予权限。

3．mysqldump 命令的工作原理是：先将需要备份的数据库及数据表结构转换成相应的＿＿＿＿＿＿＿语句，然后将每张数据表中的数据转换成一条＿＿＿＿＿＿＿语句。

4．查看二进制日志文件列表的语句是＿＿＿＿＿＿＿。

5．删除所有二进制日志文件的语句是＿＿＿＿＿＿＿。

【项目实训】图书馆借还书管理数据库的数据安全

一、实训目的

（1）掌握创建用户和管理用户的方法。

（2）掌握授予权限与收回权限的方法。

（3）掌握备份与恢复数据的方法。

二、实训内容

1．用户管理

（1）添加用户 reader1、reader2 和 reader3，主机名是 localhost，密码均为 123456。

（2）将用户 reader3 的名称修改为 reader。

（3）将用户 reader 的密码修改为 987654。

（4）删除用户 reader。

2．权限管理

（1）授予用户 reader1 对数据库 librarydb 中读者表 reader 的 UPDATE 操作权限。

（2）授予用户 reader1 对数据库 librarydb 中图书表 book 的 INSERT、DELETE 操作权限。

（3）授予用户 reader2 对数据库 librarydb 拥有所有操作权限，并允许用户 reader2 将这些权限授予其他用户。

（4）查看用户 reader1 拥有的权限。

（5）收回用户 reader1 对数据库 librarydb 中读者表 reader 的 UPDATE 操作权限。

3．数据备份和恢复

（1）以用户 root 的身份将数据库 librarydb 中读者表 reader 和图书表 book 的数据备份到 D 盘的文件 reader-book.sql 中。

（2）创建一个新数据库 mytestdb，将 D 盘的备份文件 reader-book.sql 中的读者表 reader 和图书表 book 恢复到该数据库中。

参考文献

[1] 周德伟. MySQL 数据库基础实例教程（第 2 版）. 北京：人民邮电出版社，2021.

[2] 王珊，萨师煊. 数据库系统概论（第 4 版）. 北京：高等教育出版社，2006.

[3] 汪晓青，韩方勇，江平. MySQL 数据库基础实例教程. 北京：人民邮电出版社，2020.

[4] 武洪萍，孟秀锦，孙灿. MySQL 数据库原理及应用. 北京：人民邮电出版社，2019.

[5] MICK. SQL 基础教程（第 2 版）. 孙淼，罗勇，译. 北京：人民邮电出版社，2017.

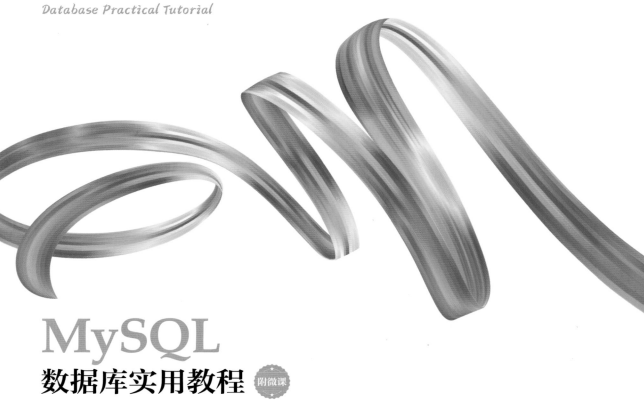

MySQL
Database Practical Tutorial

MySQL
数据库实用教程 附微课

书 名	作 者	书 号
SPSS 数据分析与应用（微课版）	张俊丽	978-7-115-56918-9
数据分析与 SPSS 软件应用（微课版）	宋志刚	978-7-115-57102-1
Excel 2016 商务数据处理与分析（微课版）	苏林萍	978-7-115-58672-8
Excel 数据处理与分析实例教程（微课版 第 3 版）	郑小玲	978-7-115-58682-7
数据分析与 Stata 软件应用（微课版）	宋志刚	978-7-115-60293-0
Power BI 商业数据分析与可视化（微课版）	孟庆娟	978-7-115-59936-0
商务数据分析与可视化（微课版）	吴功兴	978-7-115-61145-1
云计算与大数据技术（微课版）	于长青	978-7-115-60382-1

ISBN 978-7-115-61171-0

向教师免费提供
PPT等教学相关资料

人邮教育
www.ryjiaoyu.com

教材服务热线：010-81055256
反馈／投稿／推荐信箱：315@ptpress.com.cn
人民邮电出版社教育服务与资源下载社区：www.ryjiaoyu.com
数据科学与统计教学交流QQ群：1056931673（仅限教师身份）

9 787115 611710 >

定价：49.80元